新工科建设之路·人工智能系列教材

机器学习

入门与实战

基于scikit-learn和Keras

张海涛 李建东/主 编

孙 宁 冯永安 姜彦吉/副主编

電子工業出版社

Publishing House of Electronics Industry

北京·BEIJING

内 容 简 介

本书以 scikit-learn 和 Keras 框架作为实战平台，讲解了传统机器学习的主流技术和最新深度学习的研究成果。其中，“第一篇　传统机器学习”包括第 1～10 章，介绍了机器学习概念、监督学习算法（回归分析、Logistic 回归、k 近邻、决策树、朴素贝叶斯、支持向量机、神经网络）、无监督学习算法（聚类、降维）；“第二篇　深度学习”包括第 11～15 章，介绍了深度学习的概念、卷积神经网络、循环神经网络、生成对抗网络和强化学习等。

本书的编写旨在体现“做中学”理念，读者在学习初期不必过多纠缠于算法理论，而是通过实际案例快速入门，进而激发兴趣，自主完善理论学习，最终顺利跨入人工智能的殿堂。本书可以作为高校数据科学与大数据技术、人工智能等专业的教材，也可以作为致力于开展人工智能研究的读者快速入门的参考资料。

图书在版编目（CIP）数据

机器学习入门与实战：基于 scikit-learn 和 Keras / 张海涛，李建东主编. —北京：电子工业出版社，2021.5

ISBN 978-7-121-40950-9

Ⅰ. ①机… Ⅱ. ①张… ②李… Ⅲ. ①机器学习－高等学校－教材 Ⅳ. ①TP181

中国版本图书馆 CIP 数据核字（2021）第 065326 号

责任编辑：孟　宇　　　　　　特约编辑：田学清

印　　刷：北京七彩京通数码快印有限公司

装　　订：北京七彩京通数码快印有限公司

出版发行：电子工业出版社

北京市海淀区万寿路 173 信箱　　　　邮编：100036

开　　本：787×1092　1/16　印张：14.5　字数：348 千字

版　　次：2021 年 5 月第 1 版

印　　次：2024 年 7 月第 5 次印刷

定　　价：59.90 元

凡所购买电子工业出版社图书有缺损问题，请向购买书店调换。若书店售缺，请与本社发行部联系，联系及邮购电话：（010）88254888，88258888。

质量投诉请发邮件至 zlts@phei.com.cn，盗版侵权举报请发邮件至 dbqq@phei.com.cn。

本书咨询联系方式：mengyu@phei.com.cn。

前　言

根据编者多年教学实践的经验，机器学习无疑是很多工科学生感兴趣甚至着迷的课程之一，但许多数学基础不够扎实的学生往往在学习了一段时间之后就知难而退了。

坦率地讲，要想在学习人工智能的道路上走得更远，那些以数学知识为基础的基本理论是无法回避的。如何破解这一教学难题呢？简单讲那就是实践！要通过实践让学生迅速入门，要通过实践让学生加深对基本理论的理解，要通过实践不断激发学生兴趣，进而让学生自主对基础理论进行补充、扩展、完善。从本质上讲，这就是“做中学”的理念。本书在编写过程中从以下几方面体现了这一理念，以更好地满足应用创新型人才培养的需要：

1. 在讲解机器学习的各种算法时，仅讲解最基本、最必要的理论知识；

2. 对于每一个算法都有对应 scikit-learn 或 Keras 框架的 1 个或 2 个实际案例，并注重可视化结果的实现；

3. 为使学生加深对算法的理解，在必要章节中适当设置【扩展阅读】，进行必要的理论扩展和知识补充，满足学生的需要；

4. 针对合适的内容设置侧重实践的【习题】；

5. 每一章均给出编写时用到的【参考文献】（以互联网方便获取的资料为主，提供链接），便于学生详细阅读；

6. 提供配套的 PPT、程序和数据集，方便学生自学。

当然，教材仅仅是方便学生学习和教师授课的资料，要真正达到理想的授课效果，需要教师具有深厚的专业知识、高超的授课技巧，以及学生的积极配合，但愿本书的内容能让更多有志于人工智能学习的学生快速入门。

本书第 8 章、第 11 章、第 12 章由张海涛编写，第 1 章、第 3 章、第 9 章由李建东编写，第 4 章、第 5 章、第 10 章由孙宁编写，第 6 章、第 7 章、第 13 章由冯永安编写，第 2 章、第 14 章、第 15 章由姜彦吉编写。

感谢研究生廖涌卉、艾欣、曲业田，他们在程序调试及图表制作等方面做了许多工作；感谢恩师刘万军教授，他在百忙之中对本书进行了审阅，并提出了大量修改意见，为本书的出版做了决定性的工作；感谢参考文献的各位作者，他们铺垫性的研究使本书的编写走了许多捷径；最后还要感谢电子工业出版社孟宇编辑，正因为有了她专业而严谨的工作，本书才得以尽快与读者见面。

张海涛

2020 年 8 月

目 录

第一篇 传统机器学习

第 1 章 机器学习概述 ······2
1.1 机器学习概念 ······2
1.1.1 什么是机器学习 ······2
1.1.2 机器学习有什么用 ······2
1.1.3 机器学习的分类 ······3
1.2 机器学习理论基础 ······9
1.2.1 过拟合和欠拟合 ······9
1.2.2 损失函数 ······9
1.2.3 模型性能度量方法 ······11
1.2.4 学习曲线 ······14
1.2.5 算法模型性能优化 ······17
1.3 scikit-learn 简介 ······21
1.3.1 关于 scikit-learn ······21
1.3.2 安装 scikit-learn ······21
1.3.3 scikit-learn 数据集 ······21
习题 ······27
参考文献 ······30

第 2 章 回归分析 ······31
2.1 一元线性回归 ······31
2.1.1 一元线性回归的实现 ······31
2.1.2 解一元线性回归的最小二乘法 ······34
2.1.3 模型评估 ······35
2.2 多元线性回归 ······36
2.3 多项式回归 ······36
习题 ······42
参考文献 ······42

第 3 章 Logistic 回归 ······43
3.1 分类问题概述 ······43
3.2 Logistic 回归分类 ······44
3.2.1 Logistic 回归算法的原理 ······44
3.2.2 Logistic 回归算法实例 ······48
3.3 Softmax 回归——多元分类问题 ······55
习题 ······58
参考文献 ······59

第 4 章 k 近邻 ······60
4.1 k 近邻算法原理 ······60
4.1.1 KNN 算法三要素 ······60
4.1.2 KNN 算法之蛮力实现原理 ······61
4.1.3 KNN 算法之 KD 树实现原理 ······62
4.1.4 KNN 算法之球树实现原理 ······64
4.1.5 KNN 算法的扩展 ······66
4.1.6 KNN 算法小结 ······66
4.2 用 scikit-learn 实现 KNN 算法 ······67
习题 ······72
参考文献 ······72

第 5 章 决策树 ······73
5.1 决策树分类原理 ······74
5.2 决策树的学习过程 ······74
5.3 ID3 算法的数学原理 ······75
5.3.1 什么是信息增益 ······75
5.3.2 ID3 树中最优划分属性计算举例 ······76
5.4 scikit-learn 决策树算法实现 ······78
5.5 决策树可视化 ······80
习题 ······83
参考文献 ······84

第 6 章 朴素贝叶斯 …… 85
6.1 基本原理 …… 85
6.1.1 贝叶斯定理 …… 85
6.1.2 朴素贝叶斯分类器 …… 86
6.2 朴素贝叶斯三种基本模型 …… 88
6.3 朴素贝叶斯的应用及特点 …… 90
6.3.1 朴素贝叶斯常见的四种应用 …… 90
6.3.2 朴素贝叶斯的优缺点 …… 90
6.3.3 提升朴素贝叶斯性能的技巧 …… 91
习题 …… 93
参考文献 …… 94
第 7 章 支持向量机 …… 95
7.1 支持向量机原理 …… 95
7.1.1 支持向量机定义 …… 95
7.1.2 线性可分性 …… 95
7.1.3 损失函数 …… 96
7.1.4 经验风险与结构风险 …… 97
7.2 标准算法 …… 99
7.2.1 线性 SVM …… 99
7.2.2 非线性 SVM …… 100
7.3 scikit-learn SVM 分类算法实现 …… 101
7.3.1 算法简单实现 …… 101
7.3.2 算法的优化 …… 102
习题 …… 106
参考文献 …… 107
第 8 章 神经网络 …… 108
8.1 神经网络概述 …… 108
8.1.1 神经元模型 …… 108
8.1.2 感知机 …… 109
8.1.3 神经网络 …… 110
8.1.4 梯度下降法与反向传播 …… 112
8.2 scikit-learn 神经网络分类算法实现 …… 118
习题 …… 122
参考文献 …… 123
第 9 章 聚类 …… 124
9.1 聚类概述 …… 124
9.1.1 K-Means 聚类算法 …… 124
9.1.2 均值漂移聚类 …… 127
9.1.3 基于密度的聚类方法（DBSCAN） …… 130
9.1.4 基于高斯混合模型（GMM）的期望最大化（EM）聚类 …… 131
9.1.5 凝聚层次聚类 …… 133
9.2 scikit-learn 聚类算法的实现 …… 135
习题 …… 142
参考文献 …… 144
第 10 章 降维 …… 145
10.1 降维方法概述 …… 145
10.1.1 主成分分析（PCA） …… 145
10.1.2 线性判别分析（LDA） …… 148
10.1.3 局部线性嵌入（LLE） …… 150
10.1.4 拉普拉斯特征映射（LE） …… 151
10.2 scikit-learn 降维算法实现 …… 152
习题 …… 157
参考文献 …… 158

第二篇 深度学习

第 11 章 深度学习概述 …… 161
11.1 深度学习的概念 …… 161
11.2 深度学习的分类及特点 …… 163
11.2.1 深度学习的分类 …… 163
11.2.2 深度学习的特点 …… 164
11.3 深度学习的历史及发展 …… 164
11.4 深度学习的应用 …… 165
11.5 Keras 简介 …… 166
11.5.1 Keras 深度学习库 …… 166
11.5.2 Keras 安装 …… 168
11.5.3 Keras 举例 …… 168
习题 …… 169
参考文献 …… 170

第 12 章　卷积神经网络······171

12.1　卷积与池化操作······172

12.1.1　卷积层······172

12.1.2　池化层······174

12.2　典型的 CNN 架构······175

12.2.1　LeNet-5······176

12.2.2　AlexNet······176

12.2.3　GoogLeNet······178

12.2.4　ResNet······180

12.3　使用 Keras 搭建卷积神经网络······182

习题······185

参考文献······185

第 13 章　循环神经网络······186

13.1　RNN······186

13.2　LSTM······190

13.3　循环神经网络案例······191

习题······195

参考文献······195

第 14 章　生成对抗网络······196

14.1　生成对抗网络结构······196

14.1.1　生成对抗网络模型原理······197

14.1.2　生成对抗网络优化原理······198

14.1.3　模型训练······199

14.1.4　对抗网络的改进模型······200

14.2　生成对抗网络的构建······201

14.2.1　生成模型的构建······202

14.2.2　判别模型的构建······202

14.2.3　条件生成对抗网络的构建······204

14.3　生成对抗网络案例······205

14.3.1　生成模型······205

14.3.2　判别模型······205

14.3.3　模型训练······206

习题······208

参考文献······208

第 15 章　强化学习······209

15.1　问题概述······209

15.2　价值函数······211

15.3　动态规划算法······212

15.3.1　策略迭代算法······212

15.3.2　价值迭代算法······213

15.4　蒙特卡罗算法······213

15.4.1　状态价值函数估计······214

15.4.2　动作价值函数估计······214

15.4.3　蒙特卡罗控制······215

15.5　时序差分算法······215

15.5.1　Sarsa 算法······216

15.5.2　Q 学习······216

15.6　深度强化学习······216

15.6.1　DQN 算法······216

15.6.2　策略梯度算法······217

15.7　代码案例······219

习题······223

参考文献······224

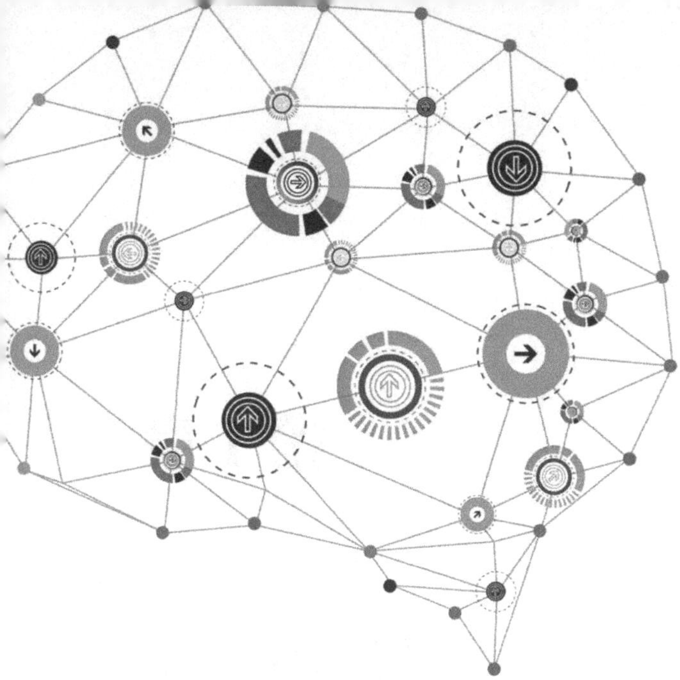

第一篇

传统机器学习

第1章 机器学习概述

1.1 机器学习概念

1.1.1 什么是机器学习

机器学习是一门多领域交叉学科，涉及概率论、统计学、逼近论、凸分析、算法复杂度理论等多门学科，专门研究计算机怎样模拟或实现人类的学习行为，以获取新的知识或技能，重新组织已有的知识结构使之不断改善自身的性能。它是人工智能的核心，是使计算机具有智能的根本途径。

机器学习有下面几种定义：

（1）机器学习是一门人工智能的科学，其主要研究对象是人工智能，特别是如何在经验学习中改善具体算法的性能。

（2）机器学习是对能通过经验自动改进计算机算法的研究。

1.1.2 机器学习有什么用

机器学习应用广泛，无论是在军事领域还是民用领域，都有机器学习算法施展的机会，主要包括以下几个方面。

- 数据分析与挖掘

“数据挖掘”和“数据分析”通常被相提并论，并在许多场合被认为是可以相互替代的术语。关于数据挖掘，现在已有多种文字不同但含义接近的定义，如“识别出巨量数据中有效的、新颖的、潜在有用的最终可被理解的模式的非平凡过程”。无论是数据分析还是数据挖掘，都是帮助人们收集、分析数据，使之成为信息，并做出判断的，因此可以将这两项合称为数据分析与挖掘。数据分析与挖掘是机器学习算法和数据存取技术的结合，利用机器学习提供的统计分析、知识发现等手段分析海量数据，同时利用数据存取机制实现数据的高效读写。机器学习在数据分析与挖掘领域中拥有无可取代的地位，2012 年Hadoop进军机器学习领域就是一个很好的例子。

● 模式识别

模式识别起源于工程领域，而机器学习起源于计算机科学，这两个不同学科结合带来了模式识别领域的调整和发展。模式识别研究主要集中在两个方面。

（1）研究生物体（包括人）是如何感知对象的，属于认识科学的范畴。

（2）在给定的任务下，如何用计算机实现模式识别的理论和方法，这些是机器学习的长项，也是机器学习研究的内容之一。

模式识别应用领域广泛，包括计算机视觉、医学图像分析、光学文字识别、自然语言处理、语音识别、手写识别、生物特征识别、文件分类、搜索引擎等，而这些领域也正是机器学习大展身手的舞台，因此模式识别与机器学习的关系越来越密切。

● 生物信息学上的应用

随着基因组和其他测序项目的不断发展，生物信息学研究的重点正逐步从积累数据转移到如何解释这些数据上。在未来，生物学的新发现将极大地依赖于我们在多个维度和不同尺度下，对多样化的数据进行组合和关联的分析能力，而不再仅仅依赖于对传统领域的继续关注。序列数据将与结构和功能数据、基因表达数据、生化反应通路数据、表现型和临床数据等一系列数据相互集成。如此大量的数据，在生物信息的存储、获取、处理、浏览及可视化等方面，都对理论算法和软件的发展提出了迫切的需求。而机器学习方法，如神经网络、遗传算法、决策树和支持向量机等正适合用于这种数据量大、含有噪声并且缺乏统一理论的领域。

● 更广阔的领域

目前国外的IT巨头正在深入研究和应用机器学习，他们把目标定位于全面模仿人类大脑，试图创造出拥有人类智慧的机器大脑。2012 年，Google在人工智能领域发布了一个划时代的产品——人脑模拟软件。这个软件具备自我学习功能，可以模拟脑细胞的相互交流，通过看YouTube视频学习识别猫、人及其他事物。当有数据被送达人脑这个神经网络的时候，不同神经元之间的关系就会发生改变，而这也使得神经网络能够得到对某些特定数据的反应机制。据悉，这个网络现在已经学到了一些东西，Google 将有望在多个领域使用这一新技术，最先获益的可能是语音识别。

1.1.3　机器学习的分类

几十年来，研究发表的机器学习方法种类有很多，根据强调侧面的不同可以有多种分类方法。

- 基于学习策略的分类

1）模拟人脑的机器学习

符号学习：模拟人脑的宏观心理级学习过程，以认知心理学原理为基础，以符号数据为输入，以符号运算为方法，用推理过程在图或状态空间中搜索，学习的目标为概念或规则等。符号学习的典型方法有记忆学习、示例学习、演绎学习、类比学习、解释学习等。

神经网络学习（或连接学习）：模拟人脑的微观生理级学习过程，以脑和神经科学原理为基础，以人工神经网络为函数结构模型，以数值数据为输入，以数值运算为方法，用迭代过程在系数向量空间中搜索，学习的目标为函数。典型的神经网络学习有权值修正学习、拓扑结构学习。

2）直接采用数学方法的机器学习

直接采用数学方法的机器学习主要有统计机器学习。统计机器学习基于对数据的初步认识及学习目的的分析，选择合适的数学模型，拟定超参数，并输入样本数据，依据一定的策略运用合适的学习算法对模型进行训练，最后运用训练好的模型对数据进行分析预测。

统计机器学习有三个要素。

（1）模型（model）：模型在未进行训练前，其可能的参数有多个甚至无穷个，故可能的模型也有多个甚至无穷个，这些模型构成的集合就是假设空间。

（2）策略（strategy）：从假设空间中挑选出参数最优的模型的准则。模型的分类或预测结果与实际情况的误差（损失函数）越小，模型就越好。所以策略就是误差最小。

（3）算法（algorithm）：从假设空间中挑选模型的方法（等同于求解最佳的模型参数）。机器学习的参数求解通常都会转化为最优化问题，故学习算法通常是最优化算法，如最快梯度下降法、牛顿法及拟牛顿法等。

- 基于学习方法的分类

1）归纳学习

符号归纳学习：典型的符号归纳学习有示例学习、决策树学习。

函数归纳学习（发现学习）：典型的函数归纳学习有神经网络学习、示例学习、发现学习、统计学习。

2）演绎学习

3）类比学习

典型的类比学习有案例（范例）学习。

4）分析学习

典型的分析学习有解释学习、宏操作学习。

- 基于学习方式的分类

1）监督学习（有导师学习）

输入数据中有导师信号，以概率函数、代数函数或人工神经网络为基函数模型，采用迭代计算方法，学习结果为函数。

2）无监督学习（无导师学习）

输入数据中无导师信号，采用聚类方法，学习结果为类别。典型的无监督学习有发现学习、聚类、竞争学习等。

3）强化学习（增强学习）

以环境反馈（奖/惩信号）作为输入，以统计和动态规划技术为指导的一种学习方法。

- 基于数据形式的分类

1）结构化学习

以结构化数据为输入，以数值计算或符号推演为方法。典型的结构化学习有神经网络学习、统计学习、决策树学习、规则学习。

2）非结构化学习

以非结构化数据为输入。典型的非结构化学习有类比学习、案例学习、解释学习、文本挖掘、图像挖掘、Web 挖掘等。

- 基于学习目标的分类

1）概念学习

学习的目标和结果是概念，或者说是为了获得概念的学习。典型的概念学习主要有示例学习。

2）规则学习

学习的目标和结果是规则，或者说是为了获得规则的学习。典型规则学习主要有决策树学习。

3）函数学习

学习的目标和结果是函数，或者说是为了获得函数的学习。典型函数学习主要有神经网络学习。

4）类别学习

学习的目标和结果是类别，或者说是为了获得类别的学习。典型类别学习主要有聚类分析。

5）贝叶斯网络学习

学习的目标和结果是贝叶斯网络，或者说是为了获得贝叶斯网络的学习。

【扩展阅读】

1. 机器学习的发展历程

机器学习实际上已经存在了几十年，或者也可以认为存在了几个世纪。追溯到 17 世纪，贝叶斯、拉普拉斯关于最小二乘法的推导和马尔可夫链，构成了机器学习广泛使用的工具和基础。20 世纪 50 年代（艾伦·图灵提议建立一个学习机器）到 21 世纪初（有深度学习的实际应用及最近的进展，如 2017 年提出的缩聚-激发网络 SENet），机器学习有了很大的进展。从 20 世纪 50 年代研究机器学习以来，不同时期的研究途径和目标并不相同，可以划分为 4 个阶段。

第一阶段是 20 世纪 50 年代中叶到 20 世纪 60 年代中叶，这个时期主要研究“有无知识的学习”。这类方法主要是研究系统的执行能力。这个时期，主要通过对机器的环境及其相应性能参数的改变来检测系统所反馈的数据，就好比给系统一个程序，通过改变它们的自由空间作用，系统将会受到程序的影响而改变自身的组织，最后这个系统将会选择一个最优的环境生存。在这个时期，最具有代表性的研究就是 Samuet 的下棋程序，但这种机器学习的方法还远远不能满足人类的需求。

第二阶段从 20 世纪 60 年代中叶到 20 世纪 70 年代中叶，这个时期主要研究将各个领域的知识植入到系统里，本阶段的目的是通过机器模拟人类学习的过程。同时还采用了图结构及逻辑结构方面的知识进行系统描述，在这一研究阶段，主要是用各种符号来表示机器语言。研究人员在进行实验时意识到学习是一个长期的过程，从这种系统环境中无法学到更加深入的知识，因此研究人员将各专家学者的知识加入系统里。实践证明，这种方法取得了一定的成效。这一阶段具有代表性的工作有 Hayes-Roth 和 Winson 对结构学习的系统方法。

第三阶段从 20 世纪 70 年代中叶到 20 世纪 80 年代中叶，称为复兴时期。在此期间，人们从学习单个概念扩展到学习多个概念，探索不同的学习策略和学习方法，开始把学习系统与各种应用结合起来，并取得了很大的成功。同时，专家系统在知识获取方面的需求也极大地刺激了机器学习的研究和发展。在出现第一个专家学习系统之后，示例归纳学习系统成为研究的主流，自动知识获取成为机器学习应用的研究目标。1980 年，在美国的卡内基梅隆大学（CMU）召开了第一届机器学习国际研讨会，标志着机器学习研究已在全世界兴起。此后，机器学习开始得到了大量的应用。1984 年，Simon 等 20 多位人工智能专家共同撰文编写的 *Machine Learning* 文集第二卷出版，国际性杂志 *Machine Learning* 创刊，更加显示出机器学习突飞猛进的发展趋势。这一阶段代表性的工作有 Mostow 的指导式学习、Lenat 的数学概念发现程序、Langley 的 BACON 程序及其改进程序。

第四阶段从 20 世纪 80 年代中叶到现在，是机器学习的最新阶段。这个时期的机器学习具有如下特点：

（1）机器学习已成为新的学科，心理学、生物学、神经生理学、数学、自动化和计算机科学等形成了机器学习的理论基础。

（2）融合了各种学习方法，形式多样的集成学习系统研究正在兴起。

（3）机器学习与人工智能各种基础问题的统一性观点正在形成。

（4）各种学习方法的应用范围不断扩大，部分应用研究成果已转化为产品。

（5）与机器学习有关的学术活动空前活跃。

2. 机器学习的研究现状

机器学习是人工智能及模式识别领域的共同研究热点，其理论和方法已被广泛应用于解决工程应用和科学领域的复杂问题。2010 年的图灵奖获得者是哈佛大学的 Leslie Vlliant

教授，其获奖原因之一是建立了概率近似正确（Probably Approximate Correct，PAC）学习理论；2011 年的图灵奖获得者是加州大学洛杉矶分校的 Judea Pearll 教授，其主要贡献为建立了以概率统计为理论基础的人工智能方法。这些研究成果都促进了机器学习的发展和繁荣。

机器学习是研究怎样使用计算机模拟或实现人类学习活动的科学，是人工智能中最具智能特征、最前沿的研究领域之一。自 20 世纪 80 年代以来，机器学习作为实现人工智能的途径，在人工智能界引起了广泛的兴趣，特别是近十几年来，机器学习领域的研究工作发展很快，它已成为人工智能的重要课题之一。机器学习不仅在基于知识的系统中得到应用，而且在自然语言理解、非单调推理、机器视觉、模式识别等许多领域也得到了广泛应用。一个系统是否具有学习能力已成为其是否具有“智能”的一个标志。机器学习的研究主要有两类方向：第一类是传统机器学习的研究，主要研究学习机制，注重探索模拟人的学习机制；第二类是在大数据环境下机器学习的研究，主要研究如何有效利用信息，注重从大量数据中获取隐藏的、有效的、可理解的知识。

- 传统机器学习的研究现状

目前，传统机器学习的研究方向主要包括决策树、随机森林、人工神经网络、贝叶斯学习等。

决策树是机器学习常见的一种方法。20 世纪末期，机器学习研究者 J. Ross Quinlan 将 Shannon 的信息论引入决策树算法中，提出了ID3 算法。1984 年，I. Kononenko、E. Roskar 和 I. Bratko 在 ID3 算法的基础上提出了 AS-SISTANT 算法，这种算法允许类别的取值之间有交集。1984 年，A. Hart 提出了 Chi- Squa 统计算法，该算法采用了一种基于属性与类别关联程度的统计量。1984 年，L. Breiman、C.Ttone、R.Olshen 和 J.Freidman 提出了决策树剪枝概念，极大地改善了决策树的性能。1993 年，Quinlan 在 ID3 算法的基础上提出了一种改进算法，即 C4.5 算法。C4.5 算法解决了 ID3 算法属性偏向的问题，增加了对连续属性的处理。通过剪枝，它在一定程度上避免了“过度拟合”现象。但是该算法将连续属性离散化时，需要遍历该属性的所有值，降低了效率，并且要求训练样本集驻留内存中，不适合处理大规模数据集。1984 年，Breiman 等人提出一种 CART 算法，该算法是在给定输入随机变量 X 条件下输出随机变量 Y 的条件概率分布的学习方法，目前已经在许多领域得到了应用。CART算法可以处理无序的数据，采用基尼系数作为测试属性的选择标准。CART 算法生成的决策树精确度较高，但是当其生成的决策树复杂度超过一定程度后，随着复杂度的提高，分类精确度会降低，所以该算法建立的决策树不宜太复杂。2007 年，房祥飞提出了 SLIQ（决策树分类）算法，这种算法的分类精度与其他决策树算法不相上下，但执行的速度比其他决策树算法快，它对训练样本集的样本数量及属性的数量没有限制。SLIQ 算法能够处理大规模的训练样本集，具有较好的伸缩性；执行速度快，而且能生成较小的二叉决策树。SLIQ 算法允许多个处理器同时处理属性表，从而实现了并行性。但是 SLIQ 算法依然不能摆脱主存容量的限制。2000 年，RajeevRaSto 等提出了PUBLIC算法，该算法对尚未完全生成的决策树进行剪枝，因而提高了效率。近几年模糊决策树也得到了蓬勃发展。

研究者考虑到属性间的相关性，提出了分层回归算法、约束分层归纳算法和功能树算法，这三种算法都是基于多分类器组合的决策树算法，它们对属性间可能存在的相关性进行了部分实验和研究，但是这些研究并没有从总体上阐述属性间的相关性是如何影响决策树性能的。此外，还有很多其他的算法，如 Zhang.J 在 2014 年提出的一种基于粗糙集的优化算法、Wang.R 在 2015 年提出的基于极端学习树的算法模型等。

随机森林（RF）作为机器学习的重要算法之一，是一种利用多个树分类器进行分类和预测的方法。近年来，随机森林算法研究的发展十分迅速，已经在生物信息学、生态学、医学、遗传学、遥感地理学等多领域开展了应用性研究。

人工神经网络（Artificial Neural Networks，ANN）是一种具有非线性适应性信息处理能力的算法，可克服传统人工智能方法在直觉（如模式、语音识别、非结构化信息处理）方面的缺陷。早在 20 世纪 40 年代，人工神经网络已经受到关注，随后得到迅速发展。

贝叶斯学习是机器学习较早的研究方向，其方法最早起源于英国数学家托马斯·贝叶斯在 1763 年证明的一个关于贝叶斯定理的特例。经过多位统计学家的共同努力，贝叶斯统计在 20 世纪 50 年代之后逐步被建立起来，成为统计学中一个重要的组成部分。

- 大数据环境下机器学习的研究现状

大数据的价值体现主要集中在数据的转换及数据的信息处理能力等方面。在产业发展的今天，大数据时代的到来对数据的转换、数据的处理、数据的存储等带来了更好的技术支持，产业升级和新产业诞生形成了一种推动力量，让大数据能够针对可发现事物的程序进行自动规划，实现人类用户与计算机信息之间的协调。另外，现有的许多机器学习方法是建立在内存理论基础上的。在大数据还无法装载计算机内存的情况下，是无法进行诸多算法处理的，因此应提出新的机器学习算法，以适应大数据处理的需要。大数据环境下的机器学习算法，依据一定的性能标准，对学习结果的重要程度可以予以忽视。采用分布式和并行计算的方式进行分治策略的实施，可以规避掉噪声数据和冗余带来的干扰，降低存储耗费，同时提高学习算法的运行效率。

随着大数据时代各行业对数据分析需求的持续增加，通过机器学习高效地获取知识，已逐渐成为当今机器学习技术发展的主要推动力。大数据时代的机器学习更强调“学习本身是手段”，机器学习成为一种支持和服务技术。如何基于机器学习对复杂多样的数据进行深层次的分析、更高效地利用信息，成为当前大数据环境下机器学习研究的主要方向。所以，机器学习越来越朝着智能数据分析的方向发展，并已成为智能数据分析技术的一个重要源泉。另外，在大数据时代，随着数据产生速度的持续加快，数据的体量有了前所未有的增长，而需要分析的新的数据种类也在不断涌现，如文本的理解、文本情感的分析、图像的检索和理解、图形和网络数据的分析等。大数据机器学习和数据挖掘等智能计算技术在大数据智能化分析处理应用中具有极其重要的作用。在 2014 年 12 月中国计算机学会（CCF）大数据专家委员会上通过数百位大数据相关领域学者和技术专家投票推选出的“2015 年大数据十大热点技术与发展趋势”中，结合机器学习等智能计算技术的大数据分析技术被推选为大数据领域第一大研究热点和发展趋势。

1.2 机器学习理论基础

1.2.1 过拟合和欠拟合

机器学习的基本问题是利用模型对数据进行拟合，学习的目的并非是对有限训练集进行正确预测，而是能够对未曾在训练集中出现的样本进行正确预测。模型对训练集数据的误差称为经验误差，对测试集数据的误差称为泛化误差。模型对训练集以外样本的预测能力称为模型的泛化能力，追求这种泛化能力始终是机器学习的目标。过拟合和欠拟合是导致模型泛化能力不高的两种常见原因，都是模型学习能力与数据复杂度之间失配的结果。

过拟合常常在模型学习能力过强的情况中出现，此时的模型学习能力太强，以至于连训练集单个样本自身的特点都能捕捉到，并将其认为是"一般规律"，因而导致泛化能力弱。与之相反，欠拟合常常在模型学习能力较弱而数据复杂度较高的情况下出现，此时模型由于学习能力不足，无法学习到数据集中的"一般规律"，也会导致模型泛化能力下降，图 1-1 展示了匹萨直径-价格预测中的过拟合和欠拟合现象。

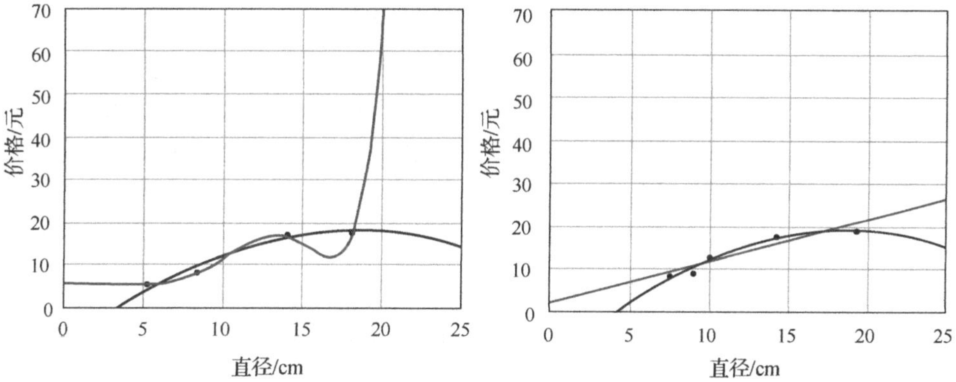

（a）过拟合　　（b）欠拟合

图 1-1　匹萨直径-价格预测中的过拟合和欠拟合现象

过拟合与欠拟合的区别在于，欠拟合在训练集和测试集上的性能都较差，而过拟合往往能较好地学习训练集数据的性质，在测试集上的性能较差。欠拟合主要表现为输出结果的高偏差，而过拟合主要表现为输出结果的高方差。

1.2.2 损失函数

损失函数（loss function），是将随机事件或其有关随机变量的取值映射为非负实数以表示该随机事件的"风险"或"损失"的函数。在应用中，损失函数通常作为学习准则与优化问题相联系，即通过最小化损失函数求解和评估模型。例如，在统计学和机器学习中被用于模型的参数估计（parametric estimation）。

损失函数针对回归问题和分类问题往往采用不同函数。

1）回归问题

回归问题所对应的损失函数为 L_2 损失函数和 L_1 损失函数，二者度量了模型估计值 $\hat{y}$ 与真实值 y 之间的差异：

$$L_2\text{loss:}\quad L(y,\hat{y}) = \omega(\theta)(\hat{y}-y)^2$$
$$L_1\text{ loss:}\quad L(y,\hat{y}) = \omega(\theta)\left|(\hat{y}-y)\right|$$

式中，$\omega(\theta)$ 为真实值的权重，y 为真实值，$\hat{y}$ 为模型的输出。各类回归模型，如线性回归、广义线性模型（Generalized Linear Model，GLM）和人工神经网络（Artificial Neural Network，ANN），通过最小化 L_2 或 L_1 损失对其参数进行估计。L_2 损失和 L_1 损失的不同在于，L_2 损失通过平方计算放大了估计值和真实值的距离，因此对偏离观测值的输出给予很大的惩罚。此外，L_2 损失是平滑函数，在求解其优化问题时有利于误差梯度的计算；L_1 损失对估计值和真实值之差取绝对值，相对于 L_2 对偏离真实值的输出不敏感，因此在观测中存在异常值时有利于保持模型稳定。

2）分类问题

分类问题所对应的损失函数为 0–1 损失函数，其是分类准确度的度量，对分类正确的估计值取 0，反之取 1：

$$L(\hat{y},y) = \begin{cases} 0 & \hat{y}=y \\ 1 & \hat{y}\neq y \end{cases}$$

0–1 损失函数是一个不连续的分段函数，不利于求解最小化问题，因此在应用中可构造其代理损失（surrogate loss）。代理损失是与原损失函数具有相合性（consistency）的损失函数，最小化代理损失所得的模型参数也是最小化原损失函数的解。当一个函数是连续凸函数，并在任意取值下是 0–1 损失函数的上界时，该函数可作为 0–1 损失函数的代理函数。

表 1-1 给出了二元分类（binary classification）中 0-1 损失函数的代理损失。

表 1-1　二元分类中 0-1 损失函数的代理损失

名　　称	表 达 式
铰链损失函数（hinge loss function）	$L(\hat{y},y)=\max(0,1-\hat{y}y)$
交叉熵损失函数（cross-entropy loss function）	$L(\hat{y},y)=-y\log(\hat{y})-(1-y)\log(1-\hat{y})$
指数损失函数（exponential loss function）	$L(\hat{y},y)=\exp(-\hat{y}y)$

铰链损失函数是一个分段连续函数，其在分类器分类完全正确时取 0。使用铰链损失函数对应的分类器是支持向量机（Support Vector Machine，SVM），铰链损失的性质决定了 SVM 具有稀疏性，即分类正确但概率不足 1 和分类错误的样本被识别为支持向量（support vector）用于划分决策边界，其余分类完全正确的样本没有参与模型求解。

交叉熵损失函数是一个平滑函数，其本质是信息理论（information theory）中的交叉熵（cross entropy）在分类问题中的应用。由交叉熵的定义可知，最小化交叉熵等价于最小化观测值和估计值的相对熵（relative entropy），其是一个提供无偏估计的代理损失。交叉熵损失函数是表中使用最广泛的代理损失，对应的分类器例子包括Logistic 回归、人工神经网络和概率输出的支持向量机。

指数损失函数是表中对错误分类施加最大惩罚的损失函数，因此其优势是误差梯度大，对应的极小值问题在使用梯度算法时求解速度快。使用指数损失的分类器通常为自适应提升算法（Adaptive Boosting，AdaBoost），AdaBoost 利用指数损失易于计算的特点，构建多个可快速求解的“弱”分类器成员，并按成员表现进行赋权和迭代，组合得到一个“强”分类器并输出结果。

铰链损失（实线）、交叉熵损失（浅实线）、指数损失（虚线）如图 1-2 所示。

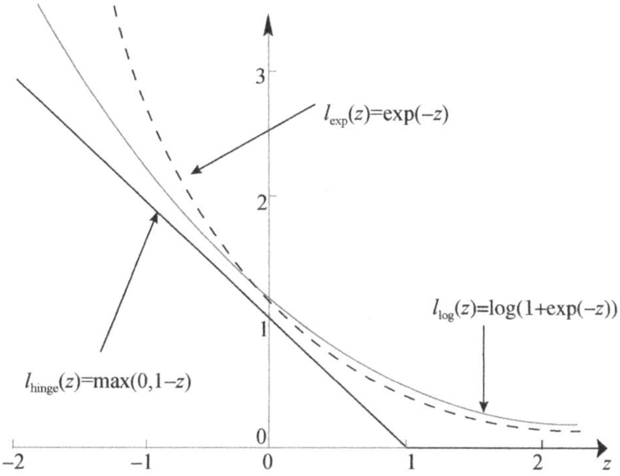

图 1-2　铰链损失（实线）、交叉熵损失（浅实线）、指数损失（虚线）

1.2.3　模型性能度量方法

性能度量即找到一个评价标准，对模型的泛化能力进行量化评价。不同的性能度量标准往往会有不同的度量结果，因此需要根据具体的任务需求与样本内容来选择相应的性能度量方法。

1. 基本概念

1）性能度量

性能度量的原理就是对于样本集 $D=\{(x_1,y_1),(x_2,y_2),\cdots(x_m,y_m)\}$ 评估学习器的性能，样本特征为 x_i，结果为 y_i，将学习器 $f(x_i)$ 的结果与 y_i 进行对比。

2）均方误差

均方误差反映了训练结果与真实值之间的偏离关系，因此常被用在回归类任务的结果性能度量上。均方误差公式为

$$E(f;D)=\frac{1}{m}\sum_{i=1}^{m}(f(x_i)-y_i)^2$$

以上误差出现在每个样本独立分布的情况下，考虑到样本的分布 D 及出现的概率，其均方误差公式为

$$E(f;D)=\int_{x\sim D}(f(x)-y)^2 p(x)\mathrm{d}x$$

2. 错误率与精度

最常用的两种度量方法是错误率和精度，它们对于离散类任务有较好的描述性。

1）错误率

错误率是分类错误的样本数占样本总数的比例，错误率计算公式为

$$E(f;D)=\frac{1}{m}\sum_{i=1}^{m}I(f(x_i)\neq y_i)$$

式中，$I(\,)$为指示函数，当 $f(x_i)\neq y_i$时，I 为 1，否则为 0。

2）精度

精度就是分类正确的样本数占总样本的比例，精度计算公式为

$$\begin{aligned}\mathrm{acc}(f;D)&=\frac{1}{m}\sum_{i=1}^{m}I(f(x_i)=y_i)\\&=1-E(f;D)\end{aligned}$$

3. 查准率、查全率、*P-R* 曲线与 F1 测评

错误率和精度主要是总体上评估训练器的性能，但是如果我们着眼于想要关注的结果，那么查准率及查全率更能影响我们选择该模型的决策。

对于二分类问题，根据真实类别与算法预测类别，有下面 4 个名词。

- TP：真正例，正确地标记为正。例如，算法预测它为好西瓜，这个西瓜真实情况也是好西瓜。
- FP：假正例，错误地标记为正。例如，算法预测它为好西瓜，但这个西瓜真实情况是坏西瓜。
- FN：假反例，错误地标记为负。例如，算法预测为坏西瓜，但这个西瓜真实情况是好西瓜。
- TN：真反例，正确地标记为负。例如，算法标记为坏西瓜，这个西瓜真实情况也是坏西瓜。

P 表示算法预测这个样本为 1（好西瓜）、N 表示算法预测这个样本为 0（坏西瓜）；T 表示算法预测的和真实情况一样，即算法预测正确，F 表示算法预测的和真实情况不一样，即算法预测不对。

可以看出，TP + FP + FN + TN =样例总数。

1）查准率

当我们需要“用户检索出来的信息中，真正需要的比例”，或者“挑出来的西瓜有多少是甜的”的时候，就用到了查准率：

$$P=\frac{\mathrm{TP}}{\mathrm{TP}+\mathrm{FP}}$$

上式表示预测的结果为正例的时候，真正的正例所占的比例。

2）查全率

当我们需要“用户感兴趣的内容中，有多少被检索出来了”，或者“所有的好瓜中，有多少被挑出来了”的时候，用到了查全率：

$$R = \frac{\mathrm{TP}}{\mathrm{TP} + \mathrm{FN}}$$

上式表示预测的结果与真实结果一致的样本中，正例所占的比例。

3）*P-R* 曲线

由于查准率和查全率是一个比较矛盾的值，查准率越高的时候，往往样本的查全率就越低，原因就在于查准率较高，则 TP 尽量控制得很大，就会将一些不太匹配的正样本抛弃，变成 FN，因此查全率就会较低。

如果将预测的结果按照正例的概率进行排序，然后从大到小依次将样本归为正例进行预测，那么每一次将样本归为正例时，计算此时的查全率和查准率，形成的一个二维曲线即 *P-R* 曲线，如图 1-3 所示。

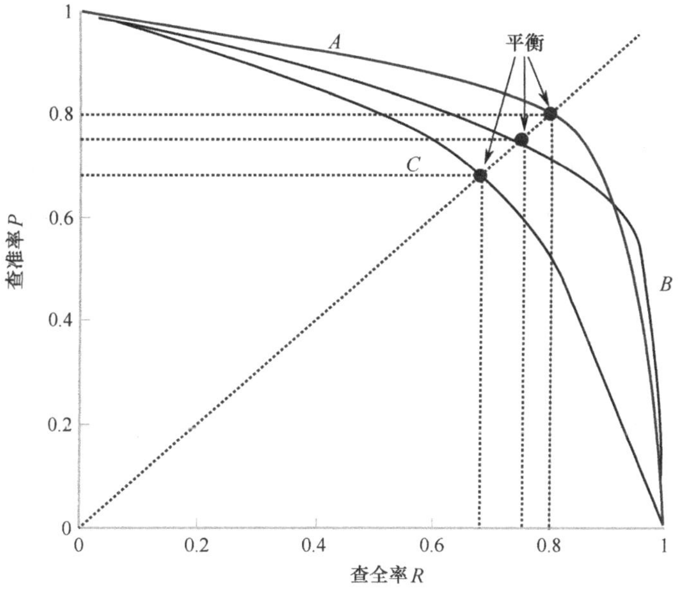

图 1-3　*P-R* 曲线

正常情况下，一个曲线 *C* 被另一个曲线 *B* 完全包住，那么曲线 *B* 的模型预测的性能要好于曲线 *C* 的模型，但是如果两个模型的 *P-R* 曲线出现相交的情况，就不能通过 *P-R* 曲线进行测评了，此时需要采用 *F*1 测评。

4）*F*1 测评

*F*1 测评的方法是，计算模型的查准率和查全率的调和平均，可以避免出现查全率或查准率为 1 而另一端为 0 的极端情况出现，当一个值很高一个值很低的时候，总体的评价性能仍然非常好。

$$F1=\frac{2\times P\times R}{P+R}=\frac{2\times \mathrm{TP}}{样例总数+\mathrm{TP}-\mathrm{TN}}$$

$F1$ 是基于查准率与查全率的调和平均（harmonic mean）定义的：

$$\frac{1}{F1}=\frac{1}{2}\cdot\left(\frac{1}{P}+\frac{1}{R}\right)$$

F_β 则是加权调和平均：

$$\frac{1}{F_\beta}=\frac{1}{1+\beta^2}\cdot\left(\frac{1}{P}+\frac{\beta^2}{R}\right)$$

与算术平均 $\left(\frac{P+R}{2}\right)$ 和几何平均 $\left(\sqrt{P\times R}\right)$ 相比，调和平均更重视较小值。

其中，当实际问题对于查准率或者查全率有偏好的时候，可以设置一个权重，以增加偏好对性能的影响，即

$$F_\beta=\frac{(1+\beta^2)\times P\times R}{(\beta^2\times P)+R}$$

β 度量了查准率对查全率的重要性，当 $\beta>1$ 时，查全率更重要，反之查准率更重要，当 $\beta=1$ 时，即正常的 $F1$ 测评。

1.2.4 学习曲线

学习曲线就是通过画出不同训练集大小时训练集和交叉验证的准确率，看模型在新数据上的表现，进而判断模型是否方差偏高或偏差过高，以及增大训练集是否可以减小过拟合。图 1-4 展示了欠拟合、过拟合和理想情况下学习曲线的特点。

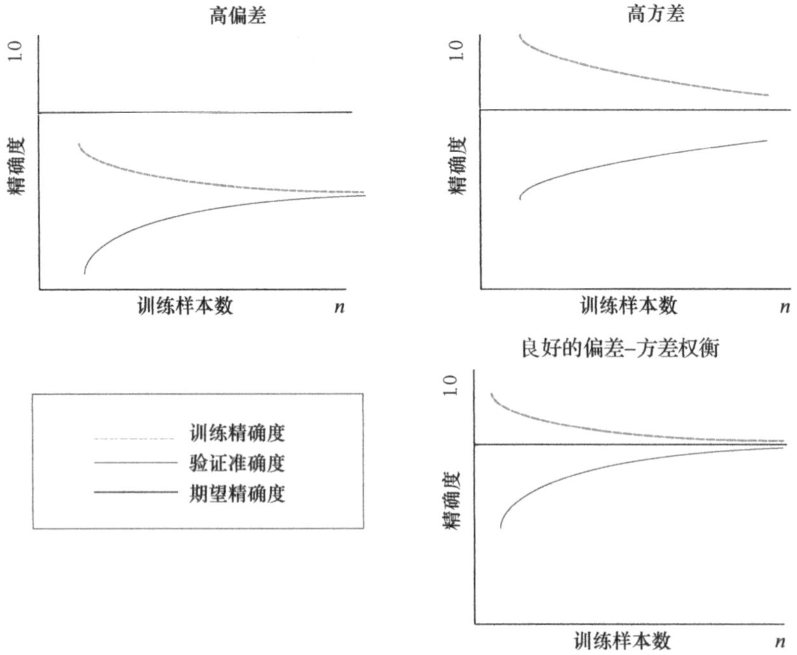

图 1-4　欠拟合、过拟合和理想情况下学习曲线的特点

当训练集和测试集的误差收敛但却与期望精确度相差较大时，为高偏差。图 1-4 左上角的偏差很高，训练集和验证集的准确率都很低，很可能是欠拟合。我们可以增加模型参数，如构建更多的特征，减小正则项。此时通过增加数据量是不起作用的。

当训练集和测试集的误差之间有大的差距时，为高方差。当训练集的准确率比其他独立数据集上的测试结果的准确率要高时，一般都是过拟合。图 1-4 右上角的方差很高，训练集和验证集的准确率相差太多，应该是过拟合。我们可以增大训练集、降低模型复杂度、增大正则项，或者通过特征选择减少特征数。

理想情况是找到偏差和方差都很小的情况，即收敛且误差较小。

【扩展阅读】

偏差与方差

当我们费尽周折不断调参来训练模型时，不可避免地会思考一系列问题，模型好坏的评判标准是什么？改善模型的依据何在？何时停止训练为佳？

要解决上述问题，我们需要引入偏差和方差这两个概念，理解它们很重要，也是后续了解过拟合、正则化、提早终止训练、数据增强等概念和方法的前提。

1. 概念定义

偏差（bias）：偏差衡量了模型的预测值与实际值之间的偏离关系。通常在机器学习中，我们每一次训练迭代出来的新模型，都会拿测试集数据进行预测，偏差就反映在预测值与实际值匹配度上，如通常在 scikit-learn 运行中看到的准确度为 96%，则说明是低偏差；反之，如果准确度只有 70%，则说明是高偏差。

方差（variance）：方差描述的是训练数据在不同迭代阶段的训练模型中，预测值的变化波动情况（或称之为离散情况）。从数学角度看，可以理解为每个预测值与预测均值差的平方和再求平均数。通常，在机器学习训练中，初始阶段模型复杂度不高，为低方差；随着训练量加大，模型逐步拟合训练数据，复杂度开始变高，此时方差会逐渐变高。

2. 图形定义

图 1-5 所示为偏差与方差靶心图。可以想象靶心为实际值，点集为预测值。在模型不断的训练迭代过程中，我们会碰到以下四种情况。

低偏差，低方差：这是训练的理想模型，此时数据离散程度小，且基本在靶心范围内；

低偏差，高方差：这是机器学习面临的最大问题，此时过拟合了。也就是模型太贴合训练数据了，导致其泛化（或通用）能力差，若遇到测试集，则准确度下降厉害；

高偏差，低方差：这往往是训练的初始阶段；

高偏差，高方差：这是训练最糟糕的情况，准确度差，数据的离散程度也大。

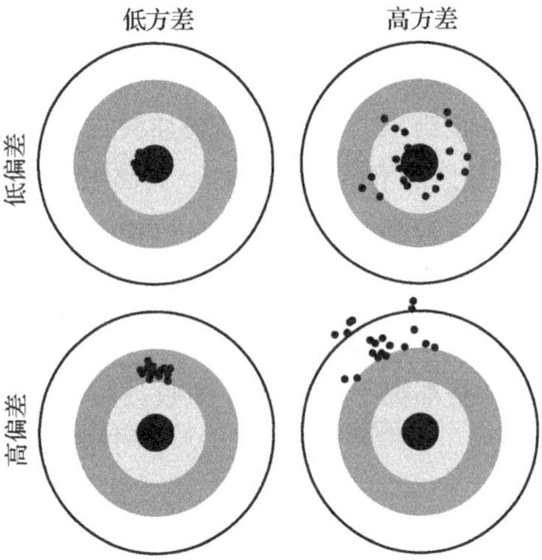

图 1-5　偏差与方差靶心图

3. 数学定义

从简单的回归模型入手，对于训练数据集 $S = \{(x_i, y_i)\}$，令 $y_i = f(x_i) + \varepsilon$，假设为实际方程，其中 ε 是满足正态分布均值为 0、标准差为 σ 的值。

再假设预测方程为 $h(x) = wx + b$，这时希望总误差 $\mathrm{Err}(x) = \sum i\,[y_i - h(x_i)]^2$ 能达到最小值。给定某集合样本（x, y），展开误差公式，以生成用方差、偏差和噪声组合的方式。

在此之前，引入一个辅助公式，令 z 为满足正态分布的随机值集合，再令 $\overline{z} = E(z)$，即 $\overline{z}$ 为 z 的平均值，则

$$E[(z-\overline{z})^2] = E[z^2 - 2z\overline{z} + \overline{z}^2]$$

$$= E[z^2] - 2E[z]\overline{z} + \overline{z}^2$$ 注：$E[z] = z$，因为 z 是一个均值，其误差即本身。

$$= E[z^2] - 2z\overline{z} + \overline{z}^2$$

$$= E[z^2] - z^2$$

可以得到一个辅助公式：$E[z^2] = E[(z-z)^2] + \overline{z}^2$，最后展开误差公式：

$$E[y - h(x)]^2 = E[y^2 - 2yh(x) + h(x)^2]$$

$$= E[y^2] - 2E[y]\,E[h(x)] + E[h(x)^2]$$

$$= E[(y-y)^2] + y^2 - 2E[y]h(x) + E[(h(x) - h(x))^2] + h(x)^2$$

$$= E[(y - f(x))^2] + f(x)^2 - 2f(x)h(x) + E[(h(x) - h(x))^2] + h(x)^2$$

$$= E[(h(x) - h(x))^2] + (h(x) - f(x))^2 + E[(y - f(x))^2]$$

$$= \text{variance} + \text{bias}^2 + \text{noise}$$

注：$y = E[y] = E[f(x) + \varepsilon] = E[f(x)] + E[\varepsilon] = E[f(x)] = f(x)$，$\varepsilon$ 均值已经被假定为 0，对于具体的 x，其 $E[f(x)] = f(x)$

由此可见，误差 = 方差+偏差^2+噪声，一般来说，随着模型复杂度的增加，方差会逐渐增大，偏差会逐渐减小，如图 1-6 所示。

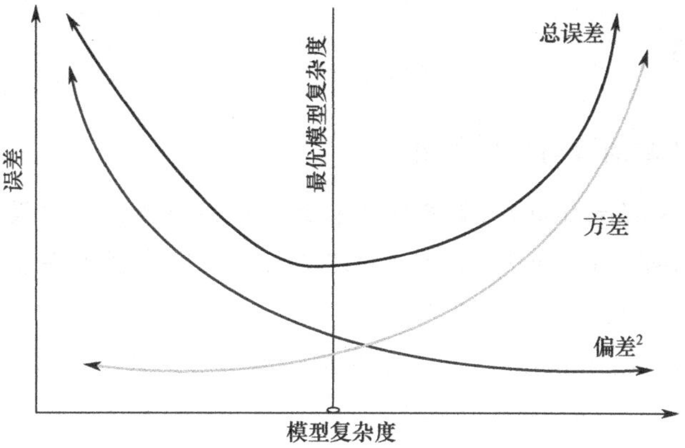

图 1-6 误差与模型复杂度关系图

由此可见，一个好的模型，既能跟训练数据拟合，又与完美拟合保持一定距离，模型更具通用性（泛化能力强），用测试数据验证会发现准确度也不错。

因此从实践角度说，机器学习不但是一门科学，而且更像是一门艺术。选择一个好的模型，需要不断调整参数来跨越欠拟合，避免过拟合，这样才能建立心目中理想的模型。这需要我们多多练习，但其背后支撑的数学原理也是需要我们去好好理解和掌握的。

1.2.5 算法模型性能优化

当开发出来的机器学习算法不能很好地预测新数据时，该怎么办呢？一般情况下，需要先判断这个算法模型是欠拟合还是过拟合。

（1）如果是过拟合，可以采取的措施如下。

- 获取更多的训练数据：从学习曲线的规律来看，更多的数据有助于改善过拟合问题。
- 减少输入的特征数量：例如，针对手写识别系统，原来使用 200 像素×200 像素的图片，总共 40000 个特征。优化后，可以把图片等比例缩小为 10 像素×10 像素的图片，总共 100 个特征。这样可以大大减少模型的计算量，同时也减少模型的复杂度，改善过拟合问题。

（2）如果是欠拟合，则说明模型太简单了，需要增加模型的复杂度。

- 增加有价值的特征：重新解读并理解训练数据。例如，针对一个房产价格预测的机器学习任务，原来只根据房子面积来预测价格，结果模型出现了欠拟合。优化后，增加其他的特征，如房子的朝向、户型、年代、房子旁边学校的质量（学区房）、房子的开发商、房子周边商业街个数、房子周边公园个数等。
- 增加多项式特征：有时，从已知数据里挖掘出更多的特征不是件容易的事情，这个时候，可以用纯数学的方法增加多项式特征。例如，原来的输入特征只有×1、×2，优化后可以增加特征，变成×1、×2、×1×2、$×1^2$、$×2^2$。这样也可以增加模型的复杂度。

【扩展阅读】

1. 损失函数、成本函数与目标函数

- 损失函数（loss function）：在单个样本上，是指一个样本的误差。
- 成本函数（cost function）：在整个训练集上，是所有样本误差的平均，也就是所有损失函数值的平均。
- 目标函数（object function）：指最终需要优化的函数，一般来说是经验风险+结构风险，也就是代价函数+正则化项。

2. ROC 与 AUC

ROC 的使用场景更多，也更常见。

1）ROC 模型

ROC 是一种对正例进行检验的曲线，主要通过真正例率和假正例率来进行描绘。

（1）真正例率：选择的样例中，正例占所有正例样本的比例。

$$\mathrm{TPR}=\frac{\mathrm{TP}}{\mathrm{TP}+\mathrm{FN}}$$

（2）假正例率：选择的样例中，反例占所有反例样本的比例。

$$\mathrm{FPR}=\frac{\mathrm{FP}}{\mathrm{TN}+\mathrm{FP}}$$

ROC 曲线与 AUC 示意图如图 1-7 所示。

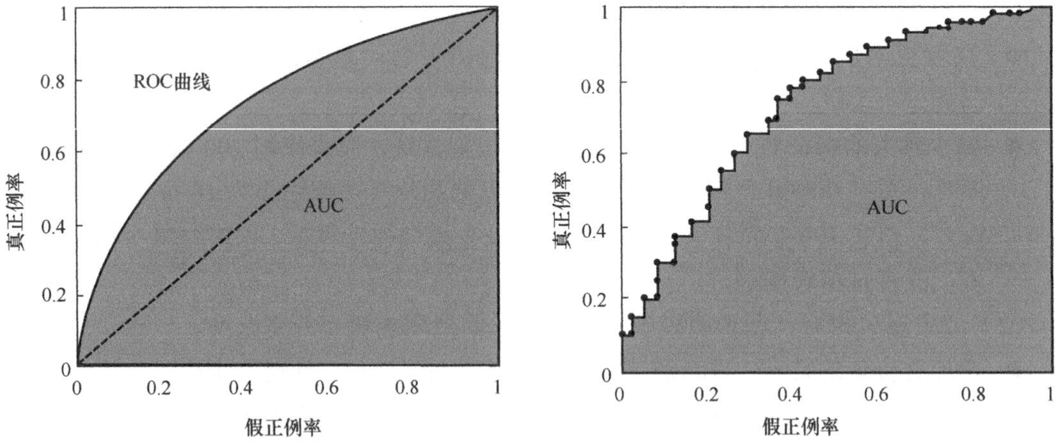

图 1-7　ROC 曲线与 AUC 示意图

2）ROC 曲线的计算方式

ROC 曲线中，x 轴代表假正例率，单位为（1/反例的个数）；y 轴代表真正例率，单位为（1/正例的个数）。

（1）根据学习器的结果，对样例进行打分，分数越高，则正例的可能性越大；

（2）对样例进行排序，依次将分值最高的样例归为正例进行验证；

（3）如果该样例为正例，则重新计算 TPR，此时 FPR 值不变，反映在曲线上，即 y 轴 +1 个格。

（4）如果该样例为反例，则重新计算 FPR，此时 TPR 值不变，反映在曲线上，即 x 轴 +1 个格。

3）AUC 计算

AUC 即 ROC 曲线与 x 轴包围的面积大小，AUC 的值越大，性能越好。

$$\mathrm{AUC}=\frac{1}{2}\sum_{i=1}^{m-1}(x_{i+1}-y_i)\cdot(y_i+y_{i+1})$$

（1）AUC 是一个概率值，当分类算法越容易将正样本排在负样本之前的时候，AUC 的值越大。

（2）越靠近(0,1)坐标的 ROC 曲线，性能越好。

3. 泛化能力

机器学习中一个重要的话题便是模型的泛化能力，泛化能力强的模型才是好模型。泛化能力（generalization ability）是指机器学习算法对新鲜样本的适应能力。学习的目的是学到隐含在数据背后的规律，对具有同一规律的学习集以外的数据，经过训练的网络也能给出合适的输出，该能力称为泛化能力。通常期望经训练样本训练的网络具有较强的泛化能力，也就是对新输入给出合理响应的能力。应当指出，并非训练的次数越多，越能得到正确的输入/输出映射关系。

4. 过拟合解决方法

（1）在神经网络模型中，可使用权值衰减的方法，即每次迭代过程中以某个小因子降低每个权值。

（2）选取合适的停止训练标准，使对机器的训练保持在合适的程度；

（3）保留验证数据集，对训练成果进行验证；

（4）获取额外数据进行交叉验证；

（5）正则化，即在进行目标函数或代价函数优化时，在目标函数或代价函数后面加上一个正则化项，一般有 L1 正则化项与 L2 正则化项等。

5. 欠拟合解决方法

（1）增加新特征，可以考虑加入特征组合、高次特征来增大假设空间；

（2）添加多项式特征，这个在机器学习算法里面用得很普遍，如通过添加二次项或者三次项使线性模型泛化能力更强；

（3）减少正则化参数，正则化的目的是用来防止过拟合的，但是模型出现了欠拟合，则需要减少正则化参数；

（4）使用非线性模型，如核 SVM、决策树、深度学习等模型；

（5）调整模型的容量（capacity），模型的容量是指其拟合各种函数的能力，容量低的模型可能很难拟合训练集；

（6）使用集成学习方法，如 Bagging。将多个弱学习器 Bagging。

6. 模型性能的不同表达式

在 scikit-learn 中，不使用成本函数来表达模型的性能，而使用分数来表达，这个分数总为[0, 1]，数值越大说明模型的准确性越好。当模型训练完成后，调用模型的 score(X_test, y_test)即可算出模型的分数值，其中 X_test 和 y_test 是测试数据集样本。

模型分数（准确性）与成本成反比，即分数越大，准确性越高，误差越小，成本越低；反之，分数越小，准确性越低，误差越大，成本越高。

7. 交叉验证数据集

另外一个更科学的方法是把数据集分成 3 份，分别是训练数据集、交叉验证数据集和测试数据集，推荐比例是 6:2:2。

为什么需要交叉验证数据集呢？以多项式模型选择为例。假设我们用一阶多项式、二阶多项式、三阶多项式……十阶多项式来拟合数据，多项式的阶数记为 d。把数据集分成训练数据集和测试数据集。先用训练数据集训练机器学习算法的参数 $\theta(1)$、$\theta(2)$、$\theta(3)$、……、$\theta(10)$，这些参数分别代表从一阶多项式到十阶多项式的模型参数。在这 10 个模型里，哪个模型更好呢？这个时候我们会用测试数据集算出针对测试数据集的成本 $J_{test}(\theta)$，看哪个模型的测试数据集成本最低，我们就选择这个多项式来拟合数据，但实际上，这是有问题的。

测试数据集的最主要功能是测试模型的准确性，需要确保模型没见过这些数据。现在我们用测试数据集来选择多项式的阶数 d，相当于提前让模型见过测试数据集了。这样选择出来的多项式阶数 d 本身就是对训练数据集最友好的一个，这样模型的准确性测试就失去了意义。

为了解决这个问题，我们把数据分成 3 份，随机选择 60%的数据作为训练数据集，其成本记为 $J(\theta)$，随机选择 20%的数据作为交叉验证数据集（cross validation），其成本记为 $J_{cv}(\theta)$，剩下的 20%作为测试数据集，其成本记为 $J_{test}(\theta)$。

在选择模型时，我们使用训练数据集来训练算法参数，用交叉验证数据集来验证参数。选择交叉验证数据集的成本 $J_{cv}(\theta)$最小的多项式来作为数据拟合模型，最后再用测试数据集来测试选择出来的模型针对测试数据集的准确性。

因为在模型选择过程中，我们使用了交叉验证数据集，所以在筛选模型多项式阶数 d 的过程中，实际上并没有使用测试数据集。这样保证了使用测试数据集来计算成本衡量模型的准确性，我们选择出来的模型是没有见过测试数据集的，即测试数据集没有参与模型选择的过程。

当然，在实践过程中，很多人直接把数据集分成训练数据集和测试数据集，而没有分出交叉验证数据集。这是因为很多时候并不需要横向去对比不同的模型。在工程上，大多数时候我们最主要的工作不是选择模型，而是获取更多数据、分析数据、挖掘数据。

1.3　scikit-learn 简介

1.3.1　关于 scikit-learn

scikit-learn（简记为 sklearn）是基于 Python 语言，依赖于 NumPy、SciPy、matplotlib 等扩展库的机器学习算法库。scikit-learn 可以实现数据预处理、分类、回归、降维、模型选择等常用的机器学习算法。

NumPy 是 Python 实现的开源科学计算包。它可以定义高维数组对象、矩阵计算和随机数生成等函数。

SciPy 是 Python 实现的高级科学计算包。它和 NumPy 联系很密切，一般都是操控 NumPy 数组来进行科学计算的，可以说是基于 NumPy 之上的。SciPy 有很多子模块可以适用不同的应用，如插值运算、优化算法、图像处理、数学统计等。

matplotlib 是 Python 实现的作图包。使用 matplotlib 能够非常简单地可视化数据，只需要几行代码，便可以生成直方图、功率谱、条形图、错误图、散点图等。

1.3.2　安装 scikit-learn

安装最新版本 scikit-learn 的必要条件：

Python（≥2.7 或≥3.3）

NumPy（≥1.8.2）

SciPy（≥0.13.3）

如果已经安装过 NumPy 和 SciPy，最简单的办法是使用 Python 包管理工具 pip 直接安装 scikit-learn，在命令提示符下输入：

```
pip install -U scikit-learn
```

pip 是一个 Python 包安装与管理工具，主要用于安装 PyPI 上的软件包。如果安装的 Python 2≥2.7.9 或者 Python 3≥3.4，Python 自带了 pip 工具，不用安装。pip list 命令可实时查看本机已安装的 Python 扩展库列表。

如果没有安装 NumPy 或 SciPy，同样可以在命令提示符下使用 pip 安装，在命令提示符下输入：

```
pip install numpy
pip install scipy
```

1.3.3　scikit-learn 数据集

机器学习是学习一个数据集的属性，然后将这些属性应用到新的数据上。因此，在评价一个算法优劣性的机器学习中，普遍的操作是将数据集分割为两个子集，在一个子集上学习属性，称为训练集；在另一个子集上检验这些属性，称为检验集。

在机器学习过程中，经常需要使用各种各样的数据集，因此 scikit-learn 框架也提供了一些常用的数据集，其数据路径都在 scikit-learn 包下的 datasets/data 目录中，表 1-2 列举了 scikit-learn 自带的几个常用数据集。

表 1-2 scikit-learn 自带的几个常用数据集

序　号	数据集名称	调 用 方 式	数 据 描 述
1	鸢尾花数据集	load_iris()	用于多分类任务的数据集
2	波士顿房价数据集	load_boston()	用于回归任务的经典数据集
3	糖尿病数据集	load_diabetes()	用于回归任务的经典数据集
4	手写数字数据集	load_digits()	用于多分类任务的数据集
5	乳腺癌数据集	load_breast_cancer()	经典的用于二分类任务的数据集
6	体能训练数据集	load_linnerud()	经典的用于多变量回归任务的数据集

1. 查看数据集的基本信息

以鸢尾花数据集为例，学习如何在 scikit-learn 中调用数据集。

鸢尾花（iris）数据集是很常用的一个数据集。鸢尾花有三个亚属，分别是山鸢尾（见图 1-8）、变色鸢尾（见图 1-9）和维吉尼亚鸢尾（见图 1-10）。

图 1-8 山鸢尾

图 1-9 变色鸢尾

图 1-10 维吉尼亚鸢尾

该数据集一共包含 4 个特征，即花萼长度、花萼宽度、花瓣长度、花瓣宽度，3 个类别共有 150 个样本。鸢尾花数据集情况如表 1-3 所示。

表 1-3 鸢尾花数据集情况

列　名	说　明	数 据 类 型
SepalLength	花萼长度	float
SepalWidth	花萼宽度	float
PetalLength	花瓣长度	float
Petalwidth	花瓣宽度	float
Class	类别。0 表示山鸢尾、1 表示变色鸢尾、2 表示维吉尼亚鸢尾	int

鸢尾花数据集里有两个属性：iris.data、iris.target。data 表示一个矩阵，每一列代表了花萼或花瓣的长宽，一共 4 列，每一行代表某个被测量的鸢尾植物，一共采样了 150 条记录。

鸢尾花数据集一般用于监督学习中的多分类问题。在 Python 环境下运行例 1.1 中的代码，可显示如图 1-11～图 1-13 所示的数据集相关信息。

【例 1.1】

```
from sklearn.datasets import load_iris
iris = load_iris()
print(iris.data)
#输出数据所属的真实标签
print(iris.target)
#输出数据的维度
print(iris.data.shape)
#输出数据标签的名字
print(iris.target_names)
```

```
[7.4 2.8 6.1 1.9]
[7.9 3.8 6.4 2. ]
[6.4 2.8 5.6 2.2]
[6.3 2.8 5.1 1.5]
[6.1 2.6 5.6 1.4]
[7.7 3.  6.1 2.3]
[6.3 3.4 5.6 2.4]
[6.4 3.1 5.5 1.8]
[6.  3.  4.8 1.8]
[6.9 3.1 5.4 2.1]
[6.7 3.1 5.6 2.4]
[6.9 3.1 5.1 2.3]
[5.8 2.7 5.1 1.9]
[6.8 3.2 5.9 2.3]
[6.7 3.3 5.7 2.5]
[6.7 3.  5.2 2.3]
[6.3 2.5 5.  1.9]
```

图 1-11　部分数据截图

```
[0 0 0 0 0 0 0 0 0 0 0 0 0 0 0 0 0 0 0 0 0 0 0 0 0 0 0 0 0 0 0 0 0 0 0 0 0
 0 0 0 0 0 0 0 0 0 0 0 0 0 1 1 1 1 1 1 1 1 1 1 1 1 1 1 1 1 1 1 1 1 1 1 1 1
 1 1 1 1 1 1 1 1 1 1 1 1 1 1 1 1 1 1 1 1 1 1 1 1 1 1 2 2 2 2 2 2 2 2 2 2 2
 2 2 2 2 2 2 2 2 2 2 2 2 2 2 2 2 2 2 2 2 2 2 2 2 2 2 2 2 2 2 2 2 2 2 2 2 2
 2 2]
```

图 1-12　数据所属标签

```
(150, 4)
['setosa' 'versicolor' 'virginica']
```

图 1-13　数据维度与数据类别

2. 数据集划分

在模型训练时，一般会把数据集划分成训练集、验证集和测试集，其中训练集用来估计模型，验证集用来确定网络结构或控制模型复杂程度的参数，而测试集则用于检验最终选择的最优模型的性能优劣。

scikit-learn 中使用 sklearn.model_selection 模块对数据集进行划分，该模块中的

train_test_split()是交叉验证中常用的函数，功能是从样本中随机按比例选取 train_data 和 test_data，详情如下：

```
[X_train,X_test,Y_train,Y_test] = train_test_split(train_data,train_target,test_size,random_state)
```

train_data 代表所要划分的样本特征集。

train_target 代表所要划分的样本结果。

test_size 代表样本占比，若为整数，则为样本的数量。

random_state 代表随机数种子，同时也是该组随机数的编号，在需要重复实验时，能生成相同的随机数。为 0、空或不同时，生成不同的随机数；当种子相同时，即使实例不同也会产生相同的随机数。

X_train 代表生成的训练集的特征。

X_test 代表生成的测试集的特征。

Y_train 代表生成的训练集的标签。

Y_test 代表生成的测试集的标签。

通过例 1.2 来演示如何使用这个函数将数据集快速打乱，并形成训练集和测试集，训练集、测试集数据如图 1-14 所示。

【例 1.2】

```
from sklearn.model_selection import train_test_split
from sklearn.datasets import load_iris
iris = load_iris()
print('iris 数据集的大小：',iris.data.shape)
print('目标数据集的大小：',iris.target.shape)
X_train,X_test,Y_train,Y_test =
train_test_split(iris.data,iris.target,test_size = 0.4,random_state = 0)
print('生成的训练集的特征个数(数据个数)：',X_train.shape)
print('生成的训练集的标签个数(样本个数)：',Y_train.shape)
print('生成的测试集的特征(数据个数)：',X_test.shape)
print('生成的测试集的标签个数(样本个数)：',Y_test.shape)
print('iris 数据集前 5 行的数据：',iris.data[:5])
print('生成的训练集的前 5 行的数据：',X_train[:5])
print('生成的测试集的前 5 行的数据：',X_test[:5])
```

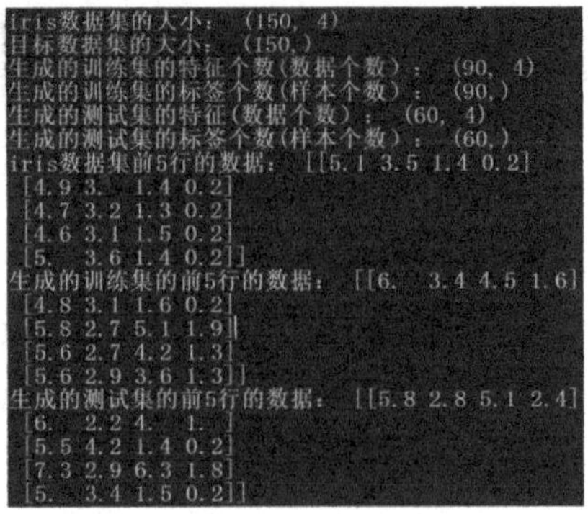

```
iris数据集的大小： (150, 4)
目标数据集的大小： (150,)
生成的训练集的特征个数(数据个数)： (90, 4)
生成的训练集的标签个数(样本个数)： (90,)
生成的测试集的特征(数据个数)： (60, 4)
生成的测试集的标签个数(样本个数)： (60,)
iris数据集前5行的数据： [[5.1 3.5 1.4 0.2]
 [4.9 3.  1.4 0.2]
 [4.7 3.2 1.3 0.2]
 [4.6 3.1 1.5 0.2]
 [5.  3.6 1.4 0.2]]
生成的训练集的前5行的数据： [[6.  3.4 4.5 1.6]
 [4.8 3.1 1.6 0.2]
 [5.8 2.7 5.1 1.9]
 [5.6 2.7 4.2 1.3]
 [5.6 2.9 3.6 1.3]]
生成的测试集的前5行的数据： [[5.8 2.8 5.1 2.4]
 [6.  2.2 4.  1. ]
 [5.5 4.2 1.4 0.2]
 [7.3 2.9 6.3 1.8]
 [5.  3.4 1.5 0.2]]
```

图 1-14　训练集、测试集数据

【扩展阅读】

加载外部数据集

scikit-learn 使用任何存储为 NumPy 数组或者 SciPy 稀疏数组的数值数据，以及其他可以转化成数值数组的类型，如 pandas 中的 DataFrame。

以下推荐一些将标准纵列形式的数据转换为 scikit-learn 可以使用的格式的方法。

- pandas.io：提供了从常见格式（包括 CSV、Excel、JSON、SQL 等）中读取数据的工具。DateFrame 也可以由元组或者字典组成的列表构建而成。pandas 能顺利地处理异构的数据，并且提供了处理和转换成 scikit-learn 使用的数值数据的工具。
- scipy.io：专门处理科学计算领域经常使用的二进制格式，如.mat 和.arff 格式的内容。
- numpy/routines.io：将纵列形式的数据标准加载为 NumPy 数组。
- scikit-learn 的 datasets.load_svmlight_file：处理 svmlight 或者 libSVM 稀疏矩阵。
- scikit-learn 的 datasets.load_files：处理文本文件组成的目录，每个目录名是每个类别的名称，每个目录内的每个文件对应该类别的一个样本。

对于一些杂项数据，如图像、视频、音频，可以使用以下方法。

- skimage.io 或 Imageio：将图像或者视频加载为 NumPy 数组。
- scipy.misc.imread：将各种图像文件格式加载为像素灰度数据。
- scipy.io.wavfile.read：将 WAV 文件读入一个 NumPy 数组。

注意：如果要管理数值数据，建议使用优化后的文件格式来减少数据加载时间，如 HDF5、H5Py、PyTables 和 pandas 等库提供了一个 Python 接口来读写该格式的数据。

例 1.3 利用 pandas.io 读取 csv 文件，并将数据输出。文件 iris.data 中以 csv 格式存放鸢尾花数据，其部分数据如下所示。

```
5.1,3.5,1.4,0.2,iris-setosa
4.9,3.0,1.4,0.2,iris-setosa
4.7,3.2,1.3,0.2,iris-setosa
4.6,3.1,1.5,0.2,iris-setosa
5.0,3.6,1.4,0.2,iris-setosa
5.4,3.9,1.7,0.4,iris-setosa
4.6,3.4,1.4,0.3,iris-setosa
5.0,3.4,1.5,0.2,iris-setosa
4.4,2.9,1.4,0.2,iris-setosa
4.9,3.1,1.5,0.1,iris-setosa
......
```

读取及显示数据代码如下：

【例 1.3】

```
import numpy as np
import pandas as pd
from sklearn.model_selection import train_test_split
#读取 csv 格式数据
data = pd.read_csv('iris.data')
#将数据转化为 NumPy 数组
iris = np.array(data)
#将数据属性和标签分开
iris_data = iris[:,0:4]
iris_target = iris[:,-1]
#利用 train_test_split 在数据集上按比例随机划分训练集和测试集
X_train,X_test,Y_train,Y_test = train_test_split(iris_data,iris_target,test_size = 0.4,random_state = 0)
print('X_train:\n',X_train)
print('Y_train:\n',Y_train)
print('X_test:\n',X_test)
print('Y_test:\n',Y_test)
```

训练集的部分特征数据如图 1-15 所示，训练集的部分标签数据如图 1-16 所示，测试集的部分特征数据如图 1-17 所示，测试集的部分标签数据如图 1-18 所示。

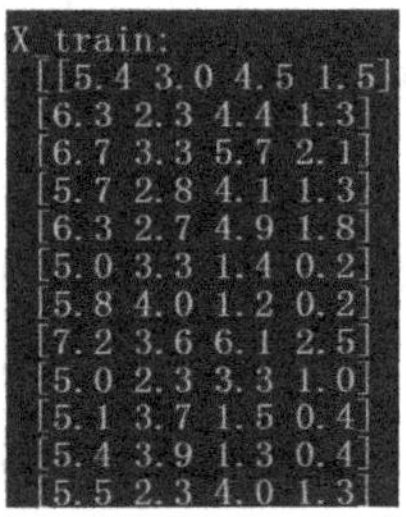

```
X_train:
 [[5.4 3.0 4.5 1.5]
 [6.3 2.3 4.4 1.3]
 [6.7 3.3 5.7 2.1]
 [5.7 2.8 4.1 1.3]
 [6.3 2.7 4.9 1.8]
 [5.0 3.3 1.4 0.2]
 [5.8 4.0 1.2 0.2]
 [7.2 3.6 6.1 2.5]
 [5.0 2.3 3.3 1.0]
 [5.1 3.7 1.5 0.4]
 [5.4 3.9 1.3 0.4]
 [5.5 2.3 4.0 1.3]
```

图 1-15　训练集的部分特征数据

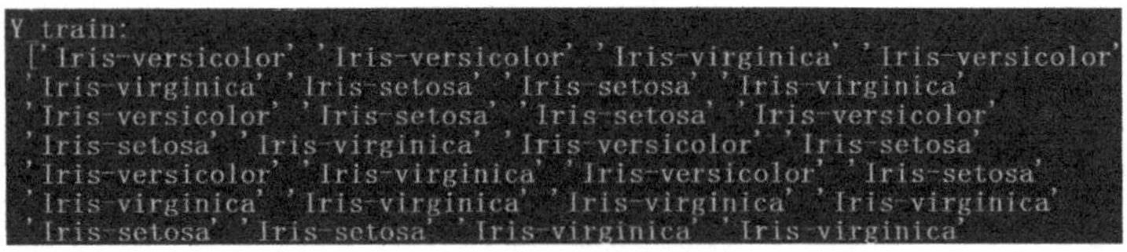

```
Y_train:
 ['Iris-versicolor' 'Iris-versicolor' 'Iris-virginica' 'Iris-versicolor'
 'Iris-virginica' 'Iris-setosa' 'Iris-setosa' 'Iris-virginica'
 'Iris-versicolor' 'Iris-setosa' 'Iris-setosa' 'Iris-versicolor'
 'Iris-setosa' 'Iris-virginica' 'Iris-versicolor' 'Iris-setosa'
 'Iris-versicolor' 'Iris-virginica' 'Iris-versicolor' 'Iris-setosa'
 'Iris-virginica' 'Iris-virginica' 'Iris-virginica' 'Iris-virginica'
 'Iris-setosa' 'Iris-setosa' 'Iris-virginica' 'Iris-virginica'
```

图 1-16　训练集的部分标签数据

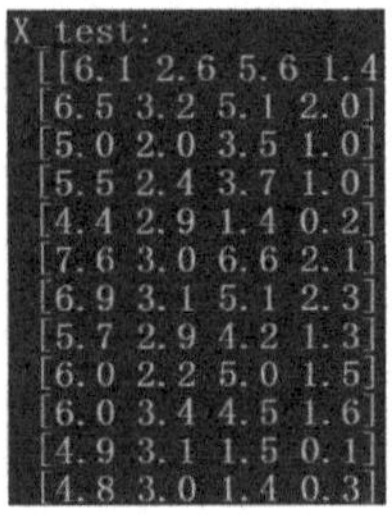

```
X_test:
 [[6.1 2.6 5.6 1.4]
 [6.5 3.2 5.1 2.0]
 [5.0 2.0 3.5 1.0]
 [5.5 2.4 3.7 1.0]
 [4.4 2.9 1.4 0.2]
 [7.6 3.0 6.6 2.1]
 [6.9 3.1 5.1 2.3]
 [5.7 2.9 4.2 1.3]
 [6.0 2.2 5.0 1.5]
 [6.0 3.4 4.5 1.6]
 [4.9 3.1 1.5 0.1]
 [4.8 3.0 1.4 0.3]
```

图 1-17　测试集的部分特征数据

```
Y_test:
['Iris-virginica' 'Iris-virginica' 'Iris-versicolor' 'Iris-versicolor'
 'Iris-setosa' 'Iris-virginica' 'Iris-virginica' 'Iris-versicolor'
 'Iris-virginica' 'Iris-versicolor' 'Iris-setosa' 'Iris-setosa'
 'Iris-versicolor' 'Iris-setosa' 'Iris-setosa' 'Iris-virginica'
 'Iris-virginica' 'Iris-versicolor' 'Iris-setosa' 'Iris-setosa'
 'Iris-setosa' 'Iris-setosa' 'Iris-versicolor' 'Iris-setosa'
 'Iris-versicolor' 'Iris-versicolor' 'Iris-versicolor' 'Iris-setosa'
```

图 1-18　测试集的部分标签数据

scikit-learn 框架提供的其他常用数据集加载方式都是相似的，如例 1.4、例 1.5 所示，具体方法可参照表 1-2 或阅读 scikit-learn 官网说明。

【例 1.4】

```
#加载 boston 房价信息示例
from sklearn.datasets import load_boston
data, target = load_boston(return_X_y=True)
print(data.shape)
print(target.shape)
```

加载 boston 房价信息示例如图 1-19 所示。

【例 1.5】

```
#加载手写数字库
from sklearn.datasets import load_digits
import matplotlib.pyplot as plt
digits = load_digits()
plt.matshow(digits.images[3])
plt.show()
```

加载手写数字库示例如图 1-20 所示。

```
(506, 13)
(506,)
```

图 1-19　加载 boston 房价信息示例

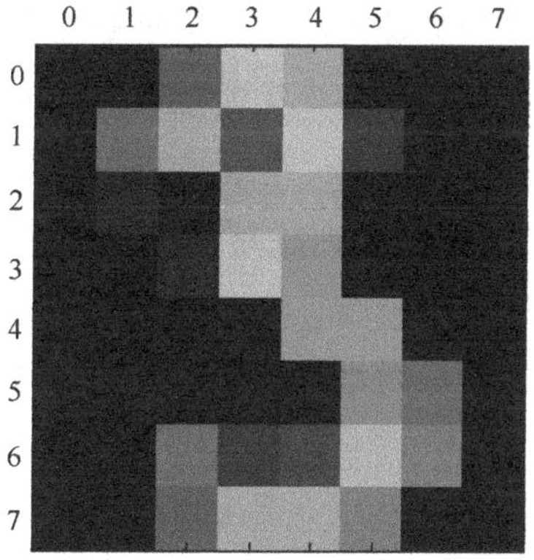

图 1-20　加载手写数字库示例

习　　题

一、填空题

1. 机器学习按照学习方式分类，可以分为（　　　）、（　　　）和（　　　）。

2. 在应用中，损失函数通常作为学习准则与优化问题相联系，即通过（　　　）损失函数求解和评估模型。

3. 下述损失函数中，（　　　）适合做回归问题的损失函数，（　　　）适合做分类问题的代理损失函数。

① $L(\hat{y}, y) = \omega(\theta)(\hat{y} - y)^2$

② $L(\hat{y}, y) = \omega(\theta)\left|(\hat{y} - y)\right|$

③ $L(\hat{y}, y) = \max(0, 1 - \hat{y}y)$

④ $L(\hat{y}, y) = -y\log(\hat{y}) - (1 - y)\log(1 - \hat{y})$

⑤ $L(\hat{y}, y) = \exp(-\hat{y}y)$

4. 均方误差反映了训练结果与真实值之间的偏离关系，因此常被用在（　　　）类任务的结果性能度量上；对于离散类任务结果度量常常采用精度。精度就是分类（　　　）的样本数占总样本的比例，精度计算公式为 $\mathrm{acc}(f; D) = \dfrac{1}{m}\sum_{i=1}^{m} I(f(x_i) = y_i)$

5. “用户感兴趣的内容中，有多少被检索出来了”用（　　　）来表示；“用户检索出来的信息中，真正需要的比例”用（　　　）来表示。

6. scikit-learn（简记为 sklearn），基于（　　　）语言，依赖于 NumPy、SciPy、matplotlib 等扩展库的（　　　）算法库。

7. 鸢尾花有三个亚属，分别是（　　　）、（　　　）和（　　　）。

8. 在模型训练时，一般会把数据集划分成（　　　）、验证集和（　　　）。

9. 鸢尾花数据集采集的是鸢尾花的（　　　）及其所属类别，测量数据包括（　　　）、花萼宽度、（　　　）、花瓣宽度。

10. 在进行模型训练时，一般会把数据集划分成训练集、验证集和测试集，其中训练集用来估计模型，验证集用来确定网络结构或控制模型复杂程度的参数，而测试集则用于检验最终选择的最优模型的性能优劣。scikit-learn 中使用（　　　）模块对数据集进行划分。

二、选择题

1. 机器学习是一门人工智能的科学，其主要研究对象是人工智能，特别是如何在（　　）中改善具体算法的性能。

A. 模型改进

B. 经验学习

C. 回归分析

D. 模式识别

2. 对下图分布各点的四条拟合曲线说法正确的是（　　）。

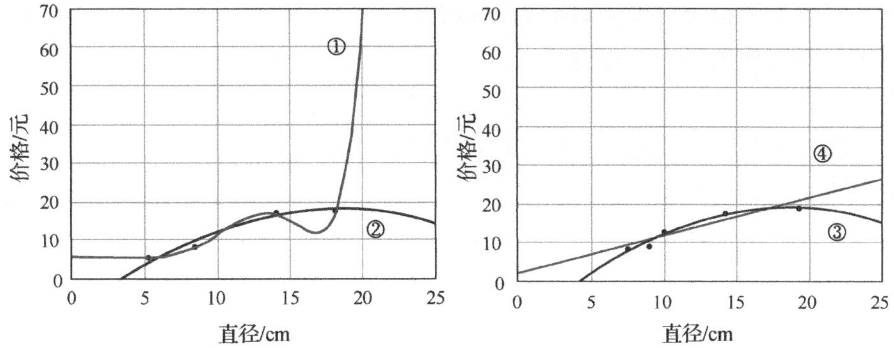

A. ①③表现为过拟合，②④表现为欠拟合

B. ①表现为过拟合，②③表现为较好拟合，④表现为欠拟合

C. ①表现为欠拟合，②③表现为较好拟合，④表现为过拟合

D. ①③表现为欠拟合，②④表现为过拟合

3. 从下图给出的三个不同模型针对同一数据集的 *P-R* 曲线可以得出结论（　　）。

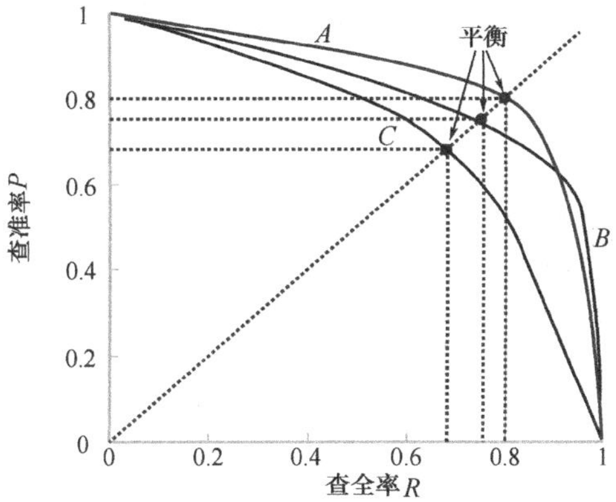

A. 模型 *A* 的性能最好

B. 模型 *B* 的性能最好

C. 模型 *C* 的性能最差

D. 看不出几个模型性能的好坏

4. 从如下两组学习曲线中，可以看出（　　）。

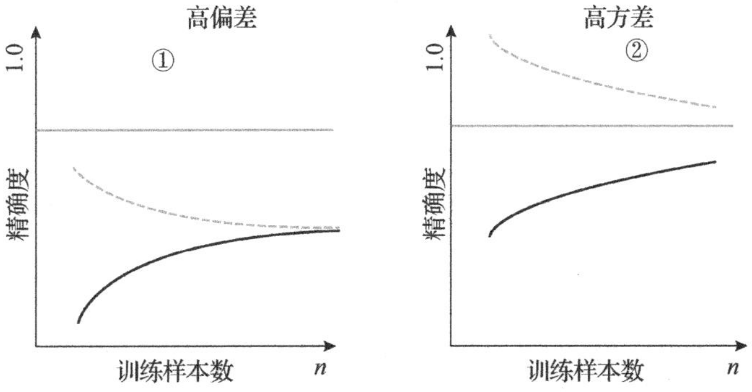

A. 图①表现为欠拟合，图②表现为过拟合

B. 图②表现为欠拟合，图①表现为过拟合

C. 图①、图②均表现为欠拟合

D. 图①、图②均表现为过拟合

5. 如果是过拟合，可以采取的优化措施有（　　）。

A. 获取更多的训练数据

B. 减少输入的特征数量

C. 增加有价值的特征

D. 增加多项式特征

参考文献

[1] 陈海虹、黄彪、刘峰、陈文国. 机器学习原理及应用[M]. 成都：电子科技大学出版社，2017.

[2] 周志华. 机器学习[M]. 北京：清华大学出版社，2016.

[3] [美]Peter Harrington. 机器学习实战[M]. 李锐等. 北京：人民邮电出版社，2013.

[4] [法]奥雷利安·杰龙. 机器学习实战：基于 scikit-learn 和 TensorFlow[M]. 王静源等. 北京：机械工业出版社，2018.

[5] 雷明. 机器学习与应用[M]. 北京：清华大学出版社，2019.

[6] 董付国. Python 数据分析、挖掘与可视化[M]. 北京：人民邮电出版社，2019.

[7] 肖云鹏等. 机器学习经典算法实践[M]. 北京：清华大学出版社，2018.

第 2 章 回归分析

回归分析（regression analysis）简称回归，指的是确定两种或两种以上变量间相互依赖定量关系的一种统计分析方法。回归分析按照涉及的自变量的多少，分为一元线性回归和多元线性回归；按照因变量的多少，分为简单回归分析和多重回归分析；按照自变量和因变量之间的关系类型，分为线性回归分析和非线性回归分析。

2.1 一元线性回归

线性回归假设解释变量和响应变量之间存在线性关系，这个线性模型所构成的空间是一个超平面（hyperplane）。超平面是 n 维欧氏空间中余维度等于 1 的线性子空间，如平面中的直线、空间中的平面等，总比包含它的空间少一维。

在一元线性回归中，一个维度是响应变量，另一个维度是解释变量，总共两维。因此，其超平面只有一维，就是一条线。

2.1.1 一元线性回归的实现

我们通过一个实际的例子来理解一元线性回归。通过匹萨的直径预测其价格，假设已知匹萨直径和价格数据，如表 2-1 所示。

表 2-1 匹萨直径和价格数据

匹萨直径/英寸	6	8	10	15	18
匹萨价格/元	20	25	35	50	60

为便于理解，我们先对数据进行可视化处理，其代码如例 2.1 所示。

【例 2.1】

```
import matplotlib.pyplot as plt
```

```
plt.rcParams['font.sans-serif'] = ['SimHei']#绘图显示中文
def runplt():
    plt.figure()
    plt.title(u'披萨价格曲线')
    plt.xlabel(u'直径/英寸')
    plt.ylabel(u'价格/元')
    plt.axis([0, 25, 0, 70])
    plt.grid(True)
    return plt
plt = runplt()
X = [[6], [8], [10], [15], [18]]
y = [[20], [25], [35], [50], [60]]
plt.plot(X, y, 'ro-')
plt.show()
```

匹萨数据可视化结果如图 2-1 所示。

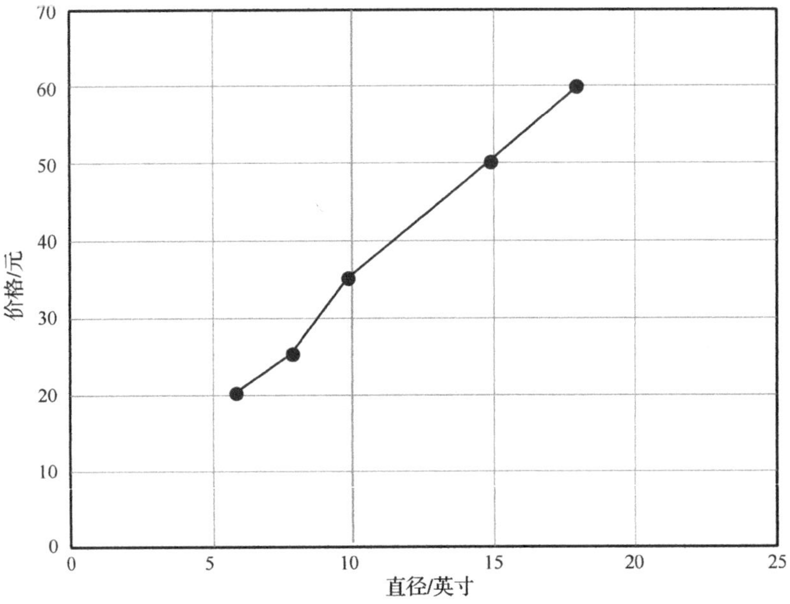

图 2-1　匹萨数据可视化结果

接下来我们使用 scikit-learn 的线性回归模型进行训练，并用训练好的模型进行预测。其代码如例 2.2 所示。

【例 2.2】

```
from sklearn.linear_model import LinearRegression
import numpy as np
X = [[6], [8], [10], [15], [18]]
y = [[20], [25], [35], [50], [60]]
# 创建并拟合模型
model = LinearRegression()
model.fit(X, y)
predict_data = np.array([12]).reshape(-1, 1)
```

```
predict_result = model.predict(predict_data)
print('预测一张 12 英寸匹萨价格：$%.2f' % predict_result)
```

上述代码中 sklearn.linear_model.LinearRegression 类是一个估计器（estimator）。估计器依据观测值来预测结果。在 scikit-learn 里面，所有的估计器都带有：

- fit()
- predict()

fit()用来分析模型参数，predict()是通过 fit()算出的模型参数构成的模型对解释变量进行预测获得的值。因为所有的估计器都有这两种方法，所以用 scikit-learn 很容易实现不同的模型。

下面我们对一元线性回归模型进行比较详细的分析。一元线性回归模型是 $y=\alpha+\beta x$，我们要解决的问题就是根据已有的数据估计出参数 α 和 β。

一元线性回归拟合模型的参数估计常用方法是最小二乘法。为了估计出参数 α 和 β，我们首先定义出拟合成本函数，然后对参数进行数理统计。

成本函数（cost function）用来定义模型与观测值的误差。模型预测的价格与训练集数据的差异称为残差（residuals）或训练误差（training errors）。后面我们会用到模型计算测试集，模型预测的价格与测试集数据的差异称为预测误差（prediction errors）或测试误差（test errors）。

模型的残差是训练样本点与线性回归模型的纵向距离，如图 2-2 所示。

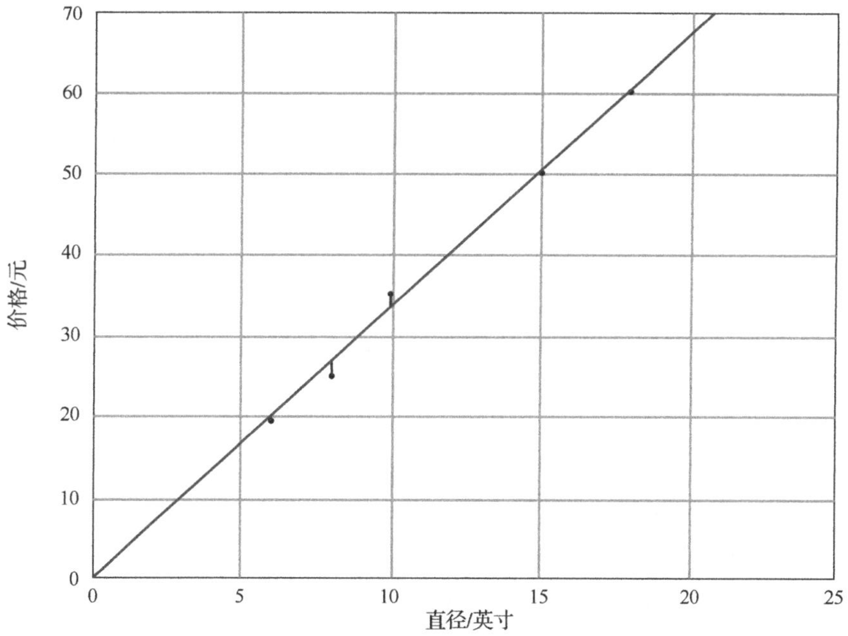

图 2-2　模型的残差

主要程序代码如下：

```
plt = runplt()
plt.plot(X, y, 'k.')
```

```
X2 = [[0], [10], [14], [25]]
model = LinearRegression()
model.fit(X, y)
y2 = model.predict(X2)
plt.plot(X, y, 'k.')
plt.plot(X2, y2, 'g-')
#残差预测值
yr = model.predict(X)
for idx, x in enumerate(X):
    plt.plot([x, x], [y[idx], yr[idx]], 'r-')
plt.show()
print('残差平方和: %.2f' % np.mean((model.predict(X) - y) ** 2))
```

我们可以通过残差之和最小化实现最佳拟合，也就是说模型预测的值与训练集的数据最接近就是最佳拟合。对模型的拟合度进行评估的函数称为残差平方和（residual sum of squares）成本函数，就是让所有训练数据与模型残差的平方之和最小化：

$$SS_{res} = \sum_{i=1}^{n}(y_i - f(x_i))^2$$

式中，y_i 是观测值，$f(x_i)$ 是预测值。

按表 2-1 的数据计算出的残差平方和是 1.09。

2.1.2 解一元线性回归的最小二乘法

通过成本函数最小化获得的参数，我们先求相关系数 β。按照频率论的观点，我们首先需要计算 x 的方差和 x 与 y 的协方差。

方差是用来衡量样本分散程度的。如果样本全部相等，那么方差为 0。方差越小，表示样本越集中，反之则样本越分散。方差计算公式如下：

$$\mathrm{var}(x) = \frac{\sum_{i=1}^{n}(x_i - \overline{x})^2}{n-1}$$

NumPy 里面有 var 方法可以直接计算方差，ddof 参数是贝塞尔（无偏估计）校正系数（Bessel's correction），设置为 1，可得样本方差无偏估计量。按表 2-1 可以计算出样本方差为 24.799999。

协方差表示两个变量总体的变化趋势。如果两个变量的变化趋势一致，也就是说如果其中一个大于自身的期望值，另外一个也大于自身的期望值，那么两个变量之间的协方差就是正值。如果两个变量的变化趋势相反，即其中一个大于自身的期望值，另外一个却小于自身的期望值，那么两个变量之间的协方差就是负值。如果两个变量不相关，则协方差为 0，变量线性无关不表示一定没有其他相关性。协方差公式如下：

$$\mathrm{cov}(x, y) = \frac{\sum_{i=1}^{n}(x_i - \overline{x})(y_i - \overline{y})}{n-1}$$

式中，$\overline{x}$ 是直径 x 的均值，x_i 是训练集的第 i 个直径样本，$\overline{y}$ 是价格 y 的均值，y_i 是训练

集的第 i 个价格样本，n 是样本数量。NumPy 里面有 cov 方法可以直接计算协方差。按表 2-1 计算样本的协方差为 83.5。

现在有了方差和协方差，就可以计算相关系数 β 了：

$$\beta = \frac{\mathrm{cov}(x,y)}{\mathrm{var}(x)}$$

算出 β 后，我们就可以计算 α 了：

$$\alpha = \bar{y} - \beta\bar{x}$$

将前面的数据代入公式就可以求出 α 了。实现的程序代码如例 2.3 所示。

【例 2.3】

```
import numpy as np
X = [[6], [8], [10], [15], [18]]
y = [[20], [25], [35], [50], [60]]
Xmean = np.mean(X)
ymean = np.mean(y)
bate = np.cov([6, 8, 10, 15, 18], [20,25,35,50,60])[0][1]/np.var([6, 8, 10, 15, 18], ddof=1)
alpha = ymean-bate*Xmean
print('拟合的曲线方程为：\n')
print('y=%.2f'%alpha,'+%.2fx'%bate)
```

程序输出结果如下。

```
拟合的曲线方程为
                         y=-0.38 +3.37x
```

2.1.3 模型评估

前面我们用学习算法对训练集进行估计，得出了模型的参数。有些度量方法可以用来评估预测效果，用 R^2（r-squared）评估匹萨价格预测的效果。R^2 也叫确定系数（coefficient of determination），表示模型对现实数据拟合的程度。计算 R^2 的方法有多种。一元线性回归中 R^2 等于皮尔逊积矩相关系数（Pearson product moment correlation coefficient 或 Pearson's r）的平方。这种方法计算的 R^2 一定是在 0～1 之间的正数。

$$\mathrm{SS}_{\mathrm{tot}} = \sum_{i=1}^{n}\left(y_i - \bar{y}\right)^2$$

$$\mathrm{SS}_{\mathrm{res}} = \sum_{i=1}^{n}\left(y_i - f\left(x_i\right)\right)^2$$

$$R^2 = 1 - \frac{\mathrm{SS}_{\mathrm{res}}}{\mathrm{SS}_{\mathrm{tot}}}$$

其他计算方法包括 scikit-learn 中的方法，不是用皮尔逊积矩相关系数的平方计算的，因此当模型拟合效果很差的时候 R^2 会是负值。下面我们用 scikit-learn 中 LinearRegression 的 score 方法计算 R^2。

```
#测试集
X_test = [[12],[14],[16]]
y_test = [[40],[45],[55]]
```

```
model = LinearRegression()
model.fit(X, y)
print(model.score(X_test, y_test))
```

运行结果如下：

```
0.9540273803329865
```

R^2 是 0.954，说明测试集里面绝大部分的价格都可以通过模型解释。

2.2 多元线性回归

在实际问题中，往往存在解释变量是多个的情况，这类回归问题我们称之为多元回归。下面的程序是一个多元线性回归的例子，其拟合的曲线方程形如 $y=a_0+a_1x_1+a_2y_2$，超平面为空间的面。

【例 2.4】

```
from sklearn.linear_model import LinearRegression
X = [[6, 2], [8, 1], [10, 0], [15, 2], [18, 0]]
y = [[22], [25], [32], [55], [58]]
model = LinearRegression()
model.fit(X, y)
X_test = [[8, 2], [9, 0], [11, 2], [16, 2], [12, 0]]
y_test = [[28], [26], [36], [60], [36]]
predictions = model.predict(X_test)
for i, prediction in enumerate(predictions):
    print('Predicted: %s, Target: %s' % (prediction, y_test[i]))
print('R-squared: %.2f' % model.score(X_test, y_test))
```

运行结果如下：

```
Predicted: [29.27774583], Target: [28]
Predicted: [26.88039103], Target: [26]
Predicted: [39.95457159], Target: [36]
Predicted: [57.7492812], Target: [60]
Predicted: [37.55721679], Target: [36]
R-squared: 0.97
```

2.3 多项式回归

在例 2.4 中，我们假设解释变量和响应变量的关系是线性的，但真实情况未必如此。下面我们用多项式回归——一种特殊的多元线性回归方法增加指数项。现实世界中的曲线关系都是通过增加多项式实现的，其实现方式和多元线性回归类似。例 2.5 还用一个解释变量——匹萨直径来展示多项式回归，为了直观显示拟合效果，将数据进行了适当调整。下面的代码实现了模型两两对比的结果。

【例 2.5】

```
import matplotlib.pyplot as plt
```

```
import numpy as np
from sklearn.linear_model import LinearRegression
from sklearn.preprocessing import PolynomialFeatures
plt.rcParams['font.sans-serif'] = ['SimHei']#绘图显示中文
def runplt():
    plt.figure()
    plt.title(u'披萨价格曲线')
    plt.xlabel(u'直径/英寸')
    plt.ylabel(u'价格/元')
    plt.axis([0, 25, 0, 70])
    plt.grid(True)
    return plt
X_train = [[6], [8], [10], [14], [18]]
y_train = [[7], [9], [13], [17.5], [18]]
X_test = [[6], [8], [11], [16]]
y_test = [[8], [12], [15], [18]]
#建立线性回归，并用训练的模型绘图
regressor = LinearRegression()
regressor.fit(X_train, y_train)
xx = np.linspace(0, 26, 100)
yy = regressor.predict(xx.reshape(xx.shape[0], 1))
plt = runplt()
plt.plot(X_train, y_train, 'k.')
plt.plot(xx, yy)

quadratic_featurizer = PolynomialFeatures(degree=2)
X_train_quadratic = quadratic_featurizer.fit_transform(X_train)
X_test_quadratic = quadratic_featurizer.transform(X_test)
regressor_quadratic = LinearRegression()
regressor_quadratic.fit(X_train_quadratic, y_train)
xx_quadratic = quadratic_featurizer.transform(xx.reshape(xx.shape[0], 1))
plt.plot(xx, regressor_quadratic.predict(xx_quadratic), 'r-')
plt.show()
print(X_train)
print(X_train_quadratic)
print(X_test)
print(X_test_quadratic)
print('1 r-squared', regressor.score(X_test, y_test))
print('2 r-squared', regressor_quadratic.score(X_test_quadratic, y_test))

plt = runplt()
plt.plot(X_train, y_train, 'k.')

quadratic_featurizer = PolynomialFeatures(degree=2)
X_train_quadratic = quadratic_featurizer.fit_transform(X_train)
X_test_quadratic = quadratic_featurizer.transform(X_test)
regressor_quadratic = LinearRegression()
regressor_quadratic.fit(X_train_quadratic, y_train)
```

```
xx_quadratic = quadratic_featurizer.transform(xx.reshape(xx.shape[0], 1))
plt.plot(xx, regressor_quadratic.predict(xx_quadratic), 'r-')

cubic_featurizer = PolynomialFeatures(degree=3)
X_train_cubic = cubic_featurizer.fit_transform(X_train)
X_test_cubic = cubic_featurizer.transform(X_test)
regressor_cubic = LinearRegression()
regressor_cubic.fit(X_train_cubic, y_train)
xx_cubic = cubic_featurizer.transform(xx.reshape(xx.shape[0], 1))
plt.plot(xx, regressor_cubic.predict(xx_cubic))
plt.show()
print(X_train_cubic)
print(X_test_cubic)
print('2 r-squared', regressor_quadratic.score(X_test_quadratic, y_test))
print('3 r-squared', regressor_cubic.score(X_test_cubic, y_test))

plt = runplt()
plt.plot(X_train, y_train, 'k.')

quadratic_featurizer = PolynomialFeatures(degree=2)
X_train_quadratic = quadratic_featurizer.fit_transform(X_train)
X_test_quadratic = quadratic_featurizer.transform(X_test)
regressor_quadratic = LinearRegression()
regressor_quadratic.fit(X_train_quadratic, y_train)
xx_quadratic = quadratic_featurizer.transform(xx.reshape(xx.shape[0], 1))
plt.plot(xx, regressor_quadratic.predict(xx_quadratic), 'r-')

seventh_featurizer = PolynomialFeatures(degree=7)
X_train_seventh = seventh_featurizer.fit_transform(X_train)
X_test_seventh = seventh_featurizer.transform(X_test)
regressor_seventh = LinearRegression()
regressor_seventh.fit(X_train_seventh, y_train)
xx_seventh = seventh_featurizer.transform(xx.reshape(xx.shape[0], 1))
plt.plot(xx, regressor_seventh.predict(xx_seventh))
plt.show()
print('2 r-squared', regressor_quadratic.score(X_test_quadratic, y_test))
print('7 r-squared', regressor_seventh.score(X_test_seventh, y_test))
```

运行程序，从结果可以看出，7 次拟合的 R^2 值更低。虽然其图形基本经过了所有的点，但可以认为这是拟合过度（over-fitting）的情况，这种模型并没有从输入和输出中推导出一般的规律，而是记忆训练集的结果，这样在测试集的测试效果就不好了。

【扩展阅读】

数据预处理

一般来说，学习算法效果会受到数据集标准化程度的影响。如果数据中存在异常点，往往要事先进行转换，以满足稳健的数据规范。

sklearn.preprocessing 包提供了几个常用的函数和转换类，可以用它们将一个原始的特征向量转化为一个更适于数据分析的表示形式。

1. 数据标准化

对于大多数机器学习算法来说，数据集标准化是基本要求。如果特征并不服从或者近似服从标准正态分布（零均值、单位标准差的正态分布）的话，算法的表现会大打折扣。

scale 函数提供了一种快速简单的数据标准化操作。

```
from sklearn import preprocessing
import numpy as np
X_train = np.array([[ 1., -1.,  2.],
                    [ 2.,  0.,  0.],
                    [ 0.,  1., -1.]])
X_scaled = preprocessing.scale(X_train)
print(X_scaled)
print(X_scaled.mean(axis=0))
print(X_scaled.std(axis=0))
[[ 0.         -1.22474487  1.33630621]
 [ 1.22474487  0.         -0.26726124]
 [-1.22474487  1.22474487 -1.06904497]]
[0. 0. 0.]
[1. 1. 1.]
```

可以看到标准化后的数据具有 0 均值、1 标准差。

preprocessing 模块还提供了一个 StandardScaler 类，该类执行 transformerAPI，计算数据集的均值和标准差。

```
scaler = preprocessing.StandardScaler().fit(X_train)
print(scaler)
print(scaler.mean_)
print(scaler.scale_)
print(scaler.transform(X_train))
StandardScaler(copy=True, with_mean=True, with_std=True)
[1.         0.         0.33333333]
[0.81649658 0.81649658 1.24721913]
[[ 0.         -1.22474487  1.33630621]
 [ 1.22474487  0.         -0.26726124]
 [-1.22474487  1.22474487 -1.06904497]]
```

2. 设置特征值的范围

除了标准化的方法，还可以设置特征值在一个特定的范围内，这个范围经常是[0, 1]，可以通过 MinMaxScaler 函数实现。设置特征值的范围，是为了保持特征的小标准差的稳健性，也是为了保持稀疏数据里的值为 0 的项。下面是一个数据矩阵的操作示例。

```
X_train = np.array([[ 1., -1.,  2.],
                    [ 2.,  0.,  0.],
```

```
                [ 0.,    1., -1.]])
min_max_scaler = preprocessing.MinMaxScaler()
X_train_minmax = min_max_scaler.fit_transform(X_train)
print(X_train_minmax)
[[0.5         0.          1.          ]
 [1.          0.5         0.33333333]
 [0.          1.          0.          ]]
```

原理与上面的很像，MinMaxScaler 函数将数据规模化到[-1,1]，也就是在特征中，所有数据都会除以最大值。这个方法对那些已经中心化均值为 0 或者稀疏的数据有意义。

3. 归一化

归一化（normalization）是将样本规范化成单位范数的过程。normalize 函数提供了归一化的快速简单操作。这里可以使用 L1 范数或 L2 范数。

```
X_train_normalized = preprocessing.normalize(X_train,norm='l2')
print(X_train_normalized)
[[ 0.40824829 -0.40824829  0.81649658]
 [ 1.          0.          0.        ]
 [ 0.          0.70710678 -0.70710678]]
```

preprocessing 模块进一步提供了一个工具类 Normalizer，该类使用 transformerAPI 执行相同的归一化操作，然后归一化实例就可以使用在样本向量上了。

```
normalizer = preprocessing.Normalizer().fit(X_train)
X_train_nornalizer = normalizer.transform(X_train)
print(X_train_nornalizer)
[[ 0.40824829 -0.40824829  0.81649658]
 [ 1.          0.          0.        ]
 [ 0.          0.70710678 -0.70710678]]
```

4. 二值化

这里的二值化，指的是特征二值化——将数量特征按阈值转换为二值的过程。工具类 Binarizer 执行二值化操作。

```
#二值化
binarizer = preprocessing.Binarizer().fit(X_train)
X_train_bin = binarizer.transform(X_train)
print(X_train_bin)
#二值化也可以自己设置阈值，只需要传出参数 threshold 即可
binarizer = preprocessing.Binarizer(threshold=1.5)
X_train_bin = binarizer.transform(X_train)
print(X_train_bin)
[[1. 0. 1.]
 [1. 0. 0.]
 [0. 1. 0.]]
[[0. 0. 1.]
 [1. 0. 0.]
 [0. 0. 0.]]
```

5. 编码类别特征

特征通常不是取连续的值，而是取类别。例如，一个人可以有特征[“male” , “female”], [“from Europe” , “from US” , “from Asia”], [“uses Firefox” , “uses Chrome” , “uses Safari” , “uses Internet Explorer”]。这些特征能用整数有效地编码，如[“male”,“from US”,“uses Internet Explorer”]编码为[0, 1, 3]，[“female” , “from Asia” , “uses Chrome”]编码为[1, 2, 1]。

但是，这些整数表示不能直接用在 scikit-learn 的估计里，这是因为大部分算法是基于向量空间中的度量来进行计算的，使非偏序关系的变量取值不具有偏序性，并且到圆点是等距的。为了将类别特征转换为 scikit-learn 的估计量能够使用的特征，一种方法是使用 one-of-K 或 one-hot 编码，执行函数是 OneHotEncoder，它将具有 m 个可能值的类别特征转换为 m 个二值特征，只有一个是活跃的（取某个类别）。使用 one-hot 编码，将离散特征的取值扩展到了欧氏空间，离散特征的某个取值就对应欧氏空间的某个点。对离散特征使用 one-hot 编码，会让特征之间的距离计算更加合理。离散特征进行 one-hot 编码后，每一维度的特征都可以看成是连续的特征，这样就可以像对连续型特征一样，对每一维特征进行归一化。例如，归一化到[-1,1]或归一化到均值为 0、方差为 1。

继续上面的例子：

```
enc = preprocessing.OneHotEncoder(categories='auto')
enc.fit([[0, 0, 3], [1, 1, 0], [0, 2, 1], [1, 0, 2]])      # fit 来学习编码
print(enc.transform([[0, 1, 3]]).toarray())  #进行编码
[[1. 0. 0. 1. 0. 0. 0. 0. 1.]]
```

上面的数据示例中，有 2 个性别、3 个州和 4 个网页浏览器类别，然后通过拟合估计量变换一个数据点。结果是前 2 个数字编码性别，接着的 3 个数字编码州，最后的 4 个数字编码浏览器类别。

6. 填补缺失值

由于各种各样的原因，很多真实世界的数据集包括缺失值，这些缺失值通常编码为空白、NaN 或其他占位符。然而，这样的数据集与 scikit-learn 不兼容，scikit-learn 假设在一个数组里的所有值都是数值。在 scikit-learn 里使用不完整数据集的一个基本策略：丢弃那些包括缺失值的行或列。然而，这样做可能会损失有价值的数据。一个更好的策略是填补这些缺失值，即根据已知的数据推断它们的值。

impute 包中的 SimpleImputer 类提供了填补缺失值的基本策略：使用缺失值所在的行或列的均值、中位数、频数最大的值。该类也考虑了不同缺失值的编码形式。下面的代码演示了怎样用包括缺失值的列的均值填补缺失值，这些缺失值编码为 NaN(Not a Number)。

```
from sklearn import impute
imp = impute.SimpleImputer(np.nan, "mean")
imp.fit([[1, 2], [np.nan, 3], [7, 6]])
x = [[np.nan, 2], [6, np.nan], [7, 6]]
print(imp.transform(x))
[[4.            2.            ]
```

```
 [6.          3.66666667]
 [7.          6.        ]]
```

习　题

1. 线性回归的过程是什么？举例说明其应用过程。

2. 什么是多元线性回归和多项式回归？

3. 编程：借助 scikit-learn 工具，使用波士顿房价数据集，分别用线性回归和多项式回归对房价进行预测。

参考文献

[1] 搬砖小工 053. scikit-learn: 线性回归，多元回归，多项式回归[EB/OL]. 2016.

[2] Goodsta. 【sklearn 第三讲】数据预处理[EB/OL]. 2018.

第3章 Logistic 回归

3.1 分类问题概述

分类是机器学习的一项主要任务，分类问题可以描述为根据给定的训练集 $T\{(x_1,y_1),\cdots(x_t,y_t)\}$，其中 $x_i \in C = R^n$，$y_i \in Y = \{1,2,\cdots,m\}$，$i = 1,2,3,\cdots,t$，要求寻找 C 上的决策函数 $f(x): C \rightarrow Y$，以便能用决策函数 $f(x)$ 较好地推断任一模式 x 相对应的 y 值。

因此，分类和回归在本质上是一样的，都是关于预测的问题。分类顾名思义就是预测是 A 类、B 类还是 C 类，或者是 0 还是 1 等，而回归则是预测这个值具体是多少，给出已知 a 值预测出对应值是 b 值。

分类和回归的关键区别是目标属性是否连续，分类的目标属性必须是离散的，回归的目标属性必须是连续的。在机器学习中，很多模型既可以用于回归又可以用于分类（见图 3-1），分类与回归的主要区别如表 3-1 所示。

机器学习常见的分类算法有：

- Logistic 回归（Logistic Regression 对数概率回归）
- 贝叶斯分类（Bayesian Classification）
- 决策树（Decision Tree）
- 支持向量机（Support Vector Machine）
- k 近邻（k-Nearest Neighbour）
- 深度学习（Deep Learning）

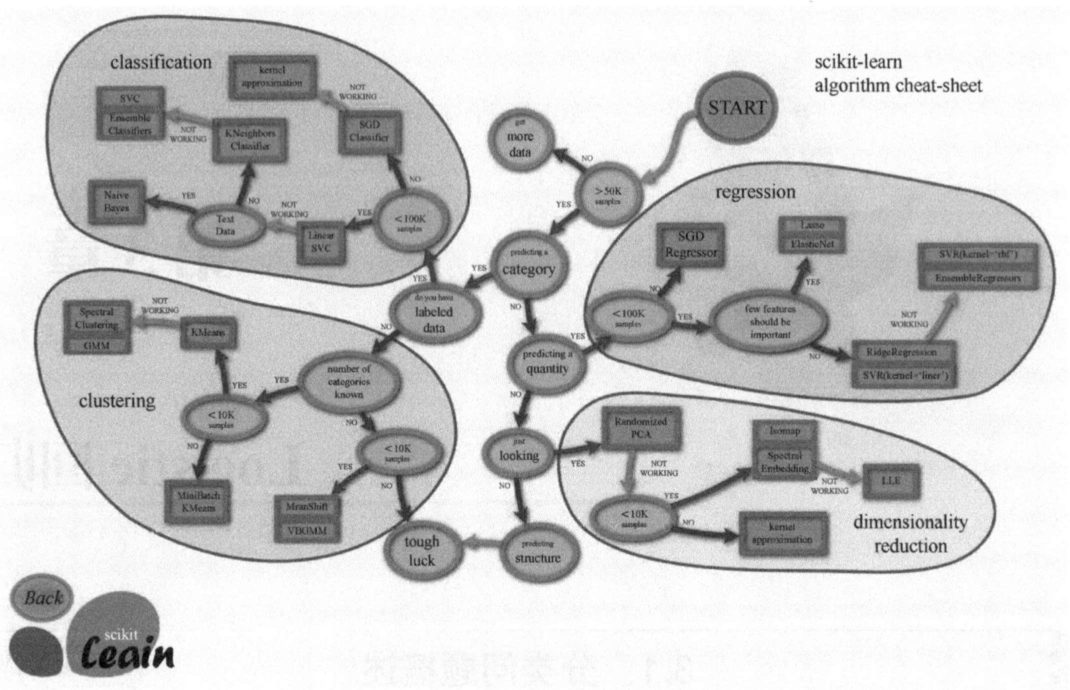

图 3-1　scikit-learn 模型选择图

表 3-1　分类与回归的主要区别

	分　类	回　归
概念	对于分类问题，监督学习从数据中学习一个分类模型或者分类决策函数，称为分类器。分类器对新的输入预测其属于哪一类别，称为分类	回归用于预测输入变量和输出变量之间的关系，特别是当输入变量的值发生变化时，输出变量的值也会跟着变化。回归模型正是表示输入变量到输出变量之间的映射函数，回归问题的学习等价于函数拟合
优化过程	找到最优决策面	使得学习到的函数曲线跟真实曲线拟合最好
输出	离散值，如 0/1、yes/no	连续值，如房子的售价、天气温度
评价指标	一般是精确率，即给定测试数据集，分类器能正确分类的样本数占总样本数的比	根据回归任务的不同而不同，对于图像复原问题，评价指标有 SSIM/PSNR 等
损失函数	交叉熵损失函数	常用的是均方误差，即预测输出和标签的差值均方和

3.2　Logistic 回归分类

3.2.1　Logistic 回归算法的原理

假设开展一场足球赛，现有两支球队的所有出场球员信息、历史交锋成绩、比赛时间、主客场、裁判和天气等信息，根据这些信息预测球队的输赢。假设比赛结果记为 y，赢球标记为 1，输球标记为 0，这就是典型的二元分类问题，可以用逻辑回归算法来解决，逻辑回归算法的输出是离散值。

1. 预测函数

需要找出一个预测函数模型，使其值输出为[0,1]，然后选择一个基准值，如 0.5。如果算出来的预测值大于 0.5，就认为其预测值为 1；反之，则其预测值为 0。选择 Sigmoid 函数（也称为 Logistic 函数，逻辑回归的名字由此而来）$g(z)=\frac{1}{1+e^{-z}}$ 来作为预测函数，其中 e 是自然对数的底数。以 z 为横坐标，以 $g(z)$为纵坐标，Sigmoid 函数图像如图 3-2 所示。

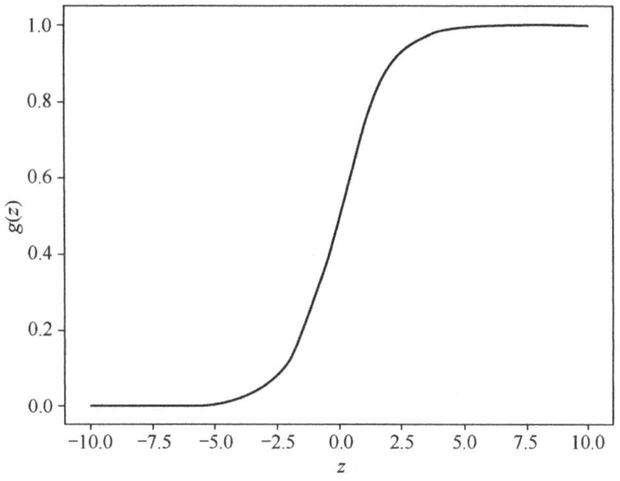

图 3-2　Sigmoid 函数图像

从图 3-2 中可以看出，当 z=0 时，$g(z)$=0.5；当 z>0 时，$g(z)$>0.5，当 z 越来越大时，$g(z)$无限接近于 1；当 z<0 时，$g(z)$<0.5，当 z 越来越小时，$g(z)$无限接近于 0。这就是针对二元分类算法的预测函数。

怎样将输入特征和预测函数结合起来呢？

结合线性回归算法的预测函数 $\boldsymbol{h}_\theta(x)=\boldsymbol{\theta}^{\mathrm{T}}x$，令 $z(x)=\boldsymbol{\theta}^{\mathrm{T}}x$，则逻辑回归算法的预测函数如下：

$$h_{\boldsymbol{\theta}}(x)=g(z)=g(\boldsymbol{\theta}^{\mathrm{T}}x)=\frac{1}{1+e^{-\boldsymbol{\theta}^{\mathrm{T}}x}}$$

$h_{\boldsymbol{\theta}}(x)$表示在输入值为 x，参数为 $\boldsymbol{\theta}$ 的前提条件下 y=1的概率。用概率论的公式可以写成：

$$h_{\boldsymbol{\theta}}(x)=P(y=1\mid x,\boldsymbol{\theta})$$

即在输入 x 及参数 $\boldsymbol{\theta}$ 的条件下 y=1的概率。这是个条件概率公式，可知

$$P(y=1|x,\boldsymbol{\theta})+P(y=0|x,\boldsymbol{\theta})=1$$

对于二元分类来说，这是个非黑即白的世界。

2. 判定边界

逻辑回归算法的预测函数由下面两个公式给出：

$$h_\theta(x)=g(\boldsymbol{\theta}^{\mathrm{T}}x)$$

$$g(z)=\frac{1}{1+\mathrm{e}^{-z}}$$

假定 y=1 的判定条件是 $h_\theta(x)>0.5$，$y=0$ 的判定条件是 $h_\theta(x)<0.5$，则可以推导出 y=1 的判定条件是 $\boldsymbol{\theta}^{\mathrm{T}}x>0$，$y$=0 的判定条件就是 $\boldsymbol{\theta}^{\mathrm{T}}x<0$。所以，$\boldsymbol{\theta}^{\mathrm{T}}x=0$ 是判定边界。

下面给出一个判定边界的例子。

假设有两个变量 x_1 和 x_2，其逻辑回归预测函数是 $h_\theta(x)=g(\theta_0+\theta_1x_1+\theta_2x_2)$。假设给定参数：

$$\boldsymbol{\theta}=\begin{bmatrix}-3\\1\\1\end{bmatrix}$$

那么，可以得到判定边界 $-3+x_1+x_2=0$，如果以 x_1 为横坐标，x_2 为纵坐标，则这个函数画出来就是一条通过(0,3)和(3,0)两点的直线。这条线就是判定边界，如图 3-3 所示。

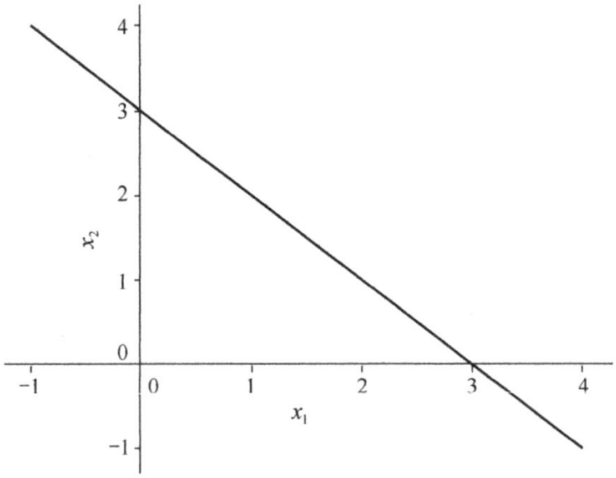

图 3-3　判定边界 $-3+x_1+x_2=0$ 的图像

其中，直线左下方为 $y=0$，直线右上方为 $y=1$。

3. 成本函数

我们不能使用线性回归模型的损失函数来推导逻辑回归的损失函数，因为那样的损失函数太复杂，最终很可能导致无法通过迭代找到损失函数值最小的点。为了容易求出损失函数的最小值，我们分成 y=1 和 y=0 两种情况来分别考虑其预测值和真实值的误差。先考虑最简单的情况，即计算某个样本 x，y=1 和 y=0 两种情况下的预测值与真实值的误差，我们选择的损失函数公式如下：

$$\mathrm{Cost}(h_\theta(x),y)=\begin{cases}-\log(h_\theta(x)), & y=1\\-\log(1-h_\theta(x)), & y=0\end{cases}$$

式中，$h_\theta(x)$ 表示预测为 1 的概率，$\log(x)$ 为自然对数。Logistic 回归的一种损失函数如图 3-4 所示。

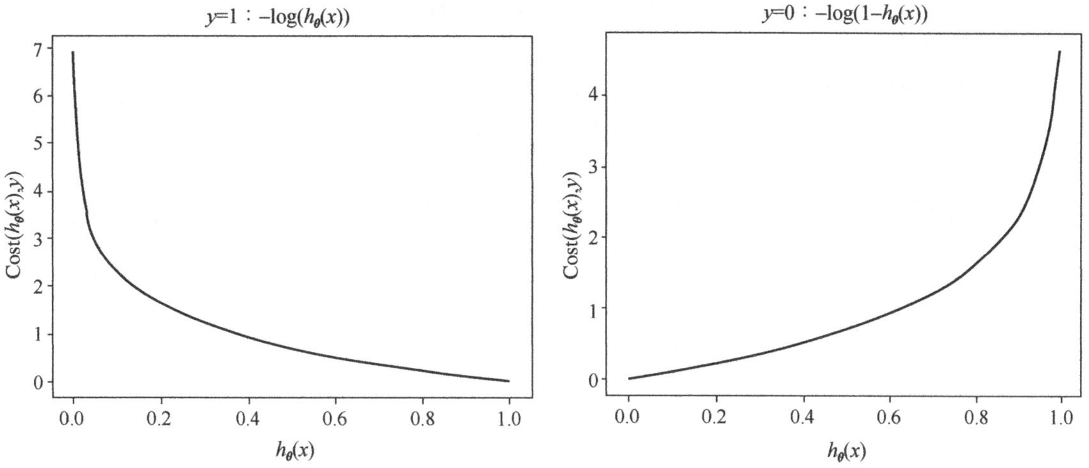

图 3-4 Logistic 回归的一种成本函数

根据损失函数的定义，损失是预测值与真实值的差异。当差异越大时，损失越大，模型受到的“惩罚”也越严重。在图 3-4 左图中，当 y=1 时，随着预测为 1 的概率越来越大，预测值越来越接近真实值，其损失越来越小；在图 3-4 右图中，当 y=0 时，随着预测为 1 的概率越来越大，预测值越来越偏离真实值，其损失越来越大。

【思考】

符合上述规律的函数有很多，逻辑回归算法为什么要选择自然对数函数作为损失函数呢？因为逻辑回归模型的预测函数是 Sigmoid 函数，里面有 e 的 n 次方运算，自然对数刚好是其逆运算：$\log(e^n)=n$。选择自然对数，可以推导出形式简单的逻辑回归模型参数的迭代公式，而不需要对数运算和指数运算。这就是选择自然对数函数来作为逻辑回归损失函数的原因。

更进一步，把输入值 x 从 $[-\infty,+\infty]$ 映射到 $[0,1]$ 的函数有很多，逻辑回归算法为什么要选择 Sigmoid 函数作为预测函数呢？

严格地讲，不一定非要选择 Sigmoid 函数作为预测函数。但如果不选择 Sigmoid 函数，就需要重新选择性质接近的损失函数，使用现成的 Sigmoid 函数既方便表达、效率又高。

分开表述的损失计算公式始终不方便，能不能合并成一个公式呢？考虑下面的公式：

$$\text{Cost}(h_\theta(x),y)=-y\log(h_\theta(x))-(1-y)\log(1-h_\theta(x))$$

由于 y 只能取 0 或 1，所以上述公式和分开表达的公式是等价的。

根据一个样本的损失计算公式，很容易写出所有样本的损失平均值，即成本函数：

$$J(\theta)=-\frac{1}{m}\left[\sum_{i=1}^{m}y^{(i)}\log(h_\theta(x^{(i)}))+(1-y^{(i)})\log(1-h_\theta(x^{(i)}))\right]$$

与线性回归类似，这里使用梯度下降算法来求解逻辑回归模型参数。根据梯度下降算法的定义，可以得出：

$$\boldsymbol{\theta}_j = \boldsymbol{\theta}_j - \alpha \frac{\partial}{\partial \boldsymbol{\theta}_j} J(\boldsymbol{\theta})$$

推导出来的梯度下降算法参数迭代公式为

$$\boldsymbol{\theta}_j = \boldsymbol{\theta}_j - \alpha \frac{1}{m} \sum_{i=1}^{m} (h_{\theta}(x^{(i)}) - y^{(i)}) x_j^{(i)}$$

这个公式的形式和线性回归算法的参数迭代公式是一样的。当然，由于这里 $h_{\theta}(x) = \frac{1}{1+\mathrm{e}^{-\boldsymbol{\theta}^{\mathrm{T}} x}}$，而线性回归算法里的 $h_{\boldsymbol{\theta}}(x) = \boldsymbol{\theta}^{\mathrm{T}} x$。所以，两者的形式一样，而数值计算方法则完全不同。

【扩展阅读】

多元分类

逻辑回归模型可以解决二元分类问题，即 $y=\{0,1\}$，能不能解决多元分类问题呢？答案是肯定的。针对多元分类问题，$y=\{0,1,2,3,\cdots,n\}$，总共有 $n+1$ 个类别。其解决思路是首先把问题转换为二元分类问题，即 $y=0$ 是一个类别，$y=\{1,2,3,\cdots,n\}$是另外一个类别，然后计算这两个类别的概率；最后把 $y=1$ 作为一个类别，把 $y=\{0,2,3,\cdots,n\}$作为另外一个类别，再计算这两个类别的概率。由此推广开，总共需要 $n+1$ 个预测函数：

$$\begin{gathered} y \in \{0,1,\cdots,n\} \\ h_{\boldsymbol{\theta}}^{(0)}(x) = P(y=0 | x, \boldsymbol{\theta}) \\ h_{\boldsymbol{\theta}}^{(1)}(x) = P(y=1 | x, \boldsymbol{\theta}) \\ \cdots \\ h_{\boldsymbol{\theta}}^{(n)}(x) = P(y=n | x, \boldsymbol{\theta}) \\ \text{prediction} = \max_i (h_{\boldsymbol{\theta}}^{(i)}(x)) \end{gathered}$$

预测出来的概率最高的那个类别就是样本所属的类别。

3.2.2 Logistic 回归算法实例

来看一个实例，使用 Logistic 回归算法解决乳腺癌检测问题。我们需要先采集肿瘤病灶造影图片，然后对图片进行分析，从图片中提取特征，再根据特征来训练模型。最后使用模型来检测新采集到的肿瘤病灶造影，以便判断肿瘤是良性的还是恶性的。这是个典型的二元分类问题。

1. 数据集

为了简单起见，直接加载 scikit-learn 自带的一个乳腺癌数据集。这个数据集是已经采集后的数据，主要代码如例 3.1 所示。

【例 3.1】

```
from sklearn.datasets import load_breast_cancer
cancer = load_breast_cancer()
X = cancer.data
y = cancer.target
print('data shape: {0}; no. positive: {1}; no. negative: {2}' .format(X.shape,y[y==1].shape[0],
y[y==0].shape[0]))
print(cancer.data[0])
```

输出结果如下：

```
data shape: (569, 30); no. positive: 357; no. negative: 212
[1.799e+01 1.038e+01 1.228e+02 1.001e+03 1.184e-01 2.776e-01 3.001e-01
 1.471e-01 2.419e-01 7.871e-02 1.095e+00 9.053e-01 8.589e+00 1.534e+02
 6.399e-03 4.904e-02 5.373e-02 1.587e-02 3.003e-02 6.193e-03 2.538e+01
 1.733e+01 1.846e+02 2.019e+03 1.622e-01 6.656e-01 7.119e-01 2.654e-01
 4.601e-01 1.189e-01]
```

数据集中总共有 569 个样本，每个样本有 30 个特征，其中 357 个阳性（y=1）样本，212 个阴性（y=0）样本。同时，还打印出这 30 个特征的名称和一个样本数据，以便直观地进行观察。

这 30 个特征是怎么来的呢？这个数据集总共从病灶造影图片中提取了以下 10 个关键属性。

- radius：半径，即病灶中心点离边界的平均距离；
- texture：纹理，灰度值的标准偏差；
- perimeter：周长，即病灶的大小；
- area：面积，也是反映病灶大小的一个指标；
- smoothness：平滑度，即半径的变化幅度；
- compactness：密实度，周长的平方除以面积，再减去 1，即 $\frac{\text{perimeter}^2}{\text{area}}-1$；
- concavity：凹度，凹陷部分轮廓的严重程度；
- concave points：凹点，凹陷轮廓的数量；
- symmetry：对称性；
- fractal dimension：分形维度。

实际上它只关注 10 个特征，然后又构造出了每个特征的标准差及最大值，这样每个特征就衍生出了两个特征，所以总共就有了 30 个特征。

2. 模型训练

首先把数据集分成训练数据集和测试数据集，然后使用 Logistic 回归模型来训练，并计算训练数据集的评分数据和测试数据集的评分数据，代码如例 3.2 所示。

【例 3.2】

```
from sklearn.model_selection import train_test_split
from sklearn.datasets import load_breast_cancer
from sklearn.linear_model import LogisticRegression
```

```
cancer = load_breast_cancer()
X = cancer.data
y = cancer.target
X_train,X_test,y_train,y_test = train_test_split(X,y,test_size=0.2)

model = LogisticRegression()
model.fit(X_train,y_train)
train_score = model.score(X_train,y_train)
test_score = model.score(X_test,y_test)
print('train score: {train_score:.6f}; test_score:{test_score:.6f}'
      .format(train_score=train_score,test_score=test_score))
```

输出结果如下：

```
train score: 0.956044; test_score:0.947368
```

观察模型在测试样本集的表现如例 3.3 所示。

【例 3.3】

```
import numpy as np
y_pred = model.predict(X_test)
print('matchs:{0}/{1}'.format(np.equal(y_pred,y_test).shape[0],y_test.shape[0]))
```

输出结果如下：

```
matchs: 114/114
```

总共 114 个测试样本，全部预测正确。为什么 test-score 却只有 0.947368，而不是 1 呢？答案是，scikit-learn 不是使用这个数据来计算分数的，因为这个数据不能完全反映误差情况，而是使用预测概率数据计算模型分数的。

针对二元分类问题，Logistic 回归模型会对每个样本输出两个概率，为 0 的概率和为 1 的概率，哪个概率高就预测为哪个类别。

找出测试数据集中预测“自信度”低于 90%的样本。这里先计算出测试数据集里的每个样本的预测概率数据，针对每个样本，它会有两个数据，一是预测其为阳性的概率，另外一个是预测其为阴性的概率。接着找出预测为阴性的概率大于 0.1 且小于 0.9 的样本（同时也是预测为阳性的概率大于 0.1 且小于 0.9），这些样本就是“自信度”不足 90%的样本。主要代码如例 3.4 所示。

【例 3.4】

```
from sklearn.model_selection import train_test_split
from sklearn.datasets import load_breast_cancer
from sklearn.linear_model import LogisticRegression

cancer = load_breast_cancer()
X = cancer.data
y = cancer.target
X_train, X_test, y_train, y_test = train_test_split(X, y, test_size=0.2)

model = LogisticRegression()
model.fit(X_train, y_train)
#预测概率：找出预测概率低于 90% 的样本
```

```
y_pred_proba = model.predict_proba(X_test)        #计算每个测试样本的预测概率
#打印出第一个样本的数据，以便读者了解数据形式
print('sample of predict probability: {0}'.format(y_pred_proba[0]))
#找出第一列，即预测为阴性的概率大于 0.1 的样本，保存在 result 里
y_pred_proba_0 = y_pred_proba[:, 0] > 0.1
result = y_pred_proba[y_pred_proba_0]
#在 result 里，找出第二列，即预测为阳性的概率大于 0.1 的样本
y_pred_proba_1 = result[:, 1] > 0.1
print(result[y_pred_proba_1])
```

输出结果如下：

```
sample of predict probability: [9.99636819e-01 3.63180567e-04]
[[0.2043756  0.7956244 ]
 [0.5768035  0.4231965 ]
 [0.11542988 0.88457012]
 [0.82733416 0.17266584]
 [0.11113691 0.88886309]
 [0.36609797 0.63390203]
 [0.2896362  0.7103638 ]
 [0.10255839 0.89744161]
 [0.70480167 0.29519833]
 [0.61011294 0.38988706]
 [0.67966178 0.32033822]
 [0.11903603 0.88096397]
 [0.19648048 0.80351952]
 [0.89129805 0.10870195]
 [0.71725723 0.28274277]
 [0.5946372  0.4053628 ]
 [0.29485956 0.70514044]]
```

由此可见，计算预测概率使用 model.predict_proba()函数，而计算预测分类使用 model.predict()函数。

3. 模型优化

使用 Pipeline 来增加多项式特征，如例 3.5 所示。

【例 3.5】

```
from sklearn.linear_model import LogisticRegression
from sklearn.preprocessing import PolynomialFeatures
from sklearn.pipeline import Pipeline
from sklearn.model_selection import train_test_split
from sklearn.datasets import load_breast_cancer
import time

cancer = load_breast_cancer()
X = cancer.data
y = cancer.target
X_train,X_test,y_train,y_test = train_test_split(X,y,test_size=0.2)
```

```
#首先，增加多项式预处理
def polynomial_model(degree=1, **kwarg):
    polynomial_features = PolynomialFeatures(degree=degree,
                                             include_bias=False)
    logistic_regression = LogisticRegression(**kwarg)
    pipeline = Pipeline([("polynomial_features", polynomial_features),
                         ("logistic_regression", logistic_regression)])
    return pipeline
#接着，增加二阶多项式特征，创建并训练模型
model = polynomial_model(degree=2, penalty='l1', solver='liblinear')
start = time.clock()
model.fit(X_train, y_train)
train_score = model.score(X_train, y_train)
cv_score = model.score(X_test, y_test)
print('elaspe: {0:.6f}; train_score: {1:0.6f}; cv_score: {2:.6f}'.format(
    time.clock()-start, train_score, cv_score))
```

使用 L1 范数作为正则项（参数 penalty='l1'），输出结果如下：

```
elaspe: 0.148169; train_score: 0.995604; cv_score: 0.991228
```

可以看到，训练数据集评分和测试数据集评分都增加了。为什么使用 L1 范数作为正则项呢？L1 范数作为正则项可以实现参数的稀疏化，即自动选择出那些对模型有关联的重要特征，如例 3.6 所示。

【例 3.6】

```
logistic_regression = model.named_steps['logistic_regression']
print('model parameters shape: {0}; count of non-zero element: {1}'.format(
    logistic_regression.coef_.shape,
    np.count_nonzero(logistic_regression.coef_)))
```

输出结果如下：

```
model parameters shape: (1, 495); count of non-zero element: 110
```

逻辑回归模型的 coef_ 属性里保存的就是模型参数。从输出结果可以看到，增加二阶多项式特征后，输入特征由原来的 30 个增加到了 495 个，最终大多数特征都被丢弃，只保留了 110 个有效特征。

4. 学习曲线

首先画出使用 L1 范数作为正则项所对应的一阶多项式和二阶多项式的学习曲线，代码如例 3.7 所示。

【例 3.7】

```
from sklearn.linear_model import LogisticRegression
from sklearn.preprocessing import PolynomialFeatures
from sklearn.pipeline import Pipeline
from sklearn.model_selection import train_test_split
from sklearn.datasets import load_breast_cancer
import matplotlib.pyplot as plt
from utils import plot_learning_curve#自定义包文件 utils.py
from sklearn.model_selection import ShuffleSplit
```

```
import time

cancer = load_breast_cancer()
X = cancer.data
y = cancer.target
X_train,X_test,y_train,y_test = train_test_split(X,y,test_size=0.2)

#增加多项式预处理
def polynomial_model(degree=1, **kwarg):
    polynomial_features = PolynomialFeatures(degree=degree,
                                             include_bias=False)
    logistic_regression = LogisticRegression(**kwarg)
    pipeline = Pipeline([("polynomial_features", polynomial_features),
                         ("logistic_regression", logistic_regression)])
    return pipeline

start = time.clock()
cv = ShuffleSplit(n_splits=10, test_size=0.2, random_state=0)
title = 'Learning Curves (degree={0}, penalty={1})'
degrees = [1, 2]
penalty = 'l1'

plt.figure(figsize=(12, 4), dpi=144)
for i in range(len(degrees)):
    plt.subplot(1, len(degrees), i + 1)
    plot_learning_curve(plt, polynomial_model(degree=degrees[i], penalty=penalty, solver='liblinear', max_iter=300),title.format(degrees[i], penalty), X, y, ylim=(0.8, 1.01), cv=cv)
print('elaspe: {0:.6f}'.format(time.process_time()-start))
plt.show()
```

输出结果如下：

```
elaspe: 17.171875
```

L1 范数的一阶多项式和二阶多项式的学习曲线如图 3-5 所示。

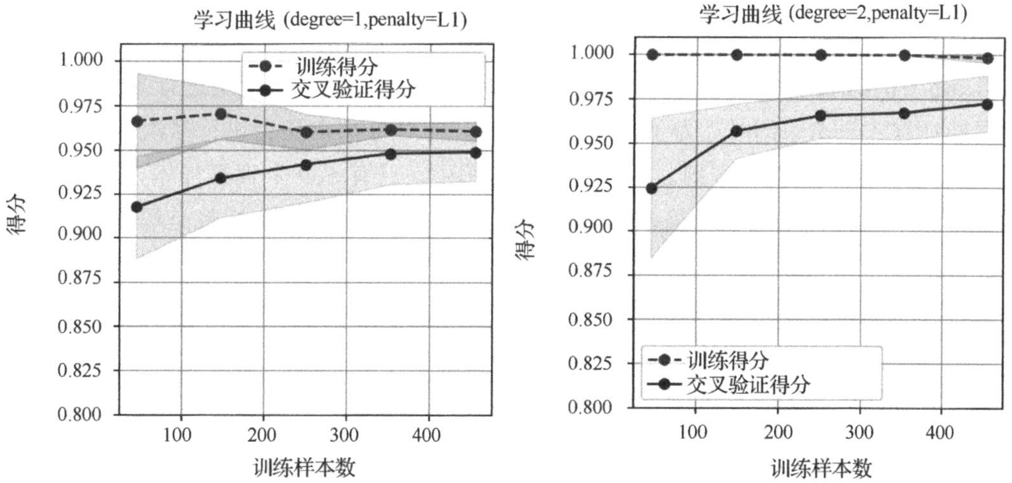

图 3-5　L1 范数的一阶多项式和二阶多项式的学习曲线

然后画出使用 L2 范数作为正则项所对应的一阶多项式和二阶多项式的学习曲线，将例 3.7 代码修改为

```
penalty = 'l2'
```

程序输出的结果如下：

```
elaspe: 4.656250
```

L2 范数一阶多项式和二阶多项式的学习曲线如图 3-6 所示。

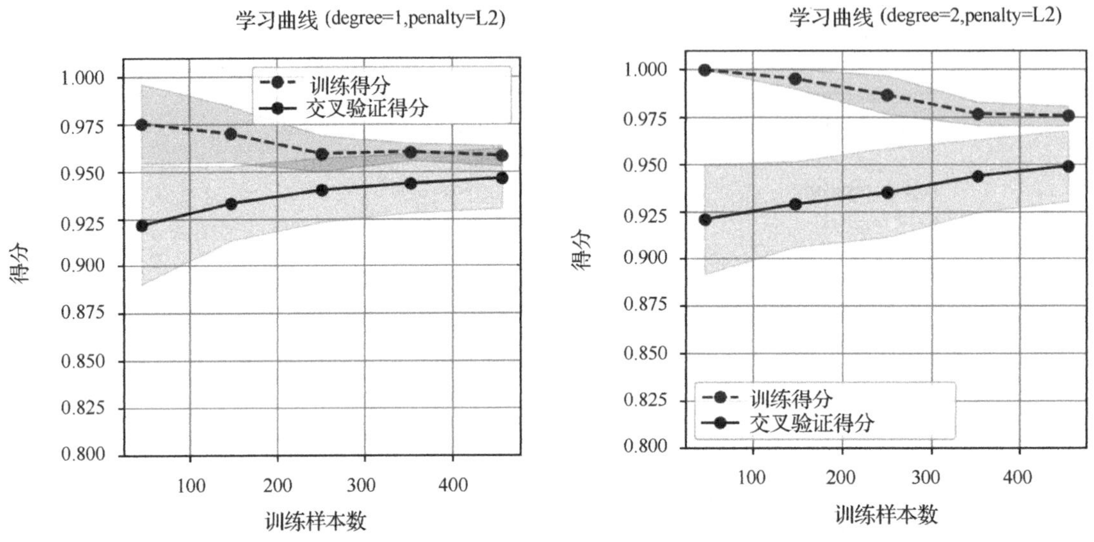

图 3-6 L2 范数的一阶多项式和二阶多项式的学习曲线

从图 3-5 和图 3-6 可以明显地看出，使用二阶多项式并使用 L1 范数作为正则项的模型最优，因为它的训练样本评分最高，交叉验证样本评分也最高。从图 3-5 和图 3-6 中还可以看出，训练样本评分和交叉验证样本评分之间的间隙还比较大，我们可以采集更多的数据来训练模型，以便进一步优化模型。

另外从输出的时间可以看出，L1 范数对应的学习曲线需要花费较长的时间，原因是，scikit-learn 的 learning_curve()函数在画学习曲线的过程中，要对模型进行多次训练，并计算交叉验证样本评分。同时，为了使曲线更平滑，针对每个点还会进行多次计算求平均值。这个就是 ShuffleSplit 类的作用。在我们这个实例中，只有 569 个训练样本，这是个很小的数据集。如果数据集增加 100 倍，甚至 1000 倍，拿出来画学习曲线将是场灾难。

那么，针对大数据集，怎样高效地画学习曲线呢？答案很简单，可以从大数据集中选择一小部分数据来画学习曲线，待选择好最优的模型之后，再使用全部的数据集来训练模型。但是要尽量保持选择出来的这部分数据的标签分布与大数据集的标签分布相同，如针对二元分类，阳性和阴性比例要一致。更直观地说，抽取出来的样本集为原来数据集的一个缩影，尽可能相似。

3.3 Softmax 回归——多元分类问题

将二元分类问题进一步推广，用 Softmax 函数代替 Sigmoid 函数可以实现多元分类问题。

Softmax 函数或称归一化指数函数，是逻辑函数的一种推广。它能将一个含任意实数的 K 维向量 $\boldsymbol{z}$“压缩”到另一个 K 维实向量 $\boldsymbol{\sigma}(\boldsymbol{z})$ 中，使得每一个元素的范围都为 $(0,1)$，并且所有元素的和为 1。

该函数的形式通常按下面的式子给出：

$$\boldsymbol{\sigma}(\boldsymbol{z})_j = \frac{\mathrm{e}^{z_j}}{\sum_{k=1}^{K} \mathrm{e}^{z_k}} \qquad j = 1,2,\cdots,k$$

Softmax 函数实际上是有限项离散概率分布的梯度对数归一化。因此，Softmax 函数在包括多项逻辑回归、多项线性判别分析、朴素贝叶斯分类器和人工神经网络等的多种基于概率的多元分类问题方法中有着广泛应用。特别地，在多项逻辑回归和线性判别分析中，函数的输入是从 K 个不同的线性函数得到的结果，而样本向量 $\boldsymbol{x}$ 属于第 j 个分类的概率为

$$P(y=j|\boldsymbol{x}) = \frac{\mathrm{e}^{\boldsymbol{x}^{\mathrm{T}} w_j}}{\sum_{k=1}^{K} \mathrm{e}^{\boldsymbol{x}^{\mathrm{T}} w_k}}$$

表 3-2 Softmax 函数与 Sigmoid 函数的异同

内容	Softmax 函数	Sigmoid 函数
公式	$\boldsymbol{\sigma}(\boldsymbol{z})_j = \frac{\mathrm{e}^{z_j}}{\sum_{k=1}^{K} \mathrm{e}^{z_k}}$	$S(x) = \frac{1}{1+\mathrm{e}^{-x}}$
本质	离散概率分布	非线性映射
任务	多分类	二分类
定义域	某个一维向量	单个数值
值域	[0,1]	（0,1）
结果之和	一定为 1	为某个正数

Sigmoid 函数就是极端情况（类别数为 2）下的 Softmax 函数。

真实的标签（或者是类别）就相当于真实的分布，经过 Softmax 函数得出的值就是预测的结果，因此可以使用交叉熵函数来作为损失函数。有了交叉熵的概念，我们就可以得出 Softmax 损失函数：Softmaxloss。

定义 Softmaxloss 为 $L(x_i) = -\sum_k y_k \log f_k(x_i)$，其中 $y=(y_0, y_1, \cdots y_n), y \in \{0,1\}$ 是 x_i 类别描述，如常见的 one hot encoding 中，对一个样本 x_i, y 只有一个元素为 1，其他都是 0，所以假设 x_i 标签中只有 $y_i = 1$，则求和符号可以去掉，有

$$L(x_i) = -\log f_k(x_i) = -\log \frac{e^{x_i}}{\sum_j e^{x_j}}$$

例 3.8 采用 scikit-learn 自带的鸢尾花数据集展示了多分类问题的程序设计方法。

【例 3.8】

```
from sklearn.model_selection import train_test_split
#加载鸢尾花数据集
def  load_dataset_flower():
     from sklearn import datasets
     iris = datasets.load_iris()
     return iris
#Softmax 函数回归多分类
def  softmax_classify(iris):
     from sklearn.linear_model import LogisticRegression
     X = iris["data"]
     y = iris["target"]
     X_train, X_test, y_train, y_test = train_test_split(X, y, test_size=0.2)
     #创建 Softmax 函数回归实例
     softmax_reg = LogisticRegression(multi_class="multinomial", solver="lbfgs", C=10)
     softmax_reg.fit(X_train, y_train)
     #预测
     predict = softmax_reg.predict(X_test)
     predict_pro = softmax_reg.predict_proba(X_test)
     print('softmax 回归预测为：\n',predict)
     print(iris.target_names)
     print('三类概率分别为：\n', predict_pro)
if __name__ == '__main__':
     iris = load_dataset_flower()
     softmax_classify(iris)
```

运行结果形式如下：

```
softmax 回归预测为
 [0 0 0 0 0 2 0 0 2 1 2 1 0 2 2 2 0 1 0 1 2 1 2 2 2 0 1 1 0 0]
三类概率分别为
 [[9.96953864e-01 3.04613625e-03 2.48596400e-14]
 [9.95675620e-01 4.32438019e-03 6.21321927e-14]
 [9.92865850e-01 7.13414969e-03 4.84803629e-13]
 [9.96926788e-01 3.07321160e-03 2.09851680e-13]
 [9.96620392e-01 3.37960795e-03 1.53561811e-13]
......
```

【扩展阅读】

1. 交叉熵

在信息论中，交叉熵是表示两个概率分布 p、q，其中 p 表示真实分布，q 表示非真实分布，在相同的一组事件中，用非真实分布 q 来表示某个事件发生所需要的平均比特数。

从这个定义中，我们很难理解交叉熵的定义。下面举个例子来描述一下。

假设现在有一个样本集中两个概率分布 p、q，其中 p 为真实分布，q 为非真实分布。按照真实分布 p 来衡量识别一个样本所需要的编码长度的期望为

$$H(p)=\sum_i p(i)\cdot\log\left(\frac{1}{q(i)}\right)$$

但是，如果采用非真实分布 q 来表示来自真实分布 p 的平均编码长度，则应该为

$$H(p,q)=\sum_i p(i)\cdot\log\left(\frac{1}{q(i)}\right)$$

此时就将 $H(p,q)$称之为交叉熵。对于离散变量，交叉熵的计算方式如下：

$$H(p,q)=\sum_x p(x)\cdot\log\left(\frac{1}{q(x)}\right)$$

2. 关于sklearn.linear_model.LogisticRegression 参数说明

默认参数值如下。

LogisticRegression(penalty='l2', dual=False, tol=0.0001, C=1.0, fit_intercept=True, intercept_scaling=1, class_weight=None, random_state=None, solver='warn', max_iter=100, multi_class='warn', verbose=0, warm_start=False, n_jobs=None)

各参数含义如下。

- penalty：惩罚项，可为'l1'或者'l2'。'netton-cg'、'sag'、'lbfgs'只支持 L2 正则化。L1 正则化的损失函数不是连续可导的，而'netton-cg'、'sag'、'lbfgs'这三种算法需要损失函数的一阶或二阶连续可导。调参时如果主要是为了解决过拟合，选择 L2 正则化就够了。若选择 L2 正则化还是过拟合，可考虑 L1 正则化。若模型特征非常多，希望一些不重要的特征系数归零，从而让模型系数化的话，可使用 L1 正则化。
- dual：选择目标函数为原始形式还是对偶形式。

将原始函数等价转化为一个新函数，该新函数称为对偶函数。对偶函数比原始函数更易于优化。

- tol：优化算法停止的条件。当迭代前后的函数差值小于等于 tol 时就停止。
- C：正则化系数。其越小，正则化越强。
- fit_intercept：选择逻辑回归模型中是否存在截距，默认为存在。
- intercept_scaling：默认 1，仅在使用求解器'liblinear'且 self.fit_intercept 设置为 True 时有用。在这种情况下，x 变为[x, self.intercept_scaling]，即具有等于 intercept_ scaling 的常数值的“合成”特征被附加到实例矢量。截距变为 intercept_scaling× synthetic_feature_weight。
- class_weight：用于标示分类模型中各种类型的权重，{class_label: weight}或者'balanced'。

'balanced'：类库根据训练样本量来计算权重。某种类型的样本量越多，则权重越低。

若误分类代价很高，如对合法用户和非法用户进行分类，可适当提高非法用户的权重。

样本高度失衡的，如合法用户 9995 条，非法用户 5 条，可选择'balanced'让类库自动提高非法用户样本的权重。

- random_state：随机数种子，默认为 none。仅在正则化优化算法为 sag、liblinear 时有用。
- solver：逻辑回归损失函数的优化方法。

'liblinear'：使用坐标轴下降法来迭代优化损失函数。

'lbfgs'：拟牛顿法的一种。利用损失函数二阶导数矩阵，即海森矩阵来迭代优化损失函数。

'newton-cg'：牛顿法的一种。同上。

'sag'：随机平均梯度下降。每次迭代仅仅用一部分的样本来计算梯度，适合于样本数据多的时候。

多元逻辑回归有 OvR（One-vs-Rest）和 MvM（Many-vs-Many）两种，而 MvM 一般比 OvR 分类相对准确一些。但是，'liblinear'只支持 OvR。

- max_iter: 算法收敛的最大迭代次数，默认为 100。
- multi_class：'OvR'或者'multinomial'，'multinomial'即 MvM。若是二元逻辑回归，二者区别不大。

对于 MvM，若模型有 T 类，每次在所有的 T 类样本里面选择两类样本出来，把所有输出为该两类的样本放在一起，进行二元回归，得到模型参数，一共需要 $T(T-1)/2$ 次分类。

- verbose：控制日志的输出，默认 0 为不输出训练过程；1 为偶尔输出； >1 为对每个子模型都输出。
- warm_start：是否热启动，默认 False，如果是，则下一次训练是以追加树的形式进行（重新使用上一次的调用作为初始化）的。
- n_jobs：并行数，默认为 1，如果输入-1，则跟 CPU 核数一致。

习　　题

一、选择题

1. 某监狱人脸识别准入系统用来识别待进入人员的身份，此系统一共包括识别 4 种不同的人员：狱警、小偷、送餐员、其他。下面哪种学习方法最适合此种应用需求（　　）。

A. 二元分类问题

B. 多元分类问题

C. 回归问题

D. 结构分析问题

2. 使用带有 L1 正则化的 Logistic 回归进行二元分类，其中 C 是正则化参数，w_1 和 w_2 是 x_1 和 x_2 的系数。当把 C 值从 0 增加至非常大的值时，下面（　　）是正确的。

A. 第一个 w_2 成了 0，接着 w_1 也成了 0

B. 第一个 w_1 成了 0，接着 w_2 也成了 0

C. w_1 和 w_2 同时成了 0

D. 即使在 C 为非常大的值之后，w_1 和 w_2 都不能成 0

3. Logistic 回归是一种监督式机器学习算法吗？（　　）

A. 是

B. 否

4. Logistic 回归主要用于回归吗？（　　）

A. 是

B. 否

5. 选择 Logistic 回归中的 One-vs-All 方法中的（　　）选项是真实的。

A. 我们需要在 n 类分类问题中适合 n 个模型

B. 我们需要适合 $n-1$ 个模型来分为 n 个类

C. 我们需要只适合 1 个模型来分为 n 个类

D. 以上都没有

二、简答题

1. Logistic 回归为什么可以预测新样本的类别?举例说明其应用。
2. Logistic 回归模型的分类及主要问题。

参考文献

[1] 金字塔下的小蜗牛. 跟我一起学 scikit-learn17：逻辑回归算法[EB/OL]. 2019.

[2] Joey Huang. 逻辑回归算法[EB/OL]. 2015.

[3] 羊城迷鹿. 使用 sklearn 的逻辑回归预测鸢尾花[EB/OL]. 2019.

[4] Wang J K. scikit-learn 机器学习笔记—线性回归、逻辑回归、Softmax 回归[EB/OL].

[5] [美]Peter Harrington. 机器学习实战[M]. 李锐等译. 北京：人民邮电出版社，2013.

[6] [法]奥雷利安•杰龙. 机器学习实战：基于 scikit-learn 和 TensorFlow[M]. 王静源等译. 北京：机械工业出版社，2018.

[7] 雷明. 机器学习与应用[M]. 北京：清华大学出版社，2019.

[8] 董付国. Python 数据分析、挖掘与可视化[M]. 北京：人民邮电出版社，2019.

[9] 董付国. Python 可以这样学[M]. 北京：清华大学出版社，2017.

[10] 华校专. Python 大战机器学习[M]. 北京：电子工业出版社，2017.

第4章

k近邻

4.1 k近邻算法原理

k近邻（k-nearest neighbors，KNN）算法是一种基本的机器学习方法，在我们日常生活中也会用到KNN算法思想。例如，我们常说的“物以类聚，人以群分”，判断一个人的人品，只需要观察他来往最密切的几个人的人品好坏就可以得出了，这里就运用了KNN算法的思想。

KNN算法既可以进行分类，也可以进行回归。KNN算法进行回归和分类的主要区别在于最后进行预测时的决策方式不同。KNN算法进行分类预测时，一般是选择多数表决法，即训练集里和预测的样本特征最近的k个样本，预测结果为有最多类别数的类别。而KNN算法进行回归时，一般是选择平均法，即将最近的k个样本的样本输出的平均值作为回归预测值。由于两者区别不大，本章主要讲解KNN算法的分类方法，但思想对KNN算法的回归方法也适用。由于scikit-learn里使用了蛮力实现（brute-force）、KD树实现（KDTree）和球树（BallTree）实现，本章只讨论这几种算法的实现原理，其余的实现方法，如BBF树、MVP树等，在这里不进行讨论。

4.1.1 KNN算法三要素

对于KNN算法，主要考虑三个重要的要素，对于固定的训练集，只要这三点确定了，算法的预测方式也就决定了。这三个重要的要素是k值的选择、距离度量的方式和分类决策规则。

对于分类决策规则，一般都是使用前面提到的多数表决法。所以我们重点关注的是k值的选择和距离度量的方式。

1）k 值的选择

对于 k 值的选择，没有一个固定的经验，一般根据样本的分布，选择一个较小的值，可以通过交叉验证选择一个合适的 k 值。

选择较小的 k 值，就相当于用较小的领域中的训练实例进行预测，训练误差会减小，只有与输入实例较近或相似的训练实例才会对预测结果起作用，与此同时带来的问题是泛化误差会增大，换句话说，k 值的减小就意味着整体模型变得复杂，容易发生过拟合。

选择较大的 k 值，就相当于用较大领域中的训练实例进行预测，其优点是可以减少泛化误差，但缺点是训练误差会增大。这时候，与输入实例较远（不相似的）的训练实例也会对预测器作用，使预测发生错误，且 k 值的增大就意味着整体的模型变得简单。一个极端是 k 值等于样本数 m，则完全没有分类，此时无论输入实例是什么，都只是简单的预测它属于在训练实例中最多的类，模型过于简单。

2）距离度量的方式

对于距离的度量，我们有很多的距离度量方式，但是最常用的是欧氏距离，即对于两个 n 维向量 $\boldsymbol{x}$ 和 $\boldsymbol{y}$，两者的欧氏距离定义为

$$D(\boldsymbol{x},\boldsymbol{y})=\sqrt{(x_1-y_1)^2+(x_2-y_2)^2+\cdots+(x_n-y_n)^2}=\sqrt{\sum_{i=1}^{n}(\boldsymbol{x}_i-\boldsymbol{y}_i)^2} \tag{4-1}$$

大多数情况下，欧氏距离可以满足我们的需求，不需要再去考虑距离的度量。

当然我们也可以用其他的距离度量方式，如曼哈顿距离，定义为

$$D(\boldsymbol{x},\boldsymbol{y})=|x_1-y_1|+|x_2-y_2|+\cdots+|x_n-y_n|=\sum_{i=1}^{n}|\boldsymbol{x}_i-\boldsymbol{y}_i| \tag{4-2}$$

更加通用的距离度量方式，如闵可夫斯基距离（Minkowski Distance），定义为

$$D(\boldsymbol{x},\boldsymbol{y})=\sqrt[p]{(|x_1-y_1|)^p+(|x_2-y_2|)^p+\cdots+(|x_n-y_n|)^p}=\sqrt[p]{\sum_{i=1}^{n}(|\boldsymbol{x}_i-\boldsymbol{y}_i|)^p} \tag{4-3}$$

可以看出，欧氏距离是闵可夫斯基距离在 p=2 时的特例，而曼哈顿距离是 p=1 时的特例。

4.1.2　KNN 算法之蛮力实现原理

现在我们开始讨论 KNN 算法的实现方式。首先看看 KNN 算法的蛮力实现的方式。

既然我们要找到 k 个最近的邻居来进行预测，那么我们只需要计算预测样本和所有训练集中的样本的距离，然后计算出最小的 k 个距离即可，接着多数表决，很容易进行预测。这个方法的确简单直接，在样本量少，样本特征少的时候有效。

但是在实际运用中很多时候用不上，为什么呢？因为我们经常碰到样本的特征数有上千个，样本量有几十万，如果去预测少量的测试集样本，则算法的时间效率很成问题。因此，这个方法我们一般称之为蛮力实现。比较适合于少量样本的简单模型使用。

既然蛮力实现在特征多、样本多的时候很有局限性，那么我们有没有其他的好办法呢？这里讲解两种办法：一种是 KD 树实现，另一种是球树实现。

4.1.3 KNN 算法之 KD 树实现原理

KD 树算法没有一开始就尝试对测试样本进行分类，而是先对训练集建模，建立的模型就是 KD 树，建好了模型再对测试集进行预测。KD 树就是 k 个特征维度的树，注意这里的 k 和 KNN 中的 k 的意思不同。KNN 中的 k 代表最近的 k 个样本，KD 树中的 k 代表样本特征的维数。为了防止混淆，后面我们称特征维数为 n。

KD 树算法包括三步，第一步是 KD 树的建立，第二步是 KD 树搜索最近邻，最后一步是 KD 树预测。

1）KD 树的建立

我们首先来看 KD 树建立的方法。KD 树建立采用的是从 m 个样本的 n 维特征中，分别计算 n 个特征取值的方差，用方差最大的第 k 维特征 ki 来作为根节点。对于这个特征，我们选择特征 ki 取值的中位数对应的样本值 kv 作为划分点，对于所有第 k 维特征的取值小于等于 kv 的样本，划入左子树，对于第 k 维特征的取值大于 kv 的样本，划入右子树。对于左子树和右子树，采用和刚才同样的办法来找方差最大的特征作为根节点，递归的生成 KD 树。k 近邻 KD 树算法流程如图 4-1 所示。

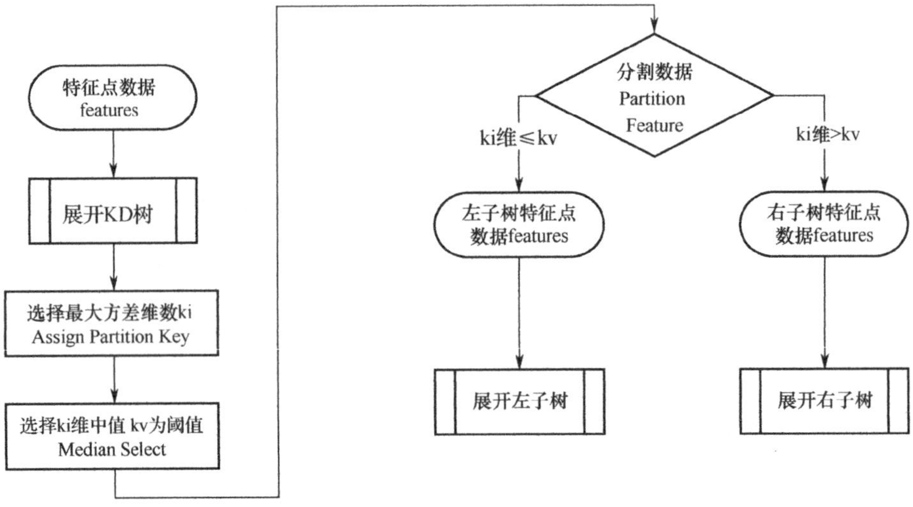

图 4-1　k 近邻 KD 树算法流程

例如，有二维样本 6 个：{(2,3),(5,4),(9,6),(4,7),(8,1),(7,2)}，构建 KD 树的具体步骤如下。

（1）找到划分的特征。6 个数据点在 x、y 维度上的数据方差分别为 6.97、5.37，所以在 x 轴上方差更大，用第 1 维特征建树。

（2）确定划分点(7,2)。根据 x 维上的值将数据排序，6 个数据的中位数为 7，所以划分点的数据是(7,2)。这样，该节点的分割超平面就是通过(7,2)并垂直于划分点维度的直线 x=7；

（3）确定左子空间和右子空间。分割超平面 x=7 将整个空间分为两部分：x≤7 的部分为左子空间，包含 3 个节点={(2,3),(5,4),(4,7)}；另一部分为右子空间，包含 2 个节点={(9,6),(8,1)}。

（4）用同样的办法划分左子树的节点{(2,3),(5,4),(4,7)}和右子树的节点{(9,6),(8,1)}。最终得到 KD 树，如图 4-2 所示。

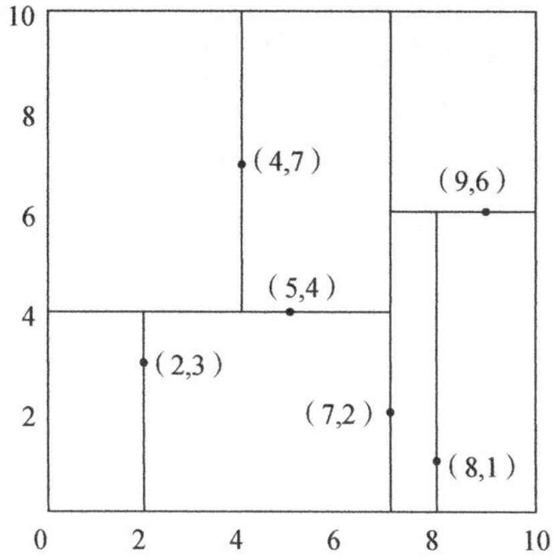

图 4-2 特征空间的划分

2）KD 树搜索最近邻

当生成 KD 树以后，就可以去预测测试集里面的样本目标点了。对于一个目标点，首先在 KD 树里面找到包含目标点的叶子节点。以目标点为圆心，以目标点到叶子节点样本实例的距离为半径，得到一个超球体，最近邻的点一定在这个超球体内部；然后返回叶子节点的父节点，检查另一个子节点包含的超矩形体是否和超球体相交，如果相交就到这个子节点寻找是否有更加近的近邻，有的话就更新最近邻。如果不相交，则直接返回父节点的父节点，在另一个子树继续搜索最近邻；最后回溯到根节点时，算法结束，此时保存的最近邻节点就是最终的最近邻。

从上面的描述可以看出，KD 树划分后可以大大减少无效的最近邻搜索，很多样本点由于所在的超矩形体和超球体不相交，根本不需要计算距离，大大节省了计算时间。

用图 4-2 中建立的 KD 树，对点(2,4.5)找最近邻的过程如下。

先进行二叉查找，从(7,2)查找到(5,4)节点，在进行查找时是由 $y = 4$ 为分割超平面的，由于查找点 y 值为 4.5，因此进入右子空间查找到(4,7)，形成搜索路径<(7,2),(5,4),(4,7)>，但(4,7)与目标查找点的距离为 3.202，而(5,4)与目标查找点之间的距离为 3.041，所以(5,4)为目标查找点的最近点；以(2,4.5)为圆心，以 3.041 为半径作圆。可见该圆和 $y = 4$ 超平面交割，所以需要进入(5,4)左子空间进行查找，也就是将(2,3)节点加入搜索路径中得<(7,2),(2,3)>；于是接着搜索至(2,3)叶子节点，(2,3)距离(2,4.5)比(5,4)要近，所以最近邻点更新为(2,3)，最近距离更新为 1.5；回溯查找至(5,4)，直到最后回溯到根节点(7,2)的时候，以(2,4.5)为圆心 1.5 为半径作圆，并不和 x=7 分割超平面交割。至此，搜索路径回溯完，返回最近邻点(2,3)，最近距离 1.5。KD 树最近邻搜索过程如图 4-3 所示。

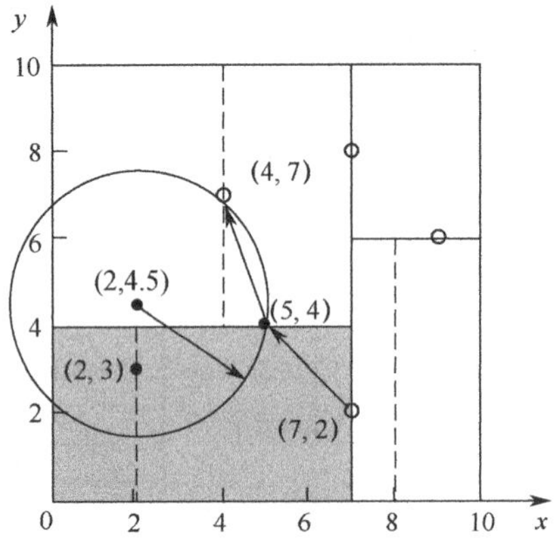

图 4-3　KD 树最近邻搜索过程

3）KD 树预测

有了 KD 树搜索最近邻的办法，KD 树的预测就很简单了，在 KD 树搜索最近邻的基础上，选择第一个最近邻样本，就把它置为已选。在第二轮中，我们忽略置为已选的样本，重新选择最近邻，这样运行 k 次，就得到了目标的 k 个最近邻，然后根据多数表决法。如果是 KNN 分类，则预测为 k 个最近邻里面有最多类别数的类别；如果是 KNN 回归，则用 k 个最近邻样本输出的平均值作为回归预测值。

4.1.4　KNN 算法之球树实现原理

KD 树算法虽然提高了 KNN 搜索的效率，但是在某些时候效率并不高。例如，当处理不均匀分布的数据集时，不管是近似方形、矩形，还是正方形，都不是最好的使用形状，因为它们都有角。KD 树最近邻搜索问题如图 4-4 所示。

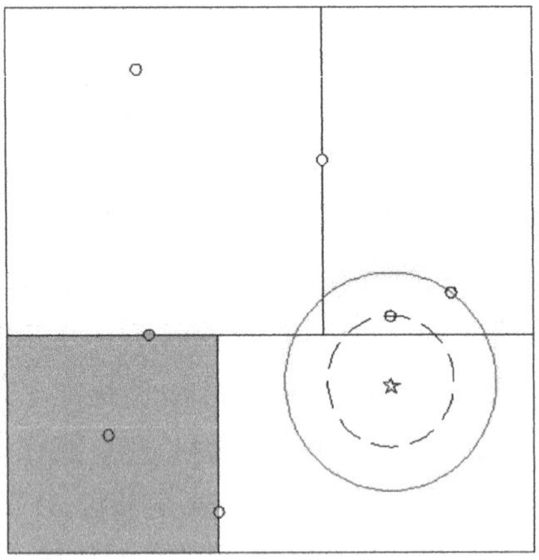

图 4-4　KD 树最近邻搜索问题

如果星点附近的图形实例点离目标点星点再远一点，那么虚线圆会如实线图那样扩大，导致与左上方矩形的右下角相交。相交就要检查这个左上方矩形，而实际上，最近的点离星点的距离很近，检查左上方矩形区域已是多余。由图 4-4 可知，KD 树把二维平面划分成一个个矩形，但矩形区域的角却是个难以处理的问题。

为了优化超矩形体搜索效率的问题，人们引入了球树，这种结构可以优化上面的问题。下面介绍球树的建立和球树搜索最近邻。

1）球树的建立

球树就是每个分割块都是超球体，而不是 KD 树里面的超矩形体。

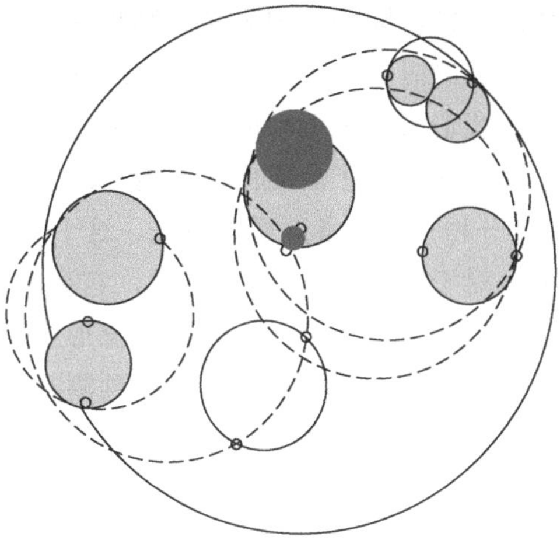

图 4-5　球树的建树过程

具体的建树流程如下。

（1）先构建一个超球体，这个超球体是可以包含所有样本的最小球体。

（2）从球中选择一个离球的中心最远的点，然后选择第二个点离第一个点最远，将球中所有的点分配到离这两个聚类中心最近的一个上，计算每个聚类的中心，以及聚类能够包含它所有数据点所需要的最小半径。这样我们得到了两个子超球体，与 KD 树里面的左右子树对应。

（3）对于这两个子超球体，递归执行步骤（2），最终得到了一个球树。

可以看出 KD 树和球树类似，主要区别在于球树得到的是节点样本组成的最小超球体，而 KD 树得到的是节点样本组成的超矩形体，这个超球体要比对应的 KD 树的超矩形体小，这样在进行最近邻搜索的时候，可以避免一些不必要的搜索。

2）球树搜索最近邻

使用球树找出给定目标点的最近邻方法：首先自上而下贯穿整棵树找出包含目标点所在的叶子，并在这个球里找出与目标点最邻近的点，这将确定出目标点距离它的最近邻点的一个上限值；然后与 KD 树查找一样，检查兄弟节点，如果目标点到兄弟节点中心的距离超过兄弟节点的半径与当前的上限值之和，那么兄弟节点里不可能存在一个更近的点。否则的话，必须进一步检查位于兄弟节点以下的子树；最后检查完兄弟节点后，向父节点回溯，继续搜索最小邻近值。当回溯到根节点时，此时的最小邻近值就是最终的搜索结果。

从上面的描述可以看出，KD 树在搜索路径优化时使用的是两点之间的距离最短来进行判断的，而球树使用的是两边之和大于第三边来进行判断的，相对来说球树的判断更加复杂，但是避免了更多的搜索，这是一个权衡。

4.1.5 KNN 算法的扩展

这里再讨论下 KNN 算法的扩展，限定半径最近邻算法。

有时候我们会遇到这样的问题，即样本中某系类别的样本非常少，甚至少于 k，这导致稀有类别样本在找 k 个最近邻的时候，会把距离其较远的其他样本考虑进来，结果预测不准确。为了解决这个问题，我们限定最近邻的一个最大距离，也就是说，我们只在一个距离范围内搜索所有的最近邻，这避免了上述问题。这个距离我们一般称为限定半径。

接着讨论 KNN 算法的另一种扩展，最近质心算法，这个算法比 KNN 算法还简单。它首先把样本按输出类别归类。对于第 L 类的 Cl 个样本，它会对这 Cl 个样本的 n 维特征中每一维特征求平均值，最终该类别所有维度的 n 个平均值形成质心点。对于样本中的所有出现的类别，每个类别会最终得到一个质心点。当进行预测时，仅仅需要比较预测样本和这些质心点的距离，最小的距离对应的质心类别即预测的类别。最近质心算法通常用在文本分类处理上。

4.1.6 KNN 算法小结

KNN 算法是基本的机器学习算法，它非常容易学习，在维度很高的时候也有很好的分类效率，因此运用也很广泛。

KNN 算法的主要优点如下：

（1）理论成熟，思想简单，既可以用来进行分类也可以用来进行回归；

（2）可用于非线性分类；

（3）训练时间复杂度比支持向量机之类的算法低，仅为 $O(n)$；

（4）与朴素贝叶斯之类的算法比，对数据没有假设、准确度高、对异常点不敏感；

（5）由于 KNN 算法主要靠周围有限的邻近的样本，而不是靠判别类域的方法来确定所属类别的，因此对于类域的交叉或重叠较多的待分样本集来说，KNN 算法较其他算法更为适合；

（6）KNN 算法比较适用于样本容量比较大的类域的自动分类，而那些样本容量较小的类域采用这种算法比较容易产生误分。

KNN 算法的主要缺点如下：

（1）计算量大，尤其是特征数非常多的时候；

（2）样本不平衡的时候，对稀有类别的预测准确率低；

（3）KD 树、球树之类的模型建立需要大量的内存；

（4）使用懒散学习方法，基本上不学习，在预测时速度比逻辑回归之类的算法慢；

（5）相比决策树模型，KNN 模型可解释性不强。

4.2 用 scikit-learn 实现 KNN 算法

仍以鸢尾花数据集为例，说明 KNN 算法的实现过程，具体代码如例 4.1 所示。

【例 4.1】

```
from sklearn.neighbors import KNeighborsClassifier
from sklearn.model_selection import train_test_split
from sklearn import datasets
import numpy as np
iris = datasets.load_iris()
X = iris["data"]
y = iris["target"]
X_train, X_test, y_train, y_test = train_test_split(X, y, test_size=0.2)
#定义一个 KNN 分类器对象
knn = KNeighborsClassifier()
#调用该对象的训练方法
knn.fit(X_train, y_train)
#调用该对象的测试方法，得到预测结果
iris_y_predict = knn.predict(X_test)
#计算各测试样本基于概率的预测值
probility=knn.predict_proba(X_test)
#计算与最后一个测试样本距离最近的 5 个点，返回的是这些样本的序号组成的数组
neighborpoint=knn.kneighbors([X_test[-1]],5,False)
#调用该对象的打分方法，计算出准确率
score=knn.score(X_test,y_test,sample_weight=None)
#输出测试的结果
print('iris_y_predict = ')
print(iris_y_predict)
#输出原始测试数据集的正确标签，以方便对比
print('iris_y_test = ')
print(y_test)
#输出准确率计算结果
print('Accuracy:',score)
#输出最后测试样本距离最近的 5 个训练点序号
print('neighborpoint of last test sample:',neighborpoint)
#输出各测试样本基于概率的预测值
print('probility:',probility)
#print(X_test[-1].reshape(-1,1))
```

输出结果如下：

```
iris_y_predict =
[0 2 0 2 2 1 0 2 2 0 1 0 1 1 2]
iris_y_test =
[0 2 0 2 2 2 0 2 2 0 1 0 1 1 2]
Accuracy: 0.9333333333333333
neighborpoint of last test sample: [[74  77  2  0  94]]
probility: [[1. 0. 0.]
```

```
 [0. 0. 1.]
 [1. 0. 0.]
 [0. 0. 1.]
 [0. 0. 1.]
 [0. 1. 0.]
 [1. 0. 0.]
 [0. 0. 1.]
 [0. 0. 1.]
 [1. 0. 0.]
 [0. 1. 0.]
 [1. 0. 0.]
 [0. 1. 0.]
 [0. 1. 0.]
 [0. 0. 1.]]
```

下面我们详细解读一下 KNeighborsClassifier 类中的常见方法和参数。它主要有以下几个参数。

（1）n_neighbors=5：int 型参数，KNN 算法中指定最近的几个最近邻样本具有投票权，默认参数为 5。

（2）weights='uniform'：str 型参数，即每个拥有投票权的样本是按什么比重投票的。'uniform'表示等比重投票，'distance'表示按距离反比投票，[callable]表示自己定义的一个函数，这个函数接收一个距离数组，返回一个权值数组。默认参数为'uniform'。

（3）algrithm='auto'：str 型参数，即内部采用什么算法实现。有以下几种选择：'ball_tree'（球树）、'KD_tree'（KD 树）、'brute'（蛮力搜索）、'auto'（自动根据数据的类型和结构选择合适的算法）。默认情况下是'auto'。具体前两种树形数据结构哪种好视情况而定，KD 树是依次对 k 维坐标轴，以中值切分构造的树，每一个节点是一个超矩形，在维数小于 20 时效率最高。ball_tree 是为了克服 KD 树高维失效而发明的，其构造过程是以质心 C 和半径 r 分割样本空间的，每一个节点是一个超球体。一般低维数据用 KD_tree 速度快，用 ball_tree 相对较慢。超过 20 维之后的高维数据用 KD_tree 效果反而不佳，而 ball_tree 效果要好。

（4）leaf_size=30：int 型参数，基于以上介绍的算法，此参数给出了 KD_tree 或者 ball_tree 叶子节点规模，叶子节点的不同规模会影响数的构造和搜索速度，同样会影响储树内存的大小。具体最优规模视情况而定。

（5）matric='minkowski'：str 型参数或者距离度量对象，即怎样度量距离。默认是闵氏距离，闵氏距离不是一种具体的距离度量方法，它可以说包括了其他距离度量方式，是其他距离度量的推广，具体各种距离度量只是参数 p 的取值不同或者是否取极限的不同。

$$\mathrm{dist}(x,y)=\left(\sum_{i=1}^{n}\left|x_i-y_i\right|^p\right)^{\frac{1}{p}} \tag{4-4}$$

（6）p=2：int 型参数，就是以上闵氏距离各种不同的距离参数，默认为 2，即欧氏距离。p=1 代表曼哈顿距离等。

（7）metric_params=None：距离度量函数的额外关键字参数，一般不用管，默认为 None。

（8）n_jobs=1：int 型参数，指并行计算的线程数量，默认为 1 表示一个线程，为-1 表示 CPU 的内核数，也可以指定为其他数量的线程，这里不是很追求速度的话不用管，需要用到的话去看看多线程。

（9）fit()：训练函数，它是最主要的函数。接收参数只有 1 个，就是训练数据集，每一行是一个样本，每一列是一个属性。它返回对象本身，即只是修改对象内部属性，因此直接调用就可以了，后面用该对象的预测函数对测试集数据进行预测就用到了这个训练的结果。其实该函数并不是 KNeighborsClassifier 这个类的方法，而是它的父类 SupervisedIntegerMixin 继承下来的方法。

（10）predict()：预测函数，接收输入的数组类型测试样本，一般是二维数组，每一行是一个样本，每一列是一个属性，返回数组类型的预测结果。如果每个样本只有一个输出，则输出为一个一维数组；如果每个样本的输出是多维的，则输出二维数组，每一行是一个样本，每一列是一维输出。

（11）predict_prob()：基于概率的软判决，也是预测函数，只是并不给出某一个样本的输出是哪一个值，而是给出该输出各种可能值的概率各是多少，接收参数和上面一样，返回参数和上面类似，只是上面该是值的地方全部被替换成概率，如果输出结果有两种选择 0 或者 1，上面的预测函数给出的是长为 n 的一维数组，则代表各样本一次的输出是 0 或者 1。而如果用概率预测函数的话，返回的是 $n\times2$ 的二维数组，则每一行代表一个样本，每一行有两个数，分别是该样本输出为 0 和 1 的概率为多少。而各种可能的顺序是按字典顺序排列的，如先 0 后 1，或者其他的字典顺序。

（12）score()：计算准确率的函数，接收参数有 3 个。X：接收输入的数组类型测试样本，一般是二维数组，每一行是一个样本，每一列是一个属性；y：X 这些预测样本的真实标签，一维数组或者二维数组；sample_weight=None：一个和 X 第一位一样长的各样本对准确率影响的权重，一般默认为 None。输出为一个 float 型参数，表示准确率。内部计算是按照 predict()函数计算的结果进行计算的。其实该函数并不是 KNeighborsClassifier 这个类的方法，而是它的父类 KNeighborsMixin 继承下来的方法。

（13）kneighbors()：计算某些测试样本的最近的几个近邻训练样本，接收参数有 3 个。X=None：需要寻找最近邻的目标样本，是一个二维数组，每一行为一个样本；n_neighbors=None：需要寻找目标样本最近的多少个最近邻样本，默认为 None，需要调用时给出；return_distance=True：是否需要同时返回具体的距离值。返回最近邻的样本在训练样本中的序号。其实该函数并不是 KNeighborsClassifier 这个类的方法，而是它的父类 KNeighborsMixin 继承下来的方法。

k 近邻算法也可以用于回归分析，neighbors.KNeighborsRegressor 是 scikit-learn 中回归分析实现类，具体参数与 KNN 分类类似，具体应用代码如例 4.2 所示。

【例 4.2】

```
import numpy as np
import matplotlib.pyplot as plt
from sklearn import neighbors
#生成数据集
```

```
    np.random.seed(0)
    X = np.sort(5 * np.random.rand(40, 1), axis=0)
    T = np.linspace(0, 5, 500)[:, np.newaxis]
    y = np.sin(X).ravel()
    #加入噪声数据
    y[::5] += 1 * (0.5 - np.random.rand(8))

    #回归模型创建及调用
    n_neighbors = 5
    for i, weights in enumerate(['uniform', 'distance']):
        knn = neighbors.KNeighborsRegressor(n_neighbors, weights=weights)
        y_ = knn.fit(X, y).predict(T)

        plt.subplot(2, 1, i + 1)
        plt.scatter(X, y, color='darkorange', label='data')
        plt.plot(T, y_, color='navy', label='prediction')
        plt.axis('tight')
        plt.legend()
        plt.title("KNeighborsRegressor (k = %i, weights = '%s')" % (n_neighbors, weights))
    plt.tight_layout()
    plt.show()
```

KNN 算法回归分析比较如图 4-6 所示。

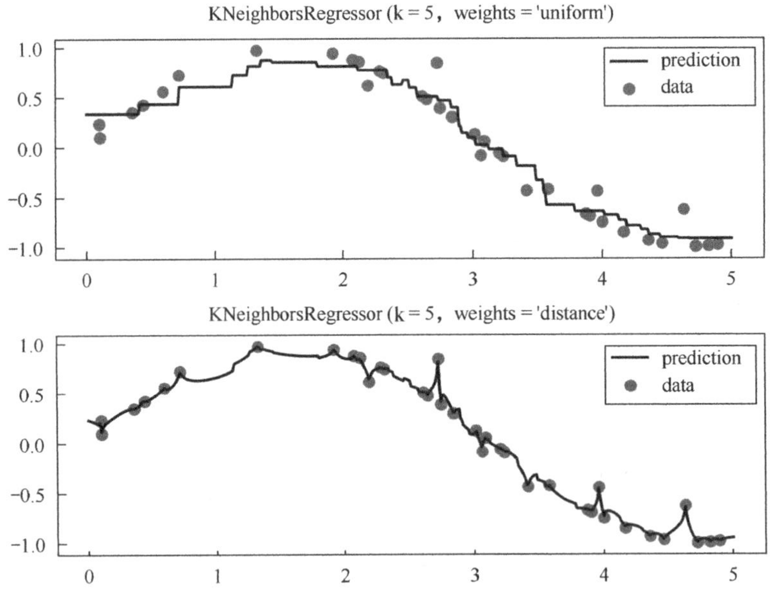

图 4-6　KNN 算法回归分析比较

【扩展阅读】

分类结果的可视化

对于样本特征维度不超过三维的情况下，我们可以绘制出对样本分类结果的二维或

3 维图像，以便更加直观地观看数据情况，下面例 4.3 中给出了绘制二维和三维散点图的方法，供大家参考。

【例 4.3】

```
from sklearn.neighbors import KNeighborsClassifier
from sklearn.model_selection import train_test_split
from sklearn import datasets
import matplotlib.pyplot as plt
from mpl_toolkits.mplot3d import Axes3D
import numpy as np
iris = datasets.load_iris()
X = iris["data"]
y = iris["target"]
X_train, X_test, y_train, y_test = train_test_split(X, y, test_size=0.1)
knn = KNeighborsClassifier()
knn.fit(X_train, y_train)
plt.scatter(X_train[:, 0], X_train[:, 1], marker='o', c=y_train)
plt.scatter(X_test[:, 0], X_test[:, 1], marker='+', c=y_test)
plt.show()
#绘制三维散点图像
fig = plt.figure()
ax = Axes3D(fig)
ax.scatter(X_train[:, 1], X_train[:, 2], X_train[:,3], c=y_train)
ax.scatter(X_test[:, 1], X_test[:, 2], X_test[:, 3], c=y_test, marker='+')
#添加坐标轴（顺序是 Z 轴, Y 轴, X 轴）
ax.set_zlabel('Z 轴', fontdict={'size': 15, 'color': 'red'})
ax.set_ylabel('Y 轴', fontdict={'size': 15, 'color': 'red'})
ax.set_xlabel('X 轴', fontdict={'size': 15, 'color': 'red'})
plt.show()
```

程序运行后得到的数据可视化，如图 4-7 所示。

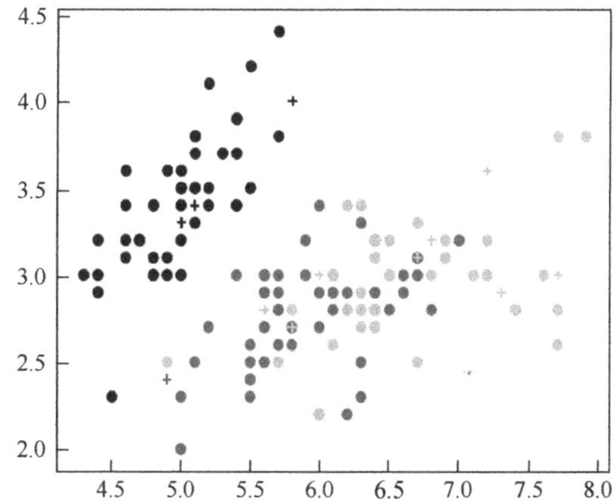

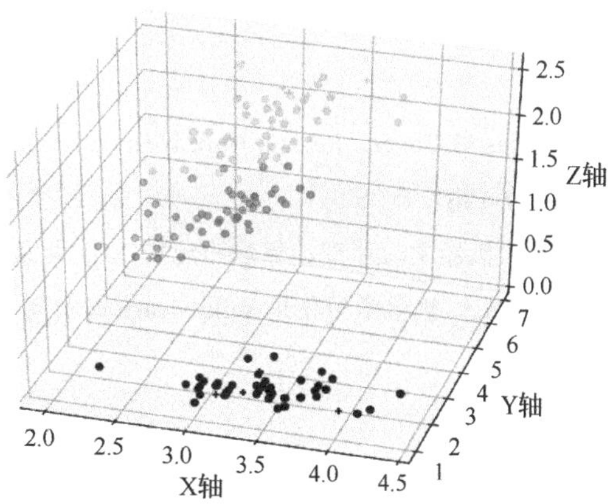

图 4-7 数据可视化

习　　题

1. 一般 KNN 算法在（　　）的情况下效果较好。

A. 样本较多但典型性不好　　B. 样本较少但典型性好

C. 样本呈团状分布　　D. 样本呈链状分布

2. 使用 k=1 的 KNN 算法，下图二元分类问题中“+”和“o”分别代表两个类，那么，用仅拿出一个测试样本的交叉验证方法，交叉验证的错误率是多少（　　）。

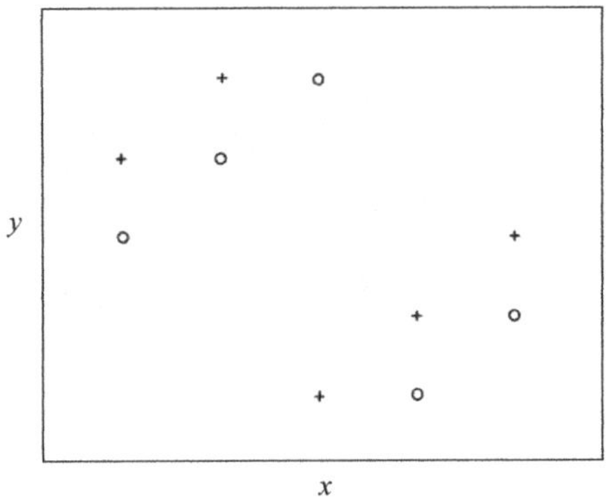

A. 0%　　B. 100%　　C. 0%～100%　　D. 以上都不是

3. 简述 KNN 算法的基本原理和缺点。

4. KNN 算法主要实现流程是什么？

5. 使用 scikit-learn 自带的 make-classification 方法自动生成数据集，包含 1000 个样本，每个样本具有两个特征值，输出三个类别，没有冗余特征，每个类别为一个簇，使用 KNN 算法拟合训练模型并可视化输出。

6. 使用 KNN 算法对葡萄酒数据集进行分类，并对分类数据进行可视化处理。

参考文献

[1] Thomas M Cover，Peter E Hart. Nearest Neighbor Pattern Classification. IEEE Transactions on Information theory, 1967.

[2] 雷明. 机器学习原理、算法与应用[M]. 北京：清华大学出版社，2019.

[3] ChenVast. 机器学习使用 scikit-learn 库实现 k 近邻（KNN）算法[EB/OL].

第 5 章

决策树

决策树也是一类常见的机器学习方法。决策树表现为一种树形结构，其中每个内部节点代表一个属性上的测试，每个分支代表一个测试输出，每个叶子节点代表一种类别。例如，要判断一个西瓜的好坏可以通过图 5-1 的树形结构来判断。

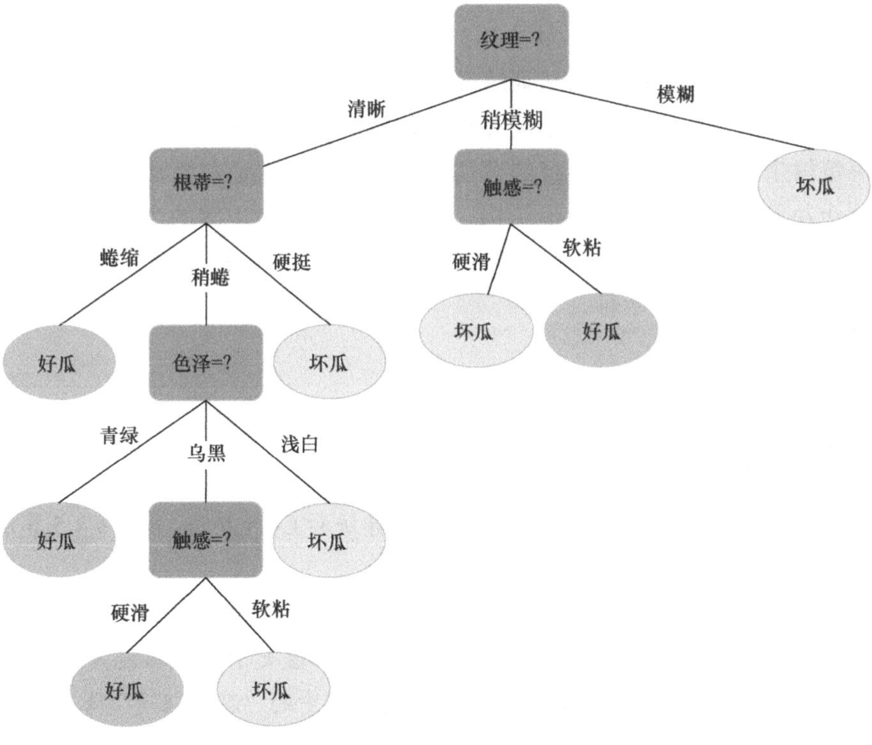

图 5-1　一个西瓜数据集的决策树

5.1 决策树分类原理

决策树是通过一系列规则对数据进行分类的过程，它提供了一种在什么条件下会得到什么值的类似规则的方法。决策树算法之所以如此流行，一个很重要的原因就是使用者基本上不用了解机器学习算法，也不用深究它是如何工作的。直观看上去，决策树分类器就像判断模块和终止模块组成的流程图。终止模块表示分类结果（也就是树的叶子），判断模块表示对一个特征取值的判断（该特征有几个值，判断模块就有几个分支）。

实际上，样本所有特征中有一些特征在分类时起到决定性作用，决策树的构造过程就是找到这些具有决定性作用的特征，根据其决定性程度来构造一个倒立的树。决定性作用最大的那个特征作为根节点，然后递归找到各分支下子数据集中次大的决定性特征，直至子数据集中所有数据都属于同一类。所以，构造决策树的过程本质上就是根据数据特征将数据集分类的递归过程，我们需要解决的第一个问题就是，当前数据集上哪个特征在划分数据分类时起决定性作用。

5.2 决策树的学习过程

一棵决策树的生成过程主要分为以下 3 个部分。

（1）特征选择：特征选择是指从训练数据众多的特征中选择一个特征作为当前节点的分裂标准，如何选择特征有着很多不同量化评估标准，从而衍生出不同的决策树算法。

（2）决策树生成：根据特征选择的评估标准，从上至下递归生成子节点，直到数据集不可分则停止决策树生长。对于树形结构，递归是最容易被理解的生成方式。

（3）剪枝：决策树容易过拟合，一般来说需要剪枝，缩小树结构的规模、缓解过拟合。剪枝技术有预剪枝和后剪枝两种。

【扩展阅读】

1. 基于信息论的三种决策树算法

基于信息论的决策树算法有 ID3 算法、CART 算法和 C4.5 算法，其中 C4.5 算法和 CART 算法从 ID3 算法中衍生而来。

CART 算法和 C4.5 算法支持数据特征为连续分布时的处理，主要通过使用二元切分来处理连续型变量，即求一个特定的值——分裂值：特征值大于分裂值就走左子树，否则就走右子树。这个分裂值选取的原则是使得划分后的子树中的“混乱程度”降低，具体到 C4.5 算法和 CART 算法则有不同的定义方式。

ID3 算法由 Ross Quinlan 发明，建立在“奥卡姆剃刀”的基础上：越是小型的决策树越优于大的决策树(be simple 简单理论)。ID3 算法中根据信息论的信息增益评估选择特征，每次选择信息增益最大的特征作为判断模块。ID3 算法可用于划分标称型数据集，没有剪枝的过程，为了去除过度数据匹配的问题，可通过裁剪合并相邻的无法产生大量信息增益的叶子节点（如设置信息增益阈值）。使用信息增益有一个缺点，那就是它偏向于具有大量值的属性——就是说在训练集中，某个属性所取的不同值的个数越多，那么越有可能拿它来作为分裂属性，而这样做有时候是没有意义的，另外 ID3 算法不能处理连续分布的数据特征，于是就有了 C4.5 算法。CART 算法也支持连续分布的数据特征。

C4.5 算法是 ID3 算法的一个改进算法，继承了 ID3 算法的优点。C4.5 算法用信息增益率来选择属性，克服了用信息增益选择属性时偏向选择取值多的属性的不足。在树构造过程中进行剪枝，能够完成对连续属性的离散化处理，能够对不完整数据进行处理。C4.5 算法产生的分类规则易于理解、准确率较高，但效率低，因树构造过程中，需要对数据集进行多次的顺序扫描和排序。也是因为必须多次数据集扫描，C4.5 算法只适合于能够驻留于内存的数据集。

CART 算法的全称是 Classification And Regression Tree，采用的是 gini 指数（选 gini 指数最小的特征 s）作为分裂标准，同时它也包含后剪枝操作。ID3 算法和 C4.5 算法虽然在对训练样本集的学习中可以尽可能多地挖掘信息，但其生成的决策树分支较多，规模较大。为了简化决策树的规模，提高生成决策树的效率，就出现了根据 gini 系数来选择测试属性的决策树 CART 算法。

2. 决策树优缺点

决策树适用于数值型和标称型（离散型数据，变量的结果只在有限目标集中取值），能够读取数据集合，提取一些数据中蕴含的规则。在分类问题中使用决策树模型有很多的优点，决策树计算复杂度不高、便于使用，而且高效，决策树可处理具有不相关特征的数据、可很容易地构造出易于理解的规则，而规则通常易于解释和理解。决策树模型也有一些缺点，如处理缺失数据时的困难、过度拟合及忽略数据集中属性之间的相关性等。

5.3 ID3 算法的数学原理

决策树算法有 ID3 算法、CART 算法和 C4.5 算法，其中 C4.5 算法和 CART 算法从 ID3 算法中衍生而来，这里只详细阐述 ID3 算法。

5.3.1 什么是信息增益

假定离散属性 a 有 v 个可能的取值 $\{a_1, a_2, \cdots, a_v\}$，若使用 a 来对样本集 D 进行划分，则会产生 v 个分支节点，其中第 v 个分支节点包含了 D 中所有在属性 a 上取值为 a_v 的样本，记为 D_v，其对应的信息熵为

$$H(D_v) = -\sum_{k \in y} p(k|v) \log p(k|v) = -\sum_{k \in y} \frac{D_{vk}}{D_v} \log \frac{D_{vk}}{D_v} \tag{5-1}$$

式中，D_{vk} 表示 D_v 中分类为 k 的样本。考虑到不同的分支 v 节点所包含的样本数不同，给

分支节点赋予权重 $|D_v|/|D|$，于是可以计算出属性 a 对样本集 D 进行划分所获得的信息增益（Information gain）：

$$\mathrm{Gain}(D,a)=H(D)-\sum_{v=1}^{V}\frac{|D_v|}{|D|}H(|D_v|)=H(D)-H(D,a)=I(D,a) \tag{5-2}$$

其实，信息增益就是训练数据集 D 中的类别与某一属性之间（或者两个属性之间的，因为最终决策树的目的是要进行分类，所以在决策树的每一个分支判断时都用类别与对应的属性进行信息增益比较）的互信息。我们知道，互信息表示了两事件发生所代表的信息之间的重复部分，当两事件信息重复的部分越大，那么采用一种事件为标准来划分另一种事件所能确定的部分也就越大，也就是说采用属性 a 来进行划分所获得的“纯度提升”越大。考虑极端情况，当属性 a 与类别完全没有关系时，其互信息为 0，这时候采用属性 a 作为划分标准对于数据集的类别确认完全没有帮助；当属性 a 的各属性分别与数据集的类别一一对应时，也就是其概率分布完全相同，那么根据互信息的计算公式，其互信息等于各自的熵，也就是说，如果我们采用 a 进行数据的划分，那么数据可以完全干净地被划分出来，也就不再含有额外的不可知信息了。

当决策树中按照信息增益最大来选择最优划分属性时，决策树属于 ID3 树。

5.3.2 ID3 树中最优划分属性计算举例

我们给出一个西瓜的数据集，如表 5-1 所示，学习一个对瓜好坏判断的决策树。在这个例子中分类个数为 2（是好瓜、不是好瓜），即 $Y=|2|$。在决策树学习开始时，根节点包含 D 中所有样例，正例 $p_1=8/17$，反例 $p_2=9/17$。

表 5-1 西瓜数据集

编号	色泽	根蒂	敲声	纹理	脐部	触感	好瓜
1	青绿	蜷缩	浊响	清晰	凹陷	硬滑	是
2	乌黑	蜷缩	沉闷	清晰	凹陷	硬滑	是
3	乌黑	蜷缩	浊响	清晰	凹陷	硬滑	是
4	青绿	蜷缩	沉闷	清晰	凹陷	硬滑	是
5	浅白	蜷缩	浊响	清晰	凹陷	硬滑	是
6	青绿	稍蜷	浊响	清晰	稍凹	软粘	是
7	乌黑	稍蜷	浊响	稍模糊	稍凹	软粘	是
8	乌黑	稍蜷	浊响	清晰	稍凹	硬滑	是
9	乌黑	稍蜷	沉闷	稍模糊	稍凹	硬滑	否
10	青绿	硬挺	清脆	清晰	平坦	软粘	否
11	浅白	硬挺	清脆	模糊	平坦	硬滑	否
12	浅白	蜷缩	浊响	模糊	平坦	软粘	否
13	青绿	稍蜷	浊响	稍模糊	凹陷	硬滑	否
14	浅白	稍蜷	沉闷	稍模糊	凹陷	硬滑	否
15	乌黑	稍蜷	浊响	清晰	稍凹	软粘	否
16	浅白	蜷缩	浊响	模糊	平坦	硬滑	否
17	青绿	蜷缩	沉闷	稍模糊	稍凹	硬滑	否

① 根节点的信息熵（下面我们都以比特为单位计算）为

$$H(D)=-\sum_{k=1}^{2}p(k)\log_2 p(k)=-\left(\frac{8}{17}\log_2\frac{8}{17}+\frac{9}{17}\log_2\frac{9}{17}\right)=0.998$$

然后我们要计算出与当前属性集合{色泽、根蒂、敲声、纹理、脐部、触感}中每个属性的信息增益，也就是对应的互信息。以属性“色泽”为例，它有 3 个可能取值：{青绿、乌黑、浅白}。以该属性对数据集进行划分，可以得到 3 个子集，分别为 D_1(色泽=青绿)、D_2(色泽=乌黑)、D_3(色泽=浅白)。

对子集 D_1 来说，包含了编号为{1,4,6,10,13,17}的 6 个样例，其中正例为{1,4,6}，$p_1=3/6$；反例为{10,13,17}，$p_2=3/6$。计算其熵为

$$H(D_1)=-\left(\frac{3}{6}\log_2\frac{3}{6}+\frac{3}{6}\log_2\frac{3}{6}\right)=1.000$$

依次可以计算另外两个子集的信息熵为

$$H(D_2)=0.918$$
$$H(D_3)=0.722$$

② 最终可以计算数据集 D 的类别信息在属性“色泽”熵的信息增益（也可以理解为类别与“色泽”属性之间的互信息）为

$$\begin{aligned}\text{Gain}(D,\text{色泽})&=H(D)-\sum_{v=1}^{3}p(v)H(D_v)\\&=0.998-\left(\frac{6}{17}\times1.000+\frac{6}{17}\times0.918+\frac{5}{17}\times0.722\right)\end{aligned}$$

重复上述的计算步骤，我们可以计算出其他属性的信息增益：

$$\text{Gain}(D,\text{根蒂})=0.143$$
$$\text{Gain}(D,\text{敲声})=0.141$$
$$\text{Gain}(D,\text{纹理})=0.381$$
$$\text{Gain}(D,\text{脐部})=0.289$$
$$\text{Gain}(D,\text{触感})=0.006$$

③ 经过比较，发现采用“纹理”进行划分得到的信息增益最大，于是它被选为划分属性。图 5-2 给出了根据“纹理”属性划分的数据子集。

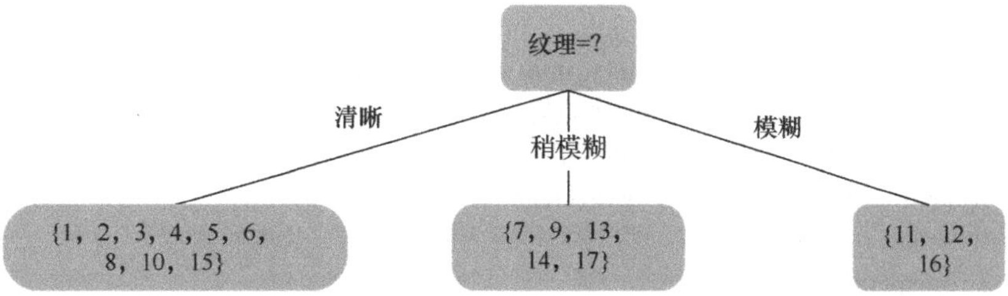

图 5-2　根据“纹理”属性划分的数据子集

④ 对每一个数据子集按照上边的步骤继续划分下去，就能得到最终的决策树（需要注意的是每次样例集中的属性不包含父节点中划分所依赖的属性）。

在决策树构造过程中可能会出现这种情况：所有特征都作为分裂特征用光了，但子集还不是纯净集（集合内的元素不属于同一类别）。在这种情况下，由于没有更多信息可以使用了，一般对这些子集进行“多数表决”，即使用此子集中出现次数最多的类别作为此节点类别，然后将此节点作为叶子节点。

5.4 scikit-learn 决策树算法实现

scikit-learn 决策树算法类内部实现是使用了调优过的 CART 算法，既可以进行分类，又可以进行回归。分类决策树的类对应的是 DecisionTreeClassifier，而回归决策树的类对应的是 DecisionTreeRegressor。两者的参数定义几乎完全相同，但是意义不完全相同。

使用决策树对鸢尾花数据集（iris）进行分类，程序如例 5.1 所示。

【例 5.1】

```
#导入模块
import numpy as np
import matplotlib.pyplot as plt
from sklearn import tree
from sklearn.datasets import load_iris
iris = load_iris()
#为便于可视化，仅选用第二个和第三个特征作为 X
X = iris.data[:, [1, 2]]
y = iris.target
#设定最大深度为 4 的分类决策树
clf = tree.DecisionTreeClassifier(max_depth=4)
#拟合数据
clf = clf.fit(X, y)
#提取特征的 min 和 max
x_min, x_max = X[:, 0].min() - 1, X[:, 0].max() + 1
y_min, y_max = X[:, 1].min() - 1, X[:, 1].max() + 1
#一维数组 np.meshgrid 生成网格点坐标矩阵 xx 和 yy
#第一列数据按 h 取等分作为行，并复制多行得到 xx 网格矩阵
#再把第二列数据按 h 取等分作为列，并复制多列得到 yy 网格矩阵
xx, yy = np.meshgrid(np.arange(x_min, x_max, 0.1),
                     np.arange(y_min, y_max, 0.1))
#调用 ravel()函数将 xx 和 yy 的两个矩阵转变成一维数组
#调用 np.c_[]函数组合成一个二维数组进行预测
Z = clf.predict(np.c_[xx.ravel(), yy.ravel()])
#调用 reshape()函数修改形状，将其 Z 转换为两个特征（长度和宽度）
Z = Z.reshape(xx.shape)
# plt.contourf 绘制等高线填充图
C = plt.contourf(xx, yy, Z, alpha=0.75,cmap=plt.cm.cool)
plt.scatter(X[:, 0], X[:, 1], c=y, alpha=0.8)
plt.show()
```

决策树对鸢尾花数据集的分类结果如图 5-3 所示。

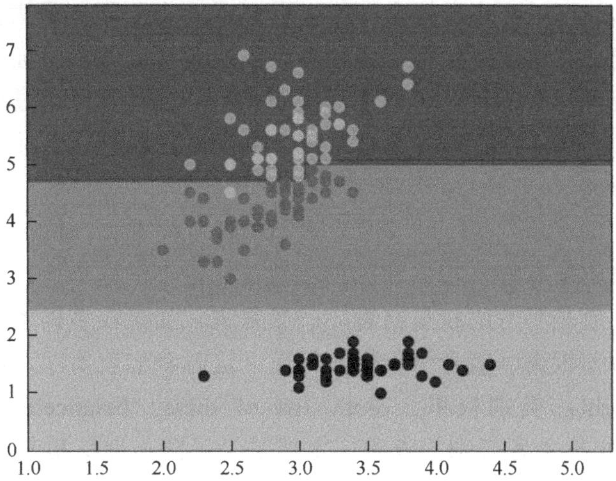

图 5-3 决策树对鸢尾花数据集的分类结果

scikit-learn 中使用 sklearn.tree.DecisionTreeClassifier 类来实现决策树分类算法。几个典型的参数解释如下。

（1）Criterion：特征选择标准。gini 或者 entropy（default='gini'），前者是基尼系数，后者是信息熵。两种算法差异不大，对准确率无影响，信息熵运算效率低一点，因为它有对数运算。一般说使用默认的基尼系数 gini 就可以了，即 CART 算法。

（2）Splitter：特征划分标准。best 或者 random（default='best'），前者在特征的所有划分点中找出最优的划分点，后者是随机地在部分划分点中找局部最优的划分点。默认的 best 适合样本量不大的时候，而如果样本数据量非常大，此时决策树构建推荐使用 random。

（3）max_depth：决策树最大深度。int 或者 None, optional（default=None），一般来说，数据少或者特征少的时候可以不管这个值。如果模型样本量多，特征也多的情况下，推荐限制这个最大深度，具体的取值取决于数据的分布。常用的可以取值 10～100，常用来解决过拟合。

（4）min_impurity_decrease：节点划分的最小不纯度。float 或者 optional（default=0）这个值用于限制决策树的增长，如果某节点的不纯度（基尼系数，信息增益，均方差，绝对差）小于这个阈值，则该节点不再生成子节点。scikit-learn 0.19.1 版本之前为 min_impurity_ split。

（5）min_samples_split：内部节点划分所需要的最小样本数。int 或者 float, optional (default=2)，如果是 int，则取传入值本身作为最小样本数；如果是 float，则取 ceil（min_samples_split×样本数量）的值作为最小样本数，即向上取整。

（6）min_samples_leaf：叶子节点最少样本数。如果是 int，则取传入值本身作为最小样本数；如果是 float，则取 ceil（min_samples_leaf×样本数量）的值作为最小样本数，即向上取整。这个值限制了叶子节点最少的样本数，如果某叶子节点数目小于样本数，则会和兄弟节点一起被剪枝。

（7）max_leaf_nodes：最大叶子节点数。int 或者 None, optional（default=None），通过限制最大叶子节点数，可以防止过拟合，默认是 None，即不限制最大的叶子节点数。如果加了限制，算法会建立在最大叶子节点数内最优的决策树。如果特征不多，可以不考虑这个值，但是如果特征非常多的话，可以加以限制，具体的值可以通过交叉验证得到。

（8）min_impurity_split：信息增益的阈值。决策树在创建分支时，信息增益必须大于这个阈值，否则不分裂。

（9）min_weight_fraction_leaf：叶子节点最小的样本权重和。float, optional（default=0），这个值限制了叶子节点所有样本权重和的最小值，如果小于这个值，则会和兄弟节点一起被剪枝。默认是 0，就是不考虑权重问题。一般来说，如果较多样本有缺失值，或者分类树样本的分布类别偏差很大，就会引入样本权重，这时我们就要注意这个值了。

（10）class_weight：类别权重。dict、list of dicts、balanced 或者 None, optional（default=None），指定样本各类别的权重，主要是为了防止训练集某些类别的样本过多，导致训练的决策树过于偏向这些类别。这里可以自己指定各个样本的权重，或者用 balanced，如果使用 balanced，则算法会自己计算权重，样本量少的类别所对应的样本权重会高。当然，如果样本类别分布没有明显的偏倚，则可以不管这个参数，选择默认的 None。class_weight 参数不适用于回归树 sklearn.tree.DecisionTreeRegressor。

5.5 决策树可视化

决策树可视化可以方便我们直观观察模型，以及发现模型中的问题。

在 Python 的机器学习库 scikit-learn 中，tree 类中的 export_graphviz()函数就能导出树的可视化文件。我们需要使用 Python 调用 AT&T 实验室开源的画图工具 Graphviz 软件生成 PNG 或 PDF 等类型文件后再打开该文件。为此，先安装 Graphviz 软件，并进行相应配置，过程如下。

（1）在 Graphviz 官网上下载合适版本，如 graphviz-2.38.msi 并安装，如图 5-4 所示。

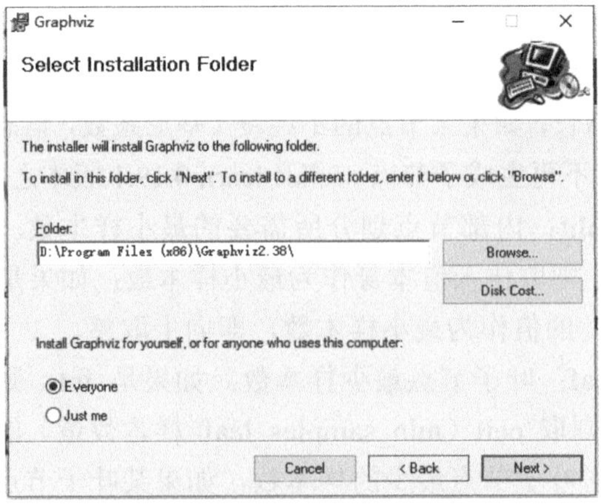

图 5-4　下载安装 graphviz-2.38.msi

（2）安装 Graphviz 后，设置环境变量，如图 5-5 所示。

- 添加系统环境变量：建立变量名 GRAPHVIZ_DOT，值为 D:\Program Files (x86)\Graphviz2.38\bin\dot.exe（dot.exe 的完整路径）；
- 设置环境变量：在用户环境变量中添加一个变量，建立变量名为 GRAPHVIZ_INSTALL_DIR，值为 D:\Program Files (x86)\Graphviz2.38（安装路径）；
- 在系统环境变量 PATH（没有则需要建立）中添加 Graphviz 的 bin 目录路径，如 D:\Program Files(x86)\Graphviz2.38\bin。

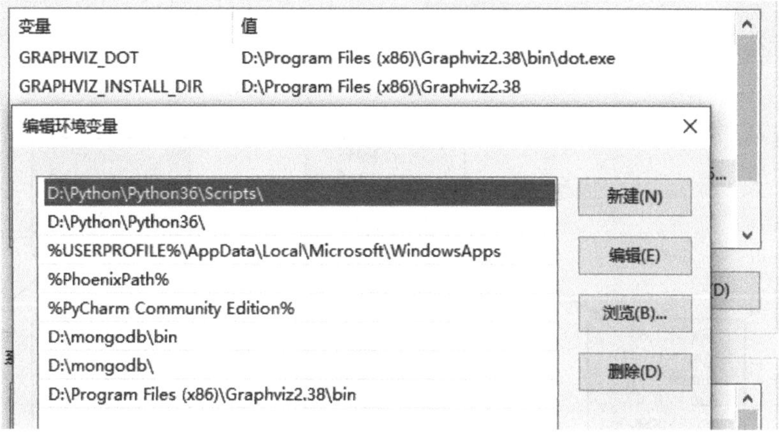

图 5-5　设置环境变量

（3）测试是否安装成功。

在 cmd 中输入 dot -version 检验是否安装成功。软件安装并配置成功后，运行代码如例 5.2 所示。

【例 5.2】

```
from sklearn.datasets import load_iris
from sklearn import tree
import pydotplus
iris = load_iris()
X = iris.data
y = iris.target
#设定最大深度为 4 的分类决策树
clf = tree.DecisionTreeClassifier(max_depth=4)
clf = clf.fit(X, y)
dot_data = tree.export_graphviz(clf, out_file=None,
                        class_names=iris.target_names,
                        filled=True, rounded=True,
                        special_characters=True)
graph = pydotplus.graph_from_dot_data(dot_data)
f = open('tree.png', 'wb')
f.write(graph.create_png())
f.close()
```

正常运行程序后，在该程序所在文件夹下会生成一个“tree.png”文件，打开即可看到训练好的决策树模型结果，如图 5-6 所示。

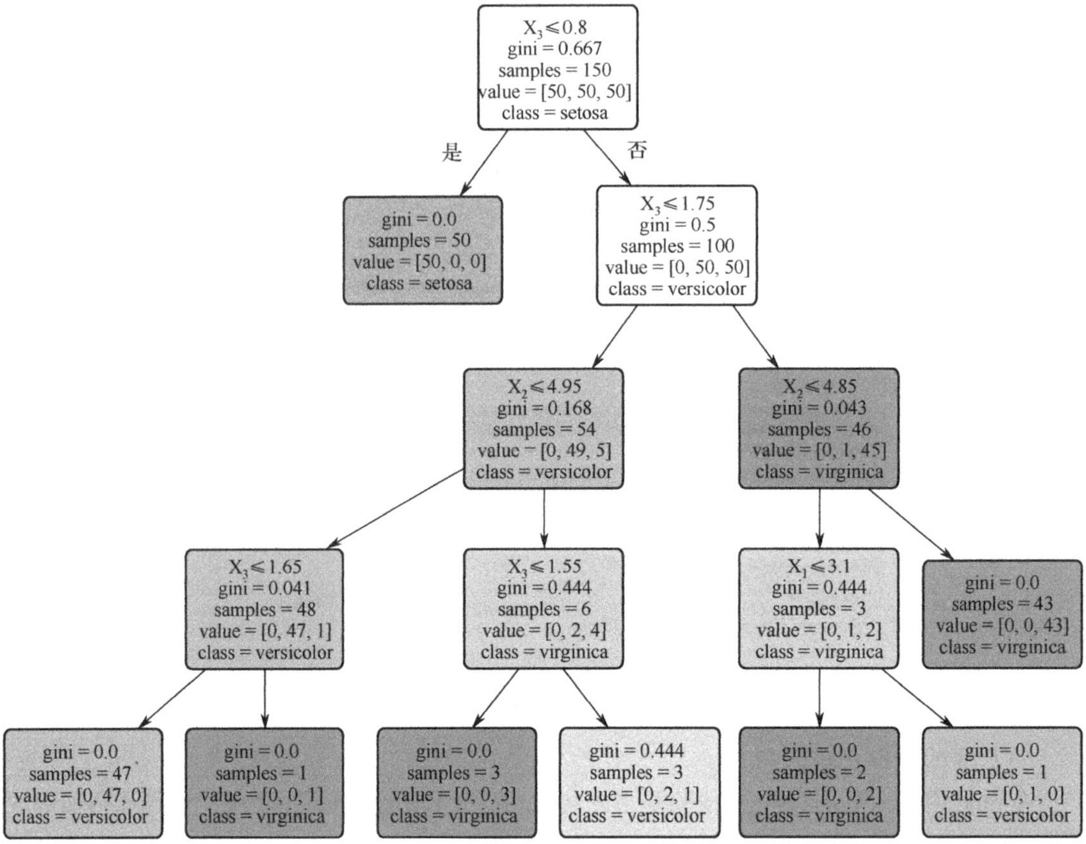

图 5-6　训练好的决策树模型

【扩展阅读】

模型调参注意事项

当样本数量少但是样本特征非常多的时候，决策树很容易过拟合。一般来说，样本数比特征数多一些会比较容易建立模型。

如果样本数量少但是样本特征非常多，则在拟合决策树模型前，推荐先进行维度规约，如主成分分析（PCA）、特征选择（Losso）或者独立成分分析（ICA）。这样特征的维度会大大减小，再来拟合决策树模型效果会好。

推荐多用决策树的可视化，同时先限制决策树的深度（如最多 3 层），这样可以先观察生成的决策树里数据的初步拟合情况，然后决定是否要增加深度。

在训练模型前，注意观察样本的类别情况（主要指分类树），如果类别分布非常不均匀，就要考虑用 class_weight 来限制模型过于偏向样本多的类别。

决策树的数组使用的是 NumPy 的 float32 类型，如果训练数据不是这样的格式，算法会先进行 copy 再运行。

如果输入的样本矩阵是稀疏的，推荐在拟合前调用 csc_matrix 稀疏化，在预测前调用 csr_matrix 稀疏化。

习　题

1. 下面关于 ID3 算法中说法错误的是（　　）。

A. ID3 算法要求特征必须离散化

B. 信息增益可以用熵，而不是用 gini 系数来计算

C. 选取信息增益最大的特征，作为树的根节点

D. ID3 算法是一个二叉树模型

2. 要想在大数据集上训练决策树，为了使用较少时间，我们可以（　　）。

A. 增加树的深度

B. 增加学习率（learning rate）

C. 减少树的深度

D. 减少树的数量

3. 下面关于 Random Forest 和 Gradient Boosting Trees 说法正确的是（　　）。

A. Random Forest 的中间树不是相互独立的，而 Gradient Boosting Trees 的中间树是相互独立的

B. 两者都使用随机特征子集来创建中间树

C. 在 Gradient Boosting Trees 中可以生成并行树，因为它们是相互独立的

D. 无论任何数据，Gradient Boosting Trees 总是优于 Random Forest

4. 什么是信息熵，信息熵在决策树算法中的作用是什么？

5. 简述决策树的生成过程。

6. 举例说明决策树在实际分类项目中的应用。

7. 已知训练样本集如表 5-2 所示，有“饮食习性”“胎生动物”“水生动物”“会飞”共 4 个属性可作为分支属性，而“哺乳动物”作为样本的分类属性，有“是”与“否”两种分类。使用 ID3 算法，计算出应以哪个属性为决策树根节点进行划分。

表 5-2　训练样本集

物	饮食习性	胎生动物	水生动物	会飞	哺乳动物
人类	杂食动物	是	否	否	是
野猪	杂食动物	是	否	否	是
狮子	肉食动物	是	否	否	是
苍鹰	肉食动物	否	否	是	否

续表

动　物	饮食习性	胎生动物	水生动物	会　飞	哺乳动物
鳄鱼	肉食动物	否	是	否	否
巨蜥	肉食动物	否	否	否	否
蝙蝠	杂食动物	是	否	是	是
野牛	草食动物	是	否	否	是
麻雀	杂食动物	否	否	是	否
鲨鱼	肉食动物	否	是	否	否
海豚	肉食动物	是	是	否	是
鸭嘴兽	肉食动物	否	否	否	是
袋鼠	草食动物	是	否	否	是
蟒蛇	肉食动物	否	否	否	否

8. 使用 scikit-learn 中决策树算法对葡萄酒数据集进行分类。

参考文献

[1] J Ross Quinlan. Induction of Decision Tree[J]. Machine Learning, 1986, 1(1)：81-106.

[2] 周志华. 机器学习[M]. 北京：清华大学出版社，2016.

[3] 小熊猫. scikit-learn 决策树算法使用[EB/OL]. 2019.

[4] 刘建平 Pinard. scikit-learn 决策树算法类库使用小结[EB/OL]. 2019.

[5] 山阴少年. scikit-learn 之决策树可视化[EB/OL]. 2016.

[6] Roweis Sam T, Saul Lawrence K. Nonlinear Dimensionality Reduction by Locally Linear Embedding, Scince, 2000, 290（5500）：2323-2326.

第6章 朴素贝叶斯

6.1 基本原理

6.1.1 贝叶斯定理

在概率论与统计学中，贝叶斯定理（或称贝叶斯法则、贝叶斯规则）描述了一个事件的可能性，这个可能性是基于预先对于一些与该事件相关情况的知识。例如，如果癌症和年龄有关，那么知道了一个人的年龄的话，使用贝叶斯定理，相比根本不了解关于此人的任何其他信息，就可以更准确地帮助评估这个人得癌症与否的概率。

这里的“可能性”也是考虑了与随机事件相关的因素的，所以贝叶斯定理所阐述的也就是后验概率的获得方法。

用数学公式来表述贝叶斯定理：

$$P(c|x)=\frac{P(c)P(x|c)}{P(x)}=\frac{P(x,c)}{P(x)}$$

式中，c 表示的是随机事件发生的一种情况；x 表示的就是证据（evidence），泛指与随机事件相关的因素。

$P(c|x)$：在 x 条件下，随机事件出现 c 情况的概率（后验概率）。

$P(c)$：（不考虑相关因素）随机事件出现 c 情况的概率（先验概率）。

$P(x|c)$：在已知事件出现 c 情况的条件下，条件 x 出现的概率（后验概率）。

$P(x)$：x 出现的概率（先验概率）。

那么，落实到实际的问题当中，在考虑了一些现有的因素后，随机事件会以多大概率出现各种情况，通过参考这个结果，我们可以有针对性地做出决策。

6.1.2 朴素贝叶斯分类器

1）什么是“朴素”

“朴素”（naive）指的是假设不同的特征是相互独立的。因为我们为了能够获得合理的 $P(c|x)$ 的值，采用了很不科学的假设，即事件的各个属性不相关，称为属性条件独立性假设。这个假设用公式表达是这样的：

$$P(c|x)=\frac{P(c)P(x|c)}{P(x)}=\frac{P(c)}{P(x)}\prod_{i=1}^{d}P(x_i|c)$$

上式的左边等式就是我们熟悉的贝叶斯定理的公式，而右边新加的一个公式是将 $P(x|c)$（条件联合概率）表达成了 $\prod_{i=1}^{d}P(x_i|c)$（多个条件概率相乘）。用俗话说，这个假设认为每个属性取它的各个值的可能性是独立的，与其他属性的取值不相关。

由于朴素贝叶斯分类器在这种 naive 的假设下，仍能在实际问题中取得比较好的效果，因此这个假设的不合理性可以暂时不讨论。

2）离散型属性与连续型属性值的计算

（1）在估计条件概率 $P(x_i|c)$ 时，如果 x_i 是离散型属性，我们只需要计算每个属性取值占所有样本的数量比例就行了，即

$$P(x_i|c)=\frac{|D_{c,x_i}|}{|D_c|}$$

式中，D_c 表示训练集 D 中第 c 类样本组成的集合，外加两条竖线表示的是集合的元素数量；D_{c,x_i} 表示的是 D_c 中在第 i 个属性值上取值为 x_i 的样本组成的集合。

（2）如果 x_i 是连续值属性，那么我们肯定不能这样做，而是采用概率密度函数，即假定 $p(x_i|c)\sim N(\mu_{c,i},\sigma_{c,i}^2)$，其中 $\mu_{c,i}$ 和 $\sigma_{c,i}^2$ 分别是第 c 类样本在第 i 个属性上取值的均值和方差，则

$$p(x_i|c)=\frac{1}{\sqrt{2\pi}\sigma_{c,i}}\exp(-\frac{(x_i-\mu_{c,i})^2}{2\sigma_{c,i}^2})$$

接下来，我们根据一个实例来看一下具体的应用步骤，更好地理解其分类流程。假设我们的任务是根据一个西瓜的特征来判断它是否是个好瓜。一个西瓜数据集如表 6-1 所示。

表 6-1　一个西瓜数据集

编号	色泽	根蒂	敲声	纹理	脐部	触感	密度	含糖量	好瓜
1	青绿	蜷缩	浊响	清晰	凹陷	硬滑	0.697	0.460	是
2	乌黑	蜷缩	沉闷	清晰	凹陷	硬滑	0.774	0.376	是
3	乌黑	蜷缩	浊响	清晰	凹陷	硬滑	0.634	0.264	是
4	青绿	蜷缩	沉闷	清晰	凹陷	硬滑	0.608	0.318	是
5	浅白	蜷缩	浊响	清晰	凹陷	硬滑	0.556	0.215	是
6	青绿	稍蜷	浊响	清晰	稍凹	软粘	0.403	0.237	是
7	乌黑	稍蜷	浊响	稍模糊	稍凹	软粘	0.481	0.149	是

续表

编　号	色　泽	根　蒂	敲　声	纹　理	脐　部	触　感	密　度	含糖量	好　瓜
8	乌黑	稍蜷	浊响	清晰	稍凹	硬滑	0.437	0.211	是
9	乌黑	稍蜷	沉闷	稍模糊	稍凹	硬滑	0.666	0.091	否
10	青绿	硬挺	清脆	清晰	平坦	软粘	0.243	0.267	否
11	浅白	硬挺	清脆	模糊	平坦	硬滑	0.245	0.057	否
12	浅白	蜷缩	浊响	模糊	平坦	软粘	0.343	0.099	否
13	青绿	稍蜷	浊响	稍模糊	凹陷	硬滑	0.639	0.161	否
14	浅白	稍蜷	沉闷	稍模糊	凹陷	硬滑	0.657	0.198	否
15	乌黑	稍蜷	浊响	清晰	稍凹	软粘	0.360	0.370	否
16	浅白	蜷缩	浊响	模糊	平坦	硬滑	0.593	0.042	否
17	青绿	蜷缩	沉闷	稍模糊	稍凹	硬滑	0.719	0.103	否

现在，基于已有的数据，我们想利用朴素贝叶斯算法训练出一个分类器，以判断一个具有特征{色泽=青绿，根蒂=蜷缩，敲声=浊响，纹理=清晰，脐部=凹陷，触感=硬滑，密度=0.697，含糖率=0.460}的测试样例瓜 x_{test} 是否为好瓜。

那么，首先我们估计先验概率 $P(c)$，显然有

$$P_{(\text{好瓜=是})} = 8/17 \approx 0.471$$
$$P_{(\text{好瓜=否})} = 9/17 \approx 0.529$$

其次，我们计算每个属性值的条件概率 $P(x_i|c)$。

对于离散值属性：

$$P_{(\text{青绿}|\text{是})} = P_{(\text{色泽=青绿}|\text{好瓜=是})} = \frac{3}{8} = 0.375$$

$$P_{(\text{青绿}|\text{否})} = P_{(\text{色泽=青绿}|\text{好瓜=否})} = \frac{3}{9} \approx 0.333$$

$$P_{(\text{蜷缩}|\text{是})} = P_{(\text{根蒂=蜷缩}|\text{好瓜=是})} = \frac{5}{8} = 0.625$$

$$P_{(\text{蜷缩}|\text{否})} = P_{(\text{根蒂=蜷缩}|\text{好瓜=否})} = \frac{3}{9} \approx 0.333$$

$$P_{(\text{浊响}|\text{是})} = P_{(\text{敲声=浊响}|\text{好瓜=是})} = \frac{6}{8} = 0.750$$

$$P_{(\text{浊响}|\text{否})} = P_{(\text{敲声=浊响}|\text{好瓜=否})} = \frac{4}{9} \approx 0.444$$

$$P_{(\text{清晰}|\text{是})} = P_{(\text{纹理=清晰}|\text{好瓜=是})} = \frac{7}{8} = 0.875$$

$$P_{(\text{清晰}|\text{否})} = P_{(\text{纹理=清晰}|\text{好瓜=否})} = \frac{2}{9} \approx 0.222$$

$$P_{(\text{凹陷}|\text{是})} = P_{(\text{脐部=凹陷}|\text{好瓜=是})} = \frac{6}{8} = 0.750$$

$$P_{(\text{凹陷}|\text{否})} = P_{(\text{脐部=凹陷}|\text{好瓜=否})} = \frac{2}{9} \approx 0.222$$

$$P_{(硬滑|是)}=P_{(触感=硬滑|好瓜=是)}=\frac{6}{8}=0.750$$

$$P_{(硬滑|否)}=P_{(触感=硬滑|好瓜=否)}=\frac{6}{9}\approx 0.667$$

对于连续值属性：

$$\begin{aligned}p_{(密度:0.697|是)}&=p_{(密度=0.697|好瓜=是)}\\&=\frac{1}{\sqrt{2\pi}\cdot 0.129}\exp\left(-\frac{(0.697-0.574)^2}{2\cdot 0.129^2}\right)\approx 1.959\end{aligned}$$

$$\begin{aligned}p_{(密度:0.697|否)}&=p_{(密度=0.697|好瓜=否)}\\&=\frac{1}{\sqrt{2\pi}\cdot 0.195}\exp\left(-\frac{(0.697-0.496)^2}{2\cdot 0.195^2}\right)\approx 1.203\end{aligned}$$

$$\begin{aligned}p_{(含糖:0.460|是)}&=p_{(含糖率=0.460|好瓜=是)}\\&=\frac{1}{\sqrt{2\pi}\cdot 0.101}\exp\left(-\frac{(0.460-0.279)^2}{2\cdot 0.101^2}\right)\approx 0.788\end{aligned}$$

$$\begin{aligned}p_{(含糖:0.460|否)}&=p_{(含糖率=0.460|好瓜=否)}\\&=\frac{1}{\sqrt{2\pi}\cdot 0.108}\exp\left(-\frac{(0.460-0.154)^2}{2\cdot 0.108^2}\right)\approx 0.066\end{aligned}$$

最后，我们计算测试瓜 x_{test}：

$$P_{(好瓜=是)}\times P_{(青绿|是)}\times P_{(蜷缩|是)}\times P_{(浊响|是)}\times P_{(清晰|是)}\times P_{(凹陷|是)}\times$$
$$P_{(硬滑|是)}\times P_{(密度:0.697|是)}\times P_{(含糖:0.460|是)}\approx 0.038$$

$$P_{(好瓜=否)}\times P_{(青绿否)}\times P_{(蜷缩|否)}\times P_{(浊响|否)}\times P_{(清晰|否)}\times P_{(凹陷|否)}\times$$
$$P_{(硬滑|否)}\times P_{(密度:0.697|否)}\times P_{(含糖:0.460|否)}\approx 6.80\times 10^{-5}$$

很明显，测试瓜是好瓜的概率 0.038 远大于测试瓜是坏瓜的概率 6.80×10^{-5}，于是分类器判断测试瓜为好瓜。在计算过程中忽略了分母 $P(x)$，是因为 $P(x)$作为共同分母并不影响测试样本是好瓜或坏瓜结果的相对大小，所以可以忽略。

6.2 朴素贝叶斯三种基本模型

scikit-learn 里面有三种朴素贝叶斯的模型。

（1）高斯（Gaussian）：适用于特征属于连续型变量，假设特征遵循正态分布。

（2）多项式（Multinomial）：该模型常用于文本分类，特征是单词，值是单词的出现次数。

（3）伯努利（Bernoulli）：每个特征的取值是布尔型的，即 true 和 false，或者 1 和 0。在文本分类中，1 就是一个特征出现在一个文档中，0 就是没有一个特征出现在文档中。下面分别通过三个简单的例子来理解。

1）高斯模型（见例 6.1）

【例 6.1】

```
#导入高斯模型
```

```
from sklearn.naive_bayes import GaussianNB
import numpy as np
#定义预测变量与目标变量
x= np.array([[-3,7],[1,5], [1,2], [-2,0], [2,3], [-4,0], [-1,1], [1,1], [-2,2], [2,7], [-4,1], [-2,7]])
Y = np.array([3, 3, 3, 3, 4, 3, 3, 4, 3, 4, 4, 4])
#创建高斯分类器
model = GaussianNB()
#使用刚才定义的训练集训练模型
model.fit(x, Y)
#预测并输出
predicted= model.predict([[1,2],[3,4]])
print (predicted)
```

输出结果如下：

```
([3,4])
```

2）多项式模型（见例 6.2）

【例 6.2】

```
import numpy as np
#定义预测变量与目标变量
X = np.random.randint(5, size=(6, 100))
y = np.array([1, 2, 3, 4, 5, 6])
#创建多项式分类器
from sklearn.naive_bayes import MultinomialNB
clf = MultinomialNB()
clf.fit(X, y)
#预测并输出
predicted = clf.predict(X[2:])
print (predicted)
```

输出结果如下：

```
[3 4 5 6]
```

3）伯努利模型（见例 6.3）

【例 6.3】

```
#定义预测变量与目标变量
X = np.random.randint(2, size=(6, 100))
Y = np.array([1, 2, 3, 4, 4, 5])
#创建伯努利分类器
from sklearn.naive_bayes import BernoulliNB
clf = BernoulliNB()
clf.fit(X, Y)
#预测并输出
print(clf.predict(X[2:]))
```

输出结果如下：

```
[3 4 4 5]
```

下面我们使用 iris 数据集进行分类，iris 数据集给出的三种花是按照顺序来的，前 50 个是第 0 类，51~100 是第 1 类，101~150 是第 2 类。在分训练集和测试集的时候要把顺序打乱。程序如例 6.4 所示。

【例 6.4】

```
from sklearn import datasets
from sklearn.model_selection import train_test_split
from sklearn import naive_bayes
iris = datasets.load_iris()
X = iris["data"]
y = iris["target"]
X_train, X_test, y_train, y_test = train_test_split(X, y, test_size=0.3)
#样本特征的分布大部分是连续值，因此使用 GaussianNB，如果样本是离散值则选择
MultinomialNB 或 BernoulliNB.
Model = naive_bayes.GaussianNB()
Model.fit(X_train, y_train)
predict = Model.predict(X_test)
print(predict)
print(y_test)
score = Model.score(X_test, y_test)
print('the score is :', score)
```

输出结果如下：

```
[1 2 0 1 1 1 2 2 0 1 2 2 2 2 2 2 0 0 0 2 1 1 2 0 0 1 1 2 1 0 0 2 0 0 0 1 0
 1 0 2 0 1 1 2 0]
[1 2 0 2 1 1 2 2 0 1 2 2 2 2 1 2 0 0 0 2 1 1 2 0 0 1 1 2 1 0 0 2 0 0 0 1 0
 1 0 2 0 1 1 2 0]
the score is : 0.9555555555555556
```

6.3 朴素贝叶斯的应用及特点

6.3.1 朴素贝叶斯常见的四种应用

实时预测：朴素贝叶斯是一个快速的学习分类器，因此适用于实时预测。

多类预测：朴素贝叶斯以多类别预测功能闻名，因此可以用来预测多类目标变量的概率。

文本分类/垃圾邮件过滤/情感分析：主要用于文本分类的朴素贝叶斯分类器比其他算法具有更高的成功率。因此，它被广泛用于垃圾邮件过滤和情感分析。

推荐系统：结合朴素贝叶斯分类器和协作过滤构建推荐系统，该系统使用机器学习和数据挖掘技术过滤看不见的信息，并预测用户是否喜欢系统做出的推荐。

6.3.2 朴素贝叶斯的优缺点

朴素贝叶斯优点：

（1）既简单又快速，预测表现良好；

（2）当独立性假设成立时，朴素贝叶斯分类器与逻辑回归等其他模型相比表现更好，而且需要更少的训练数据；

（3）相较于数值变量，朴素贝叶斯分类器在多个分类变量的情况下表现更好。若是数值变量，则需要满足正态分布。

朴素贝叶斯缺点：

（1）如果分类变量在训练集上没有，却在测试集上出现了，那么这个模型将无法进行预测此类别并分配一个零概率给它。我们使用平滑技术来解决这个问题；

（2）朴素贝叶斯也被称为 bad estimator，所以不该过渡在乎其概率输出 predict_proba；

（3）朴素贝叶斯的限制是变量之间相互独立的假设。在现实生活中，这几乎是不可能的，各变量间或多或少都会存在相互影响。

6.3.3 提升朴素贝叶斯性能的技巧

在使用过程中，通过以下的方法可以提升朴素贝叶斯分类器的性能。

如果连续特征不是正态分布的，那么应该使用各种不同的方法将其转换正态分布；如果测试数据集具有零频率的问题，则应用平滑技术拉普拉斯估计修正数据集。删除重复出现的高度相关的特征，可能会丢失频率信息，影响效果。朴素贝叶斯分类在参数调整上选择有限，可以把重点放在数据的预处理和特征选择上。

【扩展阅读】

1. 拉普拉斯修正（Laplacian correction）

朴素贝叶斯分类器在实际使用中还需要注意的一个问题：若某个离散类型的属性值在训练集中没有与某个类同时出现过，那么当我们使用 $p(x_i|c)=|D_c,x_i|/|D_c|$ 对其进行估计时，$P(x_i|c)$ 会等于 0，而若某个样本只是在属性 i 上恰好取值为 x_i，但是其他的属性非常符合这个类型 c 的特征，于是在用最后的连乘式计算该样本属于该类的概率时，不管其他的属性如何取值，都会因为 $P(x_i|c)$ 这个零值导致分类器认为该样本属于这个类型 c 的概率为 0，这显然是不合理的。

例如，在上面的西瓜训练集中，好瓜当中暂时没有具备特征{敲声=清脆}的样本，于是对于一个{敲声=清脆}的测试如下：

$$P_{(\text{清脆}\mid\text{是})}=P_{(\text{敲声=清脆}\mid\text{好瓜=是})}=0/8=0$$

那么，不管该测试瓜在其他属性上有多么接近好瓜，都会被直接判定为好瓜的概率为 0。

这个问题本质上是由于训练集不够完整，没有包括足够多的样本。但是，为了避免这个问题的出现，我们通常还是在估计概率值时，对其进行“平滑”（smoothing）操作，通常使用“拉普拉斯修正”（Laplacian correction）。

具体做法：令 N 表示训练集 D 中可能的类别数，N_i 表示第 i 个属性可能的取值数，那么我们估计类别概率值的 $\hat{P}(c)$、离散属性条件概率的 $\hat{P}(x_i|c)$ 的两个式子分别被调整为

$$\hat{P}(c)=\frac{|D_c|+1}{|D|+N}$$

$$\hat{P}(x_i|c)=\frac{|D_{c,x_i}|+1}{|D_c|+N_i}$$

拉普拉斯修正后，原来为 0 的结果被平滑地过渡为一个很小的值，这起到了修正的作用。

2. scikit-learn 朴素贝叶斯分类算法说明

1. 高斯朴素贝叶斯类

高斯朴素贝叶斯算法是假设特征的可能性（概率）为高斯分布。

```
class sklearn.naive_bayes.GaussianNB(priors=None)
```

priors：先验概率大小，如果没有给定，模型则根据样本数据自己计算（利用极大似然法）。

模型属性如下。

- class_prior_：每个样本的概率。
- class_count_：每个类别的样本数量。
- theta_：每个类别中每个特征的均值。
- sigma_：每个类别中每个特征的方差。

2. 多项式分布朴素贝叶斯类

适用于服从多项式分布的特征数据。

```
class sklearn.naive_bayes.MultinomialNB(alpha=1.0, fit_prior=True, class_prior=None)
```

- alpha：先验平滑因子，默认等于 1，当等于 1 时表示拉普拉斯平滑。
- fit_prior：是否去学习类的先验概率，默认是 True。
- class_prior：各个类别的先验概率，如果没有指定，则模型会根据数据自动学习，每个类别的先验概率相同，等于类标记总个数的 N 分之一。

模型属性如下。

- class_log_prior_：每个类别平滑后的先验概率。
- intercept_：朴素贝叶斯对应的线性模型，其值和 class_log_prior_相同。
- feature_log_prob_：给定特征类别的对数概率（条件概率）。特征的条件概率=（指定类下指定特征出现的次数+alpha）/（指定类下所有特征出现次数之和+类的可能取值个数×alpha）。

- coef_：朴素贝叶斯对应的线性模型，其值和 feature_log_prob 相同。
- class_count_：训练样本中各类别对应的样本数。
- feature_count_：每个类别中各个特征出现的次数。

3. 伯努利朴素贝叶斯类

用于服从伯努利分布的数据，即有多个特征，但每个特征都假设是一个二元（Bernoulli, boolean）变量。

```
class sklearn.naive_bayes.BernoulliNB(alpha=1.0, binarize=0.0, fit_prior=True, class_ prior=None)
```

- alpha：平滑因子，与多项式中的 alpha 一致。
- binarize：样本特征二值化的阈值，默认是 0。如果不输入，则模型会认为所有特征都已经是二值化形式了；如果输入具体的值，则模型会把大于该值的部分归为一类，小于该值的部分归为另一类。
- fit_prior：是否去学习类的先验概率，默认是 True。
- class_prior：各个类别的先验概率，如果没有指定，则模型会根据数据自动学习，每个类别的先验概率相同，等于类标记总个数的 N 分之一。

模型属性如下。

- class_log_prior_：每个类别平滑后的先验对数概率。
- feature_log_prob_：给定特征类别的经验对数概率。
- class_count_：拟合过程中每个样本的数量。
- feature_count_：拟合过程中每个特征的数量。

4. 三个类的方法

贝叶斯的方法和其他模型的方法一致。

- fit(X,Y)：在数据集(X,Y)上拟合模型。
- get_params()：获取模型参数。
- predict(X)：对数据集 X 进行预测。
- predict_log_proba(X)：对数据集 X 进行预测，得到每个类别的概率对数值。
- predict_proba(X)：对数据集 X 进行预测，得到每个类别的概率。
- score(X,Y)：得到模型在数据集(X,Y)的得分情况。

习　　题

采用朴素贝叶斯算法对葡萄酒类别进行分类。

提示：

1．使用 scikit-learn 中高斯朴素贝叶斯模型（naive_bayes.GaussianNB()）；

2．采用 sklearn 自带数据集（datasets.load_wine()）。

参考文献

[1] 蓝色枫魂. 朴素贝叶斯分类器[EB/OL]. 2017.

[2] 张俊红. Sklearn 参数详解-贝叶斯[EB/OL]. 2018.

[3] marc01in. 朴素贝叶斯算法&应用实例[EB/OL]. 2015.

第 7 章

支持向量机

7.1　支持向量机原理

7.1.1　支持向量机定义

支持向量机（Support Vector Machine，SVM）是一类按监督学习方式对数据进行二元分类的广义线性分类器，其决策边界是对学习样本求解的最大边距超平面。

SVM 使用铰链损失函数计算经验风险，并在求解系统中加入了正则化项以优化结构风险，是一个具有稀疏性和稳健性的分类器。SVM 可以通过核方法进行非线性分类，是常见的核学习方法之一。

1964 年 SVM 被提出，在 20 世纪 90 年代后得到快速发展并衍生出一系列改进和扩展算法，在人像识别、文本分类等模式识别问题中得到应用。

7.1.2　线性可分性

在分类问题中给定输入数据和学习目标：

$$X=\{X_1,\cdots,X_N\},y=\{y_1,\cdots,y_N\}$$

其中输入数据的每个样本都包含多个特征并由此构成特征空间：

$$X_i=[x_1,\cdots,x_n]\in\chi$$

而学习目标为二元变量：

$$y\in\{-1,1\}$$

表示负类和正类。

若输入数据所在的特征空间存在作为决策边界的超平面，则将学习目标按正类和负类分开，并使任意样本的点到平面距离大于等于 1，即存在 $\boldsymbol{w}$、b 满足以下条件。

决策边界：$\boldsymbol{w}^{\mathrm{T}}X+b=0$；

点到平面距离：$y_i(\boldsymbol{w}^{\mathrm{T}}X_i+b)\geqslant 1$。

则称该分类问题具有线性可分性，参数 $\boldsymbol{w}$、b 分别为超平面的法向量和截距。

因为 $y\in\{-1,1\}$，所以条件 $y_i(\boldsymbol{w}^{\mathrm{T}}X_i+b)\geqslant 1$ 可拆分成两个条件，即

$$\boldsymbol{w}^{\mathrm{T}}X_i+b\geqslant 1$$
$$\boldsymbol{w}^{\mathrm{T}}X_i+b\leqslant -1$$

满足该条件的决策边界实际上构造了 2 个平行的超平面作为间隔边界以判别样本的分类。所有在间隔边界上方的样本属于正类，在间隔边界下方的样本属于负类。两个间隔边界的距离 $d=\dfrac{2}{\|\boldsymbol{w}\|}$ 被定义为边距（margin）。位于间隔边界上的正类和负类样本为支持向量，如图 7-1 所示。

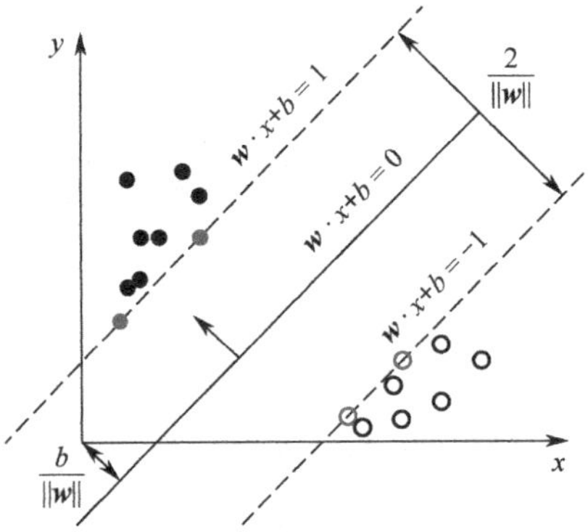

图 7-1　决策边界（实线）、间隔边界（虚线）、支持向量（间隔边界上的点）示意图

7.1.3　损失函数

在一个分类问题不具有线性可分性时，使用超平面作为决策边界会带来分类损失，即部分支持向量不再位于间隔边界上，而是进入了间隔边界内部，或落入决策边界的错误一侧。损失函数可以对分类损失进行量化，其按数学意义可以得到的形式是 0-1 损失函数：

$$L(p)=\begin{cases}0, & p<0\\1, & p\geqslant 0\end{cases}$$

0-1 损失函数不是连续函数，不利于优化问题的求解，因此通常选择的是构造代理损失。可用的选择包括铰链损失函数、Logistic 损失函数和指数损失函数，其中 SVM 使用的是铰链损失函数：

$$L(p)=\max(0,1-p)$$

对替代损失的相合性研究表明，当代理损失是连续凸函数，并在任意取值下是 0-1 损失函数的上界时，则求解代理损失最小化所得结果也是 0-1 损失最小化的解。铰链损失函数满足上述条件，如图 7-2 所示。

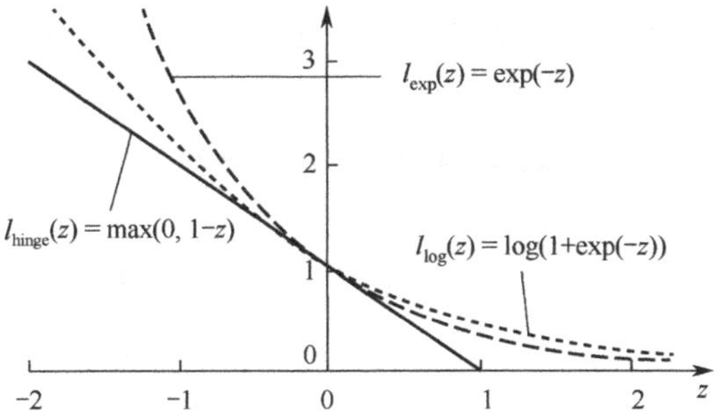

图 7-2 0-1 损失函数和其代理损失

7.1.4 经验风险与结构风险

按统计学理论，分类器在经过学习并应用于新数据时会产生风险，风险的类型可分为经验风险和结构风险：

$$\text{经验风险：}\ \varepsilon = \sum_{i=1}^{N} L(p_i) = \sum_{i=1}^{N} L[f(X_i, \boldsymbol{w}), y_i]$$

$$\text{结构风险：}\ \Omega(f) = \|\boldsymbol{w}\|^p$$

式中，f 表示分类器，经验风险由损失函数定义，描述了分类器给出的分类结果的准确程度；结构风险由分类器参数矩阵的范数定义，描述了分类器自身的复杂程度及稳定程度，复杂的分类器容易产生过拟合，因此是不稳定的。若一个分类器通过最小化经验风险和结构风险的线性组合以确定其模型参数：

$$L = \|\boldsymbol{w}\|^p + C\sum_{i=1}^{N} L[f(X_i, \boldsymbol{w}), y_i]$$

$$\boldsymbol{w} = \arg\min_{\boldsymbol{w}} L$$

则对该分类器的求解是一个正则化问题，常数 C 是正则化系数。当 $p=2$ 时，该式被称为 L2 正则化或 Tikhonov 正则化。SVM 的结构风险按 $p=2$ 表示，在线性可分问题下，硬边界 SVM 的经验风险可以归 0，因此其是一个完全最小化结构风险的分类器；在线性不可分问题中，软边界 SVM 的经验风险不可归 0，因此其是一个 L2 正则化分类器，最小化结构风险和经验风险的线性组合。

【扩展阅读】

1. 核方法简介

一些线性不可分的问题可能是非线性可分的，即特征空间存在超曲面将正类和负类分开。使用非线性函数可以将非线性可分问题从原始的特征空间映射至更高维的希尔伯特空间（Hilbert space）H，从而转化为线性可分问题，此时作为决策边界的超平面表示如下：

$$\boldsymbol{\omega}^{\mathrm{T}}\phi(X) + b = 0$$

式中，$\phi:\chi \mapsto H$ 为映射函数。由于映射函数具有复杂的形式，难以计算其内积，因此可使用核方法，即定义映射函数的内积为核函数：

$$\kappa(\boldsymbol{X}_1,\boldsymbol{X}_2)=\phi(\boldsymbol{X}_1)^{\mathrm{T}}\phi(\boldsymbol{X}_2)$$

以回避内积的显式计算。

核函数的选择需要一定条件，函数 $\kappa(\boldsymbol{X}_1,\boldsymbol{X}_2):\chi\times\chi\mapsto R$ 是核函数的充要条件，对输入空间的任意向量 $\{\boldsymbol{X}_1,\boldsymbol{X}_2\cdots,\boldsymbol{X}_m\}\in\chi$，其核矩阵（kernel matrix）即如下形式的格拉姆矩阵（Gram matrix）：

$$\boldsymbol{G}(\boldsymbol{X},\boldsymbol{X})=\begin{bmatrix}\kappa(\boldsymbol{X}_1,\boldsymbol{X}_1) & \kappa(\boldsymbol{X}_1,\boldsymbol{X}_2) & \cdots & \kappa(\boldsymbol{X}_1,\boldsymbol{X}_m)\\ \kappa(\boldsymbol{X}_2,\boldsymbol{X}_1) & \kappa(\boldsymbol{X}_2,\boldsymbol{X}_2) & \cdots & \kappa(\boldsymbol{X}_2,\boldsymbol{X}_m)\\ \vdots & \vdots & & \vdots\\ \kappa(\boldsymbol{X}_m,\boldsymbol{X}_1) & \kappa(\boldsymbol{X}_m,\boldsymbol{X}_2) & \cdots & \kappa(\boldsymbol{X}_m,\boldsymbol{X}_m)\end{bmatrix}$$

格拉姆矩阵是半正定矩阵。上述结论被称为Mercer 定理，定理的证明从略，它作为充分条件，特征空间内两个函数的内积是一个二元函数，在其核矩阵为半正定矩阵时，该二元函数具有可再生性，$\kappa(\boldsymbol{X}_1,\boldsymbol{X}_2)=\kappa(\cdot,\boldsymbol{X}_1)^{\mathrm{T}}\kappa(\cdot,\boldsymbol{X}_2)$，因此其内积空间是一个赋范向量空间（normed vector space），可以完备化得到希尔伯特空间，即再生核希尔伯特空间（Reproducing Kernel Hilbert Space，RKHS）；它作为必要条件，对核函数构造核矩阵后易知 $\sum_{i,j=1}^{m}\boldsymbol{G}\left(\boldsymbol{X}_i,\boldsymbol{X}_j\right)=\left\|\sum_{i=1}^{m}\phi(\boldsymbol{X}_i)^2\right\|\geqslant 0$。

2. 常见的核函数

在构造核函数后，验证其对输入空间内的任意格拉姆矩阵为半正定矩阵是困难的，因此通常的选择是使用现成的核函数。以下给出一些核函数的例子，其中未进行说明的参数均是该核函数的超参数。

名　称	解 析 式
多项式核（polynomial kernel）	$\kappa(\boldsymbol{X}_1,\boldsymbol{X}_2)=(\boldsymbol{X}_1^{\mathrm{T}}\boldsymbol{X}_2)^n$
径向基函数核（RBF kernel）	$\kappa(\boldsymbol{X}_1,\boldsymbol{X}_2)=\exp\left(-\frac{\\|\boldsymbol{X}_1-\boldsymbol{X}_2\\|^2}{2\sigma^2}\right)$
拉普拉斯核（Laplacian kernel）	$\kappa(\boldsymbol{X}_1,\boldsymbol{X}_2)=\exp\left(-\frac{\\|\boldsymbol{X}_1-\boldsymbol{X}_2\\|}{\sigma}\right)$
Sigmoid 核（Sigmoid kernel）	$\kappa(\boldsymbol{X}_1,\boldsymbol{X}_2)=\tanh\left[a(\boldsymbol{X}_1^{\mathrm{T}}\boldsymbol{X}_2)-b\right],\quad a,b>0$

当多项式核的阶为 1 时，其被称为线性核，对应的非线性分类器退化为线性分类器。径向基函数核也被称为高斯核（Gaussian kernel），其对应的映射函数将样本空间映射至无限维空间。核函数的线性组合和笛卡儿积也是核函数，此外对特征空间内的函数 $g(\boldsymbol{X})$，$g(\boldsymbol{X}_1)\kappa(\boldsymbol{X}_1,\boldsymbol{X}_2)g(\boldsymbol{X}_2)$ 也是核函数。

7.2　标准算法

7.2.1　线性 SVM

1. 硬边距（hard margin）

给定输入数据和学习目标：$X=\{X_1,\cdots,X_N\},y=\{y_1,\cdots,y_N\}$，硬边距 SVM 是在线性可分问题中求解最大边距超平面的算法，约束条件是样本点到决策边界的距离大于等于 1。硬边距 SVM 可以转化为一个等价的二次凸优化（quadratic convex optimization）问题进行求解：

$$\max_{\boldsymbol{w},b}\ \frac{2}{\|\boldsymbol{w}\|} \quad \text{s.t}\ \ y_i(\boldsymbol{w}^{\mathrm{T}}X_i+b)\geqslant 1 \quad \Leftrightarrow \quad \min_{\boldsymbol{w},b}\ \frac{1}{2}\|\boldsymbol{w}\|^2 \quad \text{s.t.}\ \ y_i(\boldsymbol{w}^{\mathrm{T}}X_i+b)\geqslant 1$$

由上式得到的决策边界可以对任意样本进行分类：

$$\operatorname{sign}\left[y_i(\boldsymbol{w}^{\mathrm{T}}X_i+b)\right]$$

虽然超平面法向量 $\boldsymbol{w}$ 是唯一优化目标，但学习数据和超平面的截距通过约束条件影响了该优化问题的求解。硬边距 SVM 是正则化系数取 0 时的软边距 SVM，其对偶问题和求解参考软边距 SVM，这里不额外列出。

2. 软边距（soft margin）

在线性不可分问题中使用硬边距 SVM 将产生分类误差，因此可在最大化边距的基础上引入损失函数构造新的优化问题。SVM 使用铰链损失函数，沿用硬边界 SVM 的优化问题形式，软边距 SVM 的优化问题有如下表示：

$$\begin{aligned}&\min_{\boldsymbol{w},b}\ \frac{1}{2}\|\boldsymbol{w}\|^2+C\sum_{i=1}^{N}L_i,\quad L_i=\max\left[0,1-y_i\left(\boldsymbol{w}^{\mathrm{T}}X_i+b\right)\right]\\&\text{s.t.}\ \ y_{\mathrm{i}}\left(\boldsymbol{w}^{\mathrm{T}}X_i+b\right)\geqslant 1-L_i,\quad L_i\geqslant 0\end{aligned}$$

由上式可知，软边距 SVM 是一个 L2 正则化分类器，L_i 表示铰链损失函数。使用松弛变量：$\xi\geqslant 0$ 处理铰链损失函数的分段取值后，上式可化为

$$\begin{aligned}&\min_{\boldsymbol{w},b}\ \frac{1}{2}\|\boldsymbol{w}\|^2+C\sum_{i=1}^{N}\xi_i\\&\text{s.t.}\ \ y_i\left(\boldsymbol{w}^{\mathrm{T}}X_i+b\right)\geqslant 1-\xi_i,\quad \xi_i\geqslant 0\end{aligned}$$

求解上述软边距 SVM 通常利用其优化问题的对偶性（duality），这里给出以下推导。

定义软边距 SVM 的优化问题为原问题（primal problem），通过拉格朗日乘子（Lagrange multiplier）$\alpha=\{\alpha_1,\cdots,\alpha_N\},\mu=\{\mu_1,\cdots,\mu_N\}$ 可得到其拉格朗日函数：

$$L(\boldsymbol{w},b,\xi,\alpha,\mu)=\frac{1}{2}\|\boldsymbol{w}\|^2+C\sum_{i=1}^{N}\xi_i+\sum_{i=1}^{N}\alpha_i\left[1-\xi_i-y_i(\boldsymbol{w}^{\mathrm{T}}X_i+b)\right]-\sum_{i=1}^{N}\mu_i\xi_i$$

令拉格朗日函数对优化目标 $\boldsymbol{w},b,\xi$ 的偏导数为 0，可得到一系列包含拉格朗日乘子的表达式：

$$\frac{\partial L}{\partial \boldsymbol{w}}=0\Rightarrow\sum_{i=1}^{N}\alpha_i y_i X_i,\quad \frac{\partial L}{\partial b}=0\Rightarrow\sum_{i=1}^{N}\alpha_i y_i=0,\quad \frac{\partial L}{\partial \xi}=0\Rightarrow C=\alpha_i+\mu_i$$

将其代入拉格朗日函数后可得原问题的对偶问题（dual problem）：

$$\max_{\alpha}\quad \sum_{i=1}^{\mathrm{N}}\alpha_i-\frac{1}{2}\sum_{i=1}^{N}\sum_{j=1}^{N}[\alpha_i y_i (X_i)^{\mathrm{T}}(X_j)y_j\alpha_j]$$
$$\text{s.t.}\quad \sum_{i=1}^{\mathrm{N}}\alpha_i y_i=0,\quad 0\leqslant\alpha_{\mathrm{i}}\leqslant C$$

对偶问题的约束条件中包含不等关系，因此其存在局部最优的条件是拉格朗日乘子满足 KKT 条件（Karush-Kuhn-Tucker condition）：

$$\begin{cases}\alpha_i\geqslant 0,\quad \mu_{\mathrm{i}}\geqslant 0\\ \xi_i\geqslant 0,\quad \mu_{\mathrm{i}}\xi_i=0\\ y_i\left(\boldsymbol{w}^{\mathrm{T}}X_i+b\right)-1+L_i\geqslant 0\\ \alpha_i\left[y_i\left(\boldsymbol{w}^{\mathrm{T}}X_i+b\right)-1+L_i\right]=0\end{cases}$$

由上述 KKT 条件可知，对任意样本 (X_i,y_i)，总有 $\alpha_i=0$ 或 $y_i\left(\boldsymbol{w}^{\mathrm{T}}X_i+b\right)=1-\xi_i$。对于 $\alpha_i=0$ 的样本 (X_i,y_{i}) 来说，该样本不会对决策边界 $\boldsymbol{w}^{\mathrm{T}}X_i+b=0$ 产生影响；对于 $y_i\left(\boldsymbol{w}^{\mathrm{T}}X_i+b\right)=1-\xi_i$ 的样本 (X_i,y_{i}) 来说，该样本满足 $y_i(\boldsymbol{w}^{\mathrm{T}}X_i+b)=1-\xi_i$，意味其处于间隔边界上（$\alpha_i<C$）、间隔内部（$\alpha_i=C$）或被错误分类（$\alpha_i>C$），即该样本是支持向量。由此可见，软边距 SVM 决策边界的确定仅与支持向量有关，使用铰链损失函数使得 SVM 具有稀疏性。

7.2.2 非线性 SVM

使用非线性函数将输入数据映射至高维空间后应用线性 SVM 可得到非线性 SVM。非线性 SVM 有如下优化问题：

$$\min_{\boldsymbol{w},b}\quad \frac{1}{2}\|\boldsymbol{w}\|^2+C\sum_{i=1}^{N}\xi_i$$
$$\text{s.t.}\quad y_i\left[\boldsymbol{w}^{\mathrm{T}}\phi(X_i)+b\right]\geqslant 1-\xi_i,\quad \xi_i\geqslant 0$$

类比软边距 SVM，非线性 SVM 有如下对偶问题：

$$\max_{\alpha}\quad \sum_{i=1}^{\mathrm{N}}\alpha_i-\frac{1}{2}\sum_{i=1}^{N}\sum_{j=1}^{N}\left[\alpha_i y_i\phi(X_i)^{\mathrm{T}}\phi(X_j)y_j\alpha_j\right]$$
$$\text{s.t.}\quad \sum_{i=1}^{\mathrm{N}}\alpha_i y_i=0,\quad 0\leqslant\alpha_i\leqslant C$$

注意到上式存在映射函数内积，因此可以使用核方法，即直接选取核函数：

$$\kappa\left(X_i, X_j\right) = \phi(X_i)^{\mathrm{T}} \phi(X_j)$$

非线性 SVM 的对偶问题的 KKT 条件可同样类比软边距线性 SVM。

7.3 scikit-learn SVM 分类算法实现

7.3.1 算法简单实现

用 sklearn.svm.SVC 对 iris 数据集进行分类，程序如例 7.1 所示。

【例 7.1】

```
import numpy as np
import matplotlib.pyplot as plt
from sklearn import svm, datasets
#% matplotlib inline
#鸢尾花数据
iris = datasets.load_iris()
X = iris.data[:, :2] #为便于绘图，仅选择两个特征
y = iris.target
#测试样本（绘制分类区域）
xlist1 = np.linspace(X[:, 0].min(), X[:, 0].max(), 200)
xlist2 = np.linspace(X[:, 1].min(), X[:, 1].max(), 200)
XGrid1, XGrid2 = np.meshgrid(xlist1, xlist2)
#非线性 SVM: RBF 核，超参数为 0.5，正则化系数为 1，SMO 迭代精度 1e-5, 内存占用 1000MB
svc = svm.SVC(kernel='rbf', C=1, gamma=0.5, tol=1e-5, cache_size=1000).fit(X, y)
#预测并绘制结果
Z = svc.predict(np.vstack([XGrid1.ravel(), XGrid2.ravel()]).T)
Z = Z.reshape(XGrid1.shape)
plt.contourf(XGrid1, XGrid2, Z, cmap=plt.cm.hsv)
plt.contour(XGrid1, XGrid2, Z, colors=('k',))
plt.scatter(X[:, 0], X[:, 1], c=y, edgecolors='k', linewidth=1.5, cmap=plt.cm.hsv)
plt.show()
```

iris 数据集 sklearn.svm.SVC 分类结果如图 7-3 所示。

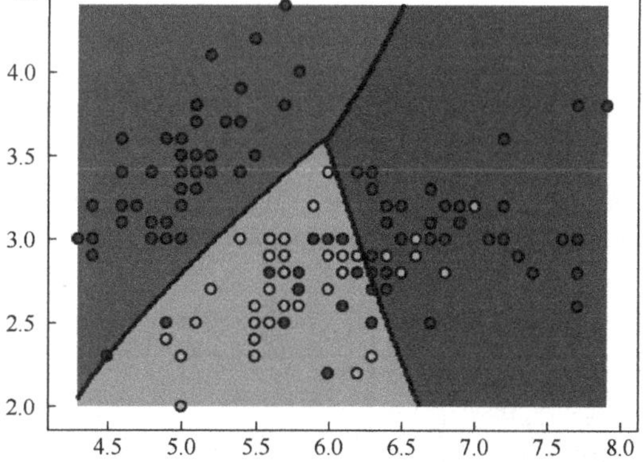

图 7-3 iris 数据集 sklearn.svm.SVC 分类结果

7.3.2 算法的优化

SVM 解决分类问题具有良好的效果，常用的软件包有 libsvm（支持多种核函数）、liblinear。此外 Python 机器学习库 scikit-learn 也有 SVM 相关算法，sklearn.svm.SVC 和 sklearn.svm.LinearSVC 分别由 libsvm 和 liblinear 发展而来。

推荐使用 SVM 的步骤如下：

- 将原始数据转化为 SVM 算法软件或包所能识别的数据格式；
- 将数据标准化（防止样本中不同特征数值大小相差较大影响分类器性能）；
- 不知使用什么核函数，就考虑使用 RBF；
- 利用交叉验证网格搜索法寻找最优参数 C、γ（交叉验证防止过拟合，网格搜索在指定范围内寻找最优参数）；
- 使用最优参数来训练模型；
- 测试。

下面利用 scikit-learn 说明上述步骤，程序如例 7.2 所示。

【例 7.2】

```
from sklearn import datasets
from sklearn.preprocessing import StandardScaler
from sklearn.model_selection import GridSearchCV,train_test_split
from sklearn.svm import SVC
import numpy as np
iris = datasets.load_iris()
X = iris["data"]
y = iris["target"]
print(X[0:5,0:])  #标准化前
scaler = StandardScaler()
X_std = scaler.fit_transform(X)  #标准化
print(X_std[0:5,0:])  #标准化后
X_train, X_test, y_train, y_test = train_test_split(X_std, y, test_size=0.3)
#RBF 核函数，设置数据权重
svc = SVC(kernel='rbf', class_weight='balanced', )
c_range = np.logspace(-5, 15, 11, base=2)
gamma_range = np.logspace(-9, 3, 13, base=2)
#网格搜索交叉验证的参数范围，cv=3，三折交叉
param_grid = [{'kernel': ['rbf'], 'C': c_range, 'gamma': gamma_range}]
grid = GridSearchCV(svc, param_grid, cv=3, n_jobs=-1)
#训练模型
clf = grid.fit(X_train, y_train)
#计算测试集精度
score = grid.score(X_test, y_test)
print('精度为%s' % score)
```

程序运行的结果：

```
[[5.1 3.5 1.4 0.2]
 [4.9 3.  1.4 0.2]
 [4.7 3.2 1.3 0.2]
 [4.6 3.1 1.5 0.2]
 [5.  3.6 1.4 0.2]]
[[-0.90068117  1.01900435 -1.34022653 -1.3154443 ]
 [-1.14301691 -0.13197948 -1.34022653 -1.3154443 ]
 [-1.38535265  0.32841405 -1.39706395 -1.3154443 ]
 [-1.50652052  0.09821729 -1.2833891  -1.3154443 ]
 [-1.02184904  1.24920112 -1.34022653 -1.3154443 ]]
精度为 0.9555555555555556
```

在例 7.2 中对训练数据进行了标准化，以减小不同属性数据范围差异对分类器性能的影响，并采用交叉验证网格搜索法，进行参数寻优。首先为想要调参的参数设定一组候选值，然后网格搜索会穷举参数 C 和 γ 各种取值的组合（详见扩展阅读—网格搜索技巧），根据设定的评分机制找到最好的那一组设置。

下面我们介绍网格搜索类。

```
class sklearn.model_selection.GridSearchCV(estimator,param_grid,scoring=None, fit_params= None,n_jobs=1,iid=True,refit=True,cv=None,verbose=0,pre_dispatch='2*n_jobs',error_score='raise',return_train_score='warn')
```

主要参数如下。

（1）estimator：选择使用的分类器，并且传入除需要确定最佳的参数之外的其他参数。

（2）param_grid：需要最优化的参数的取值，值为字典或者列表。

（3）scoring=None：模型评价标准，默认 None，这时需要使用 score 函数；或者如 scoring='roc_auc'，根据所选模型不同，评价准则不同。字符串（函数名）或是可调用对象，需要其函数签名 scorer(estimator, X, y)；如果是 None，则使用 estimator 的误差估计函数。

（4）n_jobs=1：并行数，-1：跟 CPU 核数一致；1：默认值。

（5）iid=True：默认 True。当为 True 时，默认为各个样本 fold 概率分布一致，误差估计为所有样本之和，而非各个 fold 的平均。

（6）refit=True：程序将会以交叉验证训练集得到的最佳参数，重新对所有可用的训练集与开发集进行训练，作为最终用于性能评估的最佳模型参数。即在搜索参数结束后，用最佳参数结果再次 fit 一遍全部数据集。

（7）cv=None：交叉验证参数，默认 None，使用三折交叉验证。

（8）pre_dispatch='2*n_jobs'：指定总共分发的并行任务数。当 n_jobs 大于 1 时，数据将在每个运行点进行复制，这可能导致 OOM，而设置 pre_dispatch 参数，则可以预先划分总共的 job 数量，使数据最多被复制 pre_dispatch 次。

（9）return_train_score='warn'：如果为 False，则 cv_results_属性将不包括训练分数。

主要属性如下。

cv_results_：将键作为列标题、值作为列的字典，可将其导入 pandas DataFrame 中。

best_estimator_：estimator 型或 dict 型；由搜索选择的估算器，即在左侧数据上给出最高分数（或者如果指定最小损失）的估算器。如果 refit = False，则不可用。

best_params_：dict 型；在保持数据上给出最佳结果的参数设置。对于多度量评估，只有在重新指定的情况下才会出现。

best_score_：float 型；best_estimator 的平均交叉验证分数，对于多度量评估，只有在重新指定的情况下才会出现。

n_splits：整型，交叉验证拆分的数量（折叠/迭代）。

【扩展阅读】

1. 网格搜索技巧

在网格搜索法中寻找最优参数时，如果网格大小设置范围大且步长密集的话难免耗时，但是不这样的话又可能找到的参数不是很好。针对这种情况解决的方法是，先在大范围、大步长的粗糙网格内寻找参数，在找到参数的大致范围后再设置精细步长找寻最优参数。

例如，一开始寻找范围是 $C=2^{-5}, 2^{-3},\cdots, 2^{15}$，$\gamma=2^{-15},2^{-13},\cdots,2^{3}$，由此找到的最优参数是 $(2^{3}, 2^{-5})$；然后设置更小一点的步长，参数范围变为 $C=2^{1}, 2^{1.25},\cdots, 2^{5}$，$\gamma=2^{-7}, 2^{-6.75},\cdots, 2^{-3}$，在这个参数范围再寻找最优参数。

这样即可以避免一开始就使用大范围、小步长而导致分类器进行过多的计算而增加计算时间。

2. scikit-learn 中的 SVM

scikit-learn 中 SVM 的算法库分为两类：一类是分类的算法库，包括 SVC、NuSVC 和 LinearSVC 3 个类；另一类是回归算法库，包括 SVR、NuSVR 和 LinearSVR 3 个类。

对于 SVC、NuSVC 和 LinearSVC 这三个分类的类，SVC 和 NuSVC 差不多，区别仅仅在于对损失的度量方式不同，而 LinearSVC 从名字就可以看出，它是线性分类，也就是不支持各种低维到高维的核函数，仅仅支持线性核函数，对线性不可分的数据不能使用。

同样的，对于 SVR、NuSVR 和 LinearSVR 3 个回归的类，SVR 和 NuSVR 差不多，区别也仅仅在于对损失的度量方式不同。LinearSVR 是线性回归，只能使用线性核函数。

我们使用这些类的时候，如果有经验知道数据是线性可以拟合的，那么使用 LinearSVC 去分类，或者 LinearSVR 去回归，它们不需要我们慢慢地调参，去选择各种核函数及对应参数，速度也快。如果我们对数据分布没有什么经验，一般使用 SVC 去分类或者 SVR 去回归，这就需要我们选择核函数及对核函数调参了。

什么特殊场景需要使用 NuSVC 分类和 NuSVR 回归呢？如果我们对训练集训练的错误率或者说支持向量的百分比有要求的时候，可以选择 NuSVC 分类和 NuSVR 回归。它们用一个参数来控制这个百分比。

下面主要讨论 LinearSVC 与 SVC。

1）svm.LinearSVC

```
class sklearn.svm.LinearSVC(penalty='l2', loss='squared_hinge', dual=True, tol=0.0001, C=1.0, multi_class='ovr', fit_intercept=True, intercept_scaling=1, class_weight=None, verbose=0, random_state=None, max_iter=1000)
```

主要超参数如下。

（1）C：目标函数的惩罚系数 C，用来平衡分类间隔边距和错分样本，default C = 1.0；一般来说，如果噪声点较多时，C 需要小一些。

（2）loss：指定损失函数，有'hinge'和'squared_hinge'两种可选，前者又称 L1 损失，后者称为 L2 损失，默认是'squared_hinge'，其中 hinge 是 SVM 的标准损失，squared_hinge 是 hinge 的平方。

（3）penalty：仅仅对线性拟合有意义，可以选择'l1'（L1 正则化）或者'l2'（L2 正则化）。默认是 L2 正则化，如果我们需要产生稀疏化的系数的时候，可以选 L1 正则化。

（4）dual：选择算法来解决对偶或原始优化问题。如果我们的样本量比特征数多，则此时采用对偶形式计算量较大，推荐 dual 设置为 False，即采用原始形式优化。

（5）tol: default = 1e−3，SVM 结束标准的精度。

（6）multi_class：如果 y 输出类别包含多类，用来确定多类策略，ovr 表示一对多，crammer_singer 优化所有类别的一个共同的目标。crammer_singer 是一种改良版的 ovr，说是改良，但是没有比 ovr 好，一般在应用中都不建议使用。如果选择 crammer_singer，损失、惩罚和优化将会被忽略。ovr 的分类原则是将待分类中的某一类当作正类，其他全部归为负类，通过这样求取得每个类别作为正类时的正确率，取正确率最高的那个类别为正类；crammer_singer 直接针对目标函数设置多个参数值，最后进行优化，得到不同类别的参数值大小。

（7）class_weight：指定样本各类别的权重，主要是为了防止训练集某些类别的样本过多，导致训练的决策过于偏向这些类别。这里可以自己指定各个样本的权重，或者用 balanced，如果使用 balanced，则算法会自己计算权重，样本量少的类别所对应的样本权重会高。当然，如果用户的样本类别分布没有明显的偏倚，则可以不管这个参数，选择默认的 None。

2）svm.SVC

```
class sklearn.svm.SVC(C=1.0, kernel='rbf', degree=3, gamma='auto', coef0=0.0, shrinking= True, probability=False, tol=0.001, cache_size=200, class_weight=None, verbose=False, max_iter= -1, decision_function_shape='ovr', random_state=None)
```

主要超参数如下。

（1）C：同 LinearSVC。

（2）kernel：参数选择有 RBF、Linear、Poly、Sigmoid，默认的是 RBF；Linear 即线性核函数，Poly 即多项式核函数，RBF 即高斯核函数，Sigmoid 即 Sigmoid 核函数。如果选择了这些核函数，对应的核函数参数在后面有单独的参数需要调整。

（3）degree：如果我们在 kernel 参数使用了多项式核函数 Poly，那么我们就需要对这个参数进行调参。这个参数对应 $K(x,z)=(\gamma x\cdot z+r)d$ 中的 d，默认是 3。一般需要通过交叉验证选择一组合适的 γ、r、d。

（4）gamma：核函数的系数（Poly，RBF，Sigmoid），默认是 auto，即 gamma =1/特征维度；如果我们在 kernel 参数使用了多项式核函数 Poly、高斯核函数 RBF 或者 Sigmoid 核函数，那么我们就需要对这个参数进行调参。多项式核函数 Poly 中这个参数对应 $K(x,z)=(\gamma x\cdot z+r)d$ 中的 γ：高斯核函数 RBF 中这个参数对应 $K(x,z)=\exp(-\gamma||x-z||2)$中的 γ，Sigmoid 核函数中这个参数对应 $K(x,z)=\tanh(\gamma x\cdot z+r)$中的 γ。

（5）coef0：核函数中的独立项，Sigmoid 和 Poly 有效；coef0 默认为 0。如果我们在 kernel 参数使用了多项式核函数 Poly 或者 Sigmoid 核函数，那么就需要对这个参数进行调参。多项式核函数 Poly 中这个参数对应 $K(x,z)=(\gamma x\cdot z+r)d$ 中的 r；Sigmoid 核函数中这个参数对应 $K(x,z)=\tanh(\gamma x\cdot z+r)$中的 r。

（6）tol：dcfault = 1c−3，SVM 结束标准的精度。

（7）cache_size：制定训练所需要的内存（以 MB 为单位），在大样本的时候，缓存大小会影响训练速度，因此如果机器内存大，推荐用 500MB 甚至 1000MB。默认是 200，即 200MB。

（8）class_weight：同 LinearSVC。

（9）max_iter：最大迭代次数，默认 default = 1，如果设置−1 表示不受限制。

（10）decision_function_shape：ovo 为一对一；ovr 为一对多；default=None。

（11）random_state：用于概率估计的数据重排时的伪随机数生成器的种子。

3）调参建议

一般推荐在训练之前对数据进行归一化，当然测试集中的数据也需要归一化。

在特征数非常多的情况下，或者样本数远小于特征数的时候，使用线性核，效果已经很好，并且只需要选择惩罚系数 C 即可。

在选择核函数时，如果线性拟合不好，一般推荐使用默认的高斯核函数 RBF。这时我们主要需要对惩罚系数 C 和核函数参数 γ 进行调参，通过多轮的交叉验证选择合适的惩罚系数 C 和核函数参数 γ。

理论上高斯核函数不会比线性核函数差，但是这个理论却建立在要花费更多的时间来调参。所以实际上能用线性核函数解决的问题我们尽量使用线性核函数。

degree 越大，分类器越灵活，而太大也会出现过拟合。

习　题

一、填空题

1. 支持向量机是一类按监督学习方式对数据进行二元分类的广义线性分类器，其决策边界是对学习样本求解的（　　　）。

2. SVM 使用（　　　）损失函数计算经验风险，并在求解系统中加入了（　　　）以优化结构风险，是一个具有稀疏性和稳健性的分类器。

3. SVM 可以通过（　　　）进行非线性分类，是常见的核学习方法之一。

4. 按统计学习理论，分类器在经过学习并应用于新数据时会产生风险，风险的类型可分为经验风险和结构风险，经验风险由（　　　）定义，描述了分类器所给出的分类结果的准确程度；结构风险由（　　　）定义，描述了分类器自身的复杂程度及稳定程度。

5. 若一个分类器通过最小化经验风险和结构风险的线性组合以确定其模型参数，则对该分类器的求解是一个（　　　）问题。

二、编程题

在例 7.2 的基础上，对网格搜索法采用变步长方法搜索最优参数。例如，一开始寻找范围是 $C=2^{-5}, 2^{-3},\cdots, 2^{15}$，$\gamma=2^{-15},2^{-13},\cdots,2^{3}$，由此找到的最优参数是$(2^{3}, 2^{-5})$；然后设置更小一点的步长，参数范围变为 $C=2^{1}, 2^{1.25},\cdots, 2^{5}$，$\gamma = 2^{-7}, 2^{-6.75},\cdots, 2^{-3}$，在这个参数范围再寻找最优参数。

参考文献

[1] changingeveryday. 网格搜索 GridSearchCV 参数详细解析[EB/OL]. 2018.

[2] Andrew. How to select kernel for SVM?[EB/OL]. 2012.

[3] 羲乎嗯. scikit-learn SVM 基本使用[EB/OL]. 2019.

第 8 章

神经网络

8.1 神经网络概述

人工神经网络（Artificial Neural Networks，ANNs）简称为神经网络（NNs），是一种应用类似于大脑神经突触连接的结构进行信息处理的数学模型，其结构由具有适应性的简单单元组成，这些简单单元按照生物学的名称将其称为神经元模型。

8.1.1 神经元模型

在生物神经网络中，每个神经元与其他神经元相连，当它“兴奋”时，就会向相连的神经元发送化学物质，从而改变这些神经元内的电位；如果某神经元的电位超过了一个阈值，那么它就会被激活，即“兴奋”起来，向其他神经元发送化学物质。人脑神经元结构如图 8-1 所示。

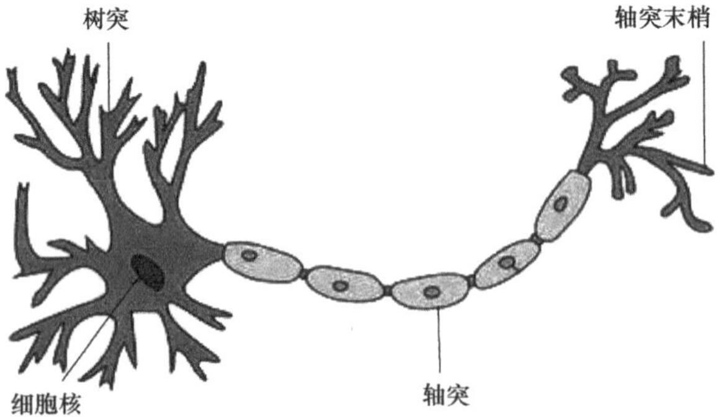

图 8-1 人脑神经元结构

1943 年，McCulloch 和 Pitts 将上述情形抽象为图 8-2 所示的神经元模型，这就是一直沿用至今的 MP 神经元模型。神经元接收来自 n 个其他神经元传递过来的输入信号 a，这些输入信号通过带权重 w 的连接（connection）进行传递。

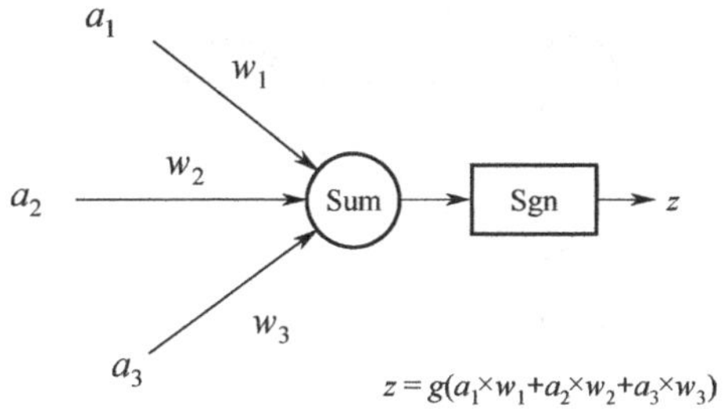

图 8-2 神经元模型

因此，输出 z 是在输入和权值的线性加权和之上叠加了一个函数 g 的值。在 MP 模型里，函数 g 是 Sgn 函数，也就是阶跃函数。这个函数当输入大于 0 时，输出 1，否则输出 0。

理想中的激活函数是图 8-3（a）所示的阶跃函数，它将输入值映射为输出值 0 或 1（1 对应神经元兴奋，0 对应神经元抑制）。然而，阶跃函数具有不连续、不光滑等“不太好”的性质，因此实际常用 Sigmoid 函数（形似 S 的函数）作为激活函数，如图 8-3（b）所示，把可能在较大范围内变化的输入值挤压到(0,1)输出值范围内，因此有时也称为“挤压函数”(squashing function)。

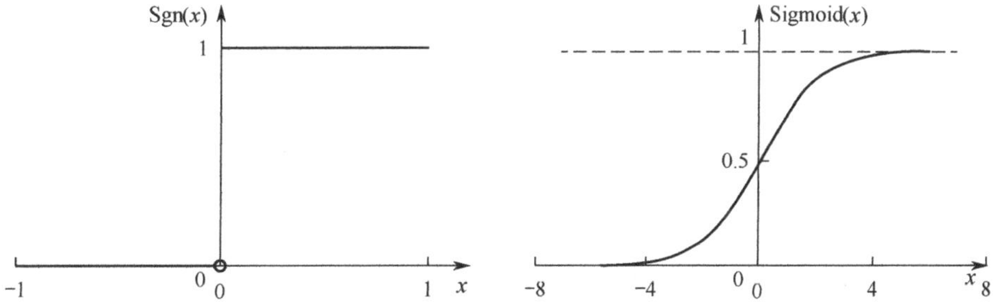

（a）阶跃函数

（b）Sigmoid函数

图 8-3 典型的神经元激活函数

8.1.2 感知机

感知机（Perceptron）是 Frank Rosenblatt 在 1957 年就职于 Cornell 航空实验室（Cornell Aeronautical Laboratory）时所发明的一种人工神经网络，它可以被视为一种最简单的前馈神经网络，是一种二元线性分类模型，其输入为实例的特征向量，输出为实例的类别，取+1 和−1，感知机模型如图 8-4 所示。感知机是神经网络的雏形，同时也是支持向量机的基础，感知机对应于输入空间（特征空间）中将实例划分为正负两类的分离超平面，属于判别模型。感知机学习旨在求出将训练数据进行线性划分的分离超平面。

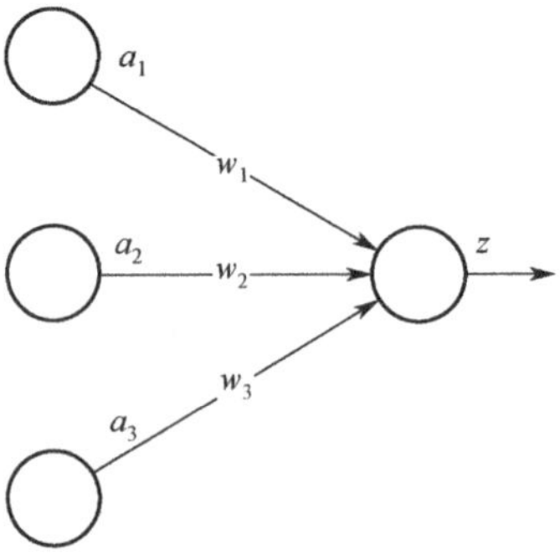

图 8-4　感知机模型

在人工神经网络领域中，感知机也被指为单层的人工神经网络，以区别于较复杂的多层感知机（Multilayer Perceptron）。作为一种线性分类器，（单层）感知机可以说是最简单的前向人工神经网络形式。尽管其结构简单，感知机能够学习并解决相当复杂的问题。感知机的本质缺陷是它不能处理线性不可分问题。

对于输出的目标不是一个值，而是一个向量的问题，如[2,3]，可以在输出层再增加一个“输出单元”。图 8-5 显示了带有两个输出单元的单层神经网络，其中输出单元 z_1、z_2 的计算公式为

$$z_1 = g(a_1 \times w_{1,1} + a_2 \times w_{1,2} + a_3 \times w_{1,3})$$
$$z_2 = g(a_1 \times w_{2,1} + a_2 \times w_{2,2} + a_3 \times w_{2,3})$$

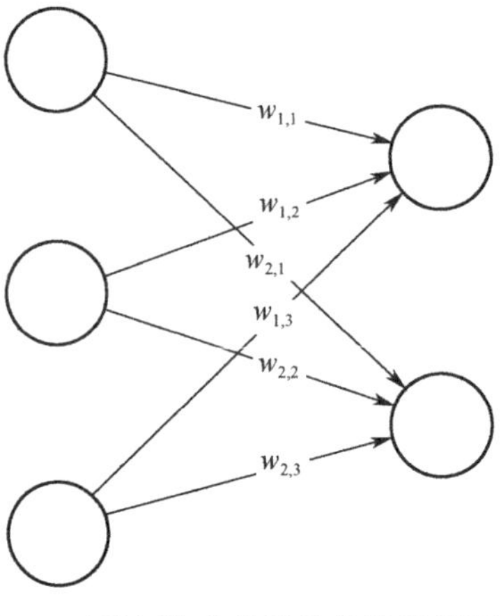

图 8-5　两个输出单元的单层神经网络

如果我们仔细看输出的计算公式，会发现这两个公式可以用矩阵乘法来表达。例如，输入的变量是向量 $\boldsymbol{a}=[a_1, a_2, a_3]^{\mathrm{T}}$，方程的左边是向量 $\boldsymbol{z}=[z_1, z_2]^{\mathrm{T}}$，系数则是矩阵 $\boldsymbol{w}$（2 行 3 列的矩阵）。

于是，输出公式可以改写成：$\boldsymbol{z}=g(\boldsymbol{w}\times\boldsymbol{a})$。

这个公式就是神经网络中从前一层计算后一层的矩阵运算公式。

8.1.3　神经网络

把许多神经元按一定的层次结构连接起来，就可以得到神经网络。事实上，从计算机

科学的角度看，我们可以先不考虑神经网络是否真的模拟了生物神经网络，只需要将一个神经网络视为包含了许多参数的数学模型，这个模型是若干个函数嵌套代入而得的。有效的神经网络学习算法大多以数学证明为支撑。

假设我们的预测目标是一个向量，那么与前面类似，只需要在“输出层”再增加节点即可。

我们使用向量和矩阵来表示层次中的变量。如图 8-6 所示，$\boldsymbol{a}^{(1)}$（3×1），$\boldsymbol{a}^{(2)}$（2×1），$\boldsymbol{z}$（2×1）是网络中传输的向量数据。$\boldsymbol{w}^{(1)}$（2×3）和 $\boldsymbol{w}^{(2)}$（2×2）是网络的矩阵参数。

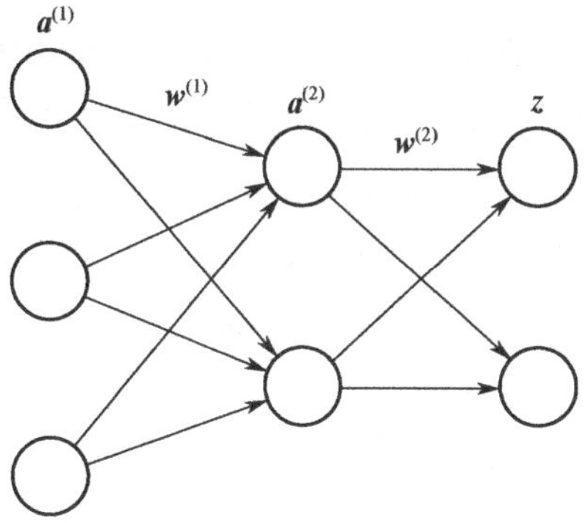

图 8-6　输出为向量的简单神经网络

使用矩阵运算来表达输出的计算公式如下：

$$\boldsymbol{a}^{(2)}=g(\boldsymbol{w}^{(1)}\times\boldsymbol{a}^{(1)})$$

$$\boldsymbol{z}=g(\boldsymbol{w}^{(2)}\times\boldsymbol{a}^{(2)})$$

需要说明的是，至今为止，我们对神经网络结构图的讨论都没有提到偏置节点（bias unit）。在神经网络的每个层次中，除了输出层，都会含有一个偏置单元。偏置单元与后一层的所有节点都有连接，我们设这些参数值为向量 $\boldsymbol{b}$，称之为偏置，如图 8-7 所示。

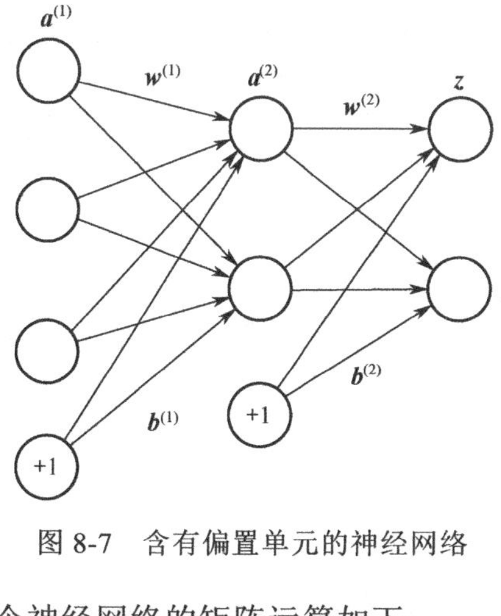

图 8-7　含有偏置单元的神经网络

在考虑了偏置以后的一个神经网络的矩阵运算如下：

$$\boldsymbol{a}^{(2)}=g(\boldsymbol{w}^{(1)}\times\boldsymbol{a}^{(1)}+\boldsymbol{b}^{(1)})$$

$$z=g(w^{(2)}\times a^{(2)}+b^{(2)})$$

事实上，神经网络的本质就是通过参数与激活函数来拟合特征与目标之间的真实函数关系的。

8.1.4 梯度下降法与反向传播

1. 梯度下降法

梯度下降法是一种常用的迭代方法，其目的是让输入向量找到一个合适的迭代方向，使得输出值能达到局部最小值。在机器学习中，我们把损失函数视为以参数向量为输入的函数，找到其梯度下降的方向并进行迭代，就能找到最优的参数值，如图 8-8 所示。

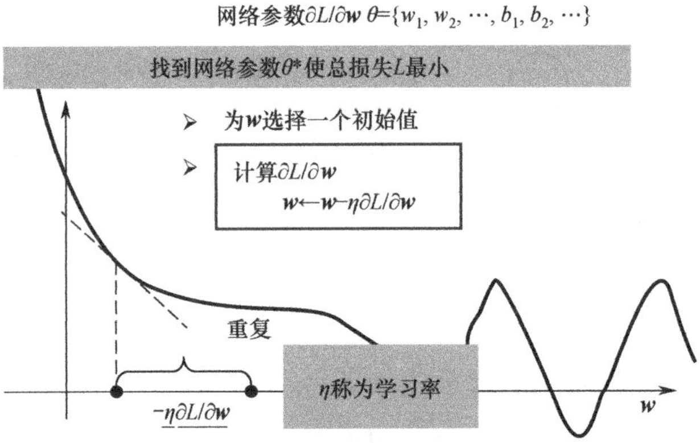

图 8-8　梯度下降法

2. 反向传播

首先通过一个例子来理解反向传播，假设有一个如图 8-9 所示网络：第一层是输入层，包含两个神经元 i_1、i_2 和偏置项 b_1；第二层是隐含层（除输入层和输出层以外的各层），包含两个神经元 h_1、h_2 和偏置项 b_2；第三层是输出 o_1、o_2，每条线上标注的 w_i 是层与层之间连接的权重，激活函数我们默认为是 Sigmoid 函数。

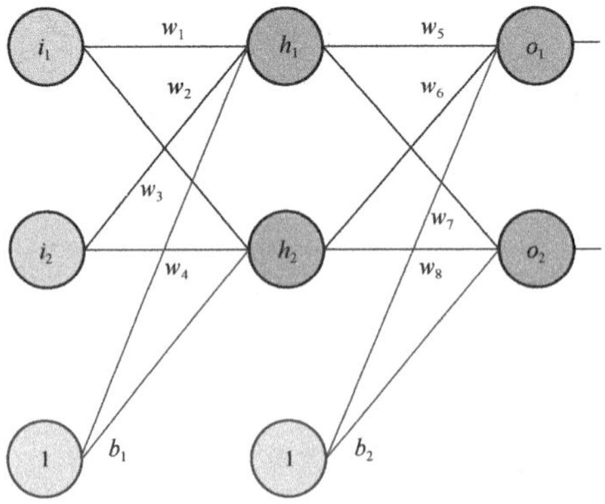

图 8-9　含有一个隐含层的神经网络

其中：

输入数据 $i_1=0.05$，$i_2=0.10$

输出数据 $o_1=0.01$，$o_2=0.99$

初始权重 $w_1=0.15$，$w_2=0.20$，$w_3=0.25$，$w_4=0.30$

$w_5=0.40$，$w_6=0.45$，$w_7=0.50$，$w_8=0.55$

偏置 $b_1=0.35$，$b_2=0.60$

目标：给出输入数据 i_1、i_2（0.05 和 0.10），使输出尽可能与原始输出 o_1、o_2（0.01 和 0.99）接近。

方法如下。

第 1 步是前向传播。

1）输入层→隐含层

计算神经元 h_1 的输入加权和：

$$\text{net}_{h_1}=w_1\times i_1+w_2\times i_2+b_1\times 1$$

$$\text{net}_{h_1}=0.15\times 0.05+0.2\times 0.1+0.35\times 1=0.3775$$

神经元 h_1 的输出 Out_{h_1}：（此处用到激活函数为 Sigmoid 函数）：

$$\text{out}_{h_1}=\frac{1}{1+\text{e}^{-\text{net}}h_1}=\frac{1}{1+\text{e}^{-0.3775}}=0.593269992$$

同理，可计算出神经元 h_2 的输出 out_{h_2}：

$$\text{out}_{h_2}=0.596884378$$

2）隐含层→输出层

计算输出层神经元 o_1 和 o_2 的值：

$$\text{net}_{o_1}=w_5\times\text{out}_{h_1}+w_6\times\text{out}_{h_2}+b_2\times 1$$

$$\text{net}_{o_1}=0.4\times 0.593269992+0.45\times 0.596884378+0.6\times 1=1.105905967$$

$$\text{out}_{o_1}=\frac{1}{1+\text{e}^{-\text{net}}o_1}=\frac{1}{1+\text{e}^{-1.105905967}}=0.75136507$$

同理，

$$\text{out}_{o_2}=0.772928465$$

这样前向传播的过程就结束了，我们得到输出值为[0.75136507,0.772928465]，与实际值[0.01 , 0.99]相差还很远。对误差进行反向传播，更新权值，重新计算输出。

第 2 步是反向传播。

1）计算总误差

总误差（square error）：

$$E_{\text{total}}=\sum\frac{1}{2}(\text{target}-\text{out})^2$$

但是有两个输出，所以分别计算 o_1和o_2 的误差，总误差为两者之和：

$$E_{o_1}=\frac{1}{2}(\text{target}_{o_1}-\text{out}_{o_1})^2=\frac{1}{2}(0.01-0.75136507)^2=0.274811083$$

$$E_{o_2}=0.023560026$$

$$E_{\text{total}}=E_{o1}+E_{o2}=0.274811083+0.023560026=0.298371109$$

2）隐含层→输出层的权值更新

以权重参数 w_5 为例，如果想知道 w_5 对整体误差产生了多少影响，可以用整体误差对 w_5 求偏导（链式法则）：

$$\frac{\partial E_{\text{total}}}{\partial w_5}=\frac{\partial E_{\text{total}}}{\partial\,\text{out}_{o_1}}\times\frac{\partial\,\text{out}_{o_1}}{\partial\,\text{net}_{o_1}}\times\frac{\partial\,\text{net}_{o_1}}{\partial w_5}$$

下面的图 8-10 可以更直观地看清楚误差是怎样反向传播的。

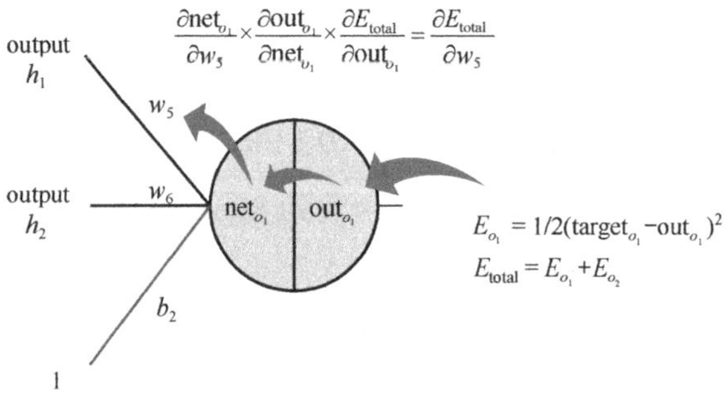

图 8-10　权重 w_5 误差反向传播计算

现在分别计算每个式子的值。

计算 $\frac{\partial E_{\text{total}}}{\partial\,\text{out}_{o_1}}$：

$$E_{\text{total}}=\frac{1}{2}(\text{target}_{o_1}-\text{out}_{o_1})^2+\frac{1}{2}(\text{target}_{o_2}-\text{out}_{o_2})^2$$

$$\frac{\partial E_{\text{total}}}{\partial\,\text{out}_{o_1}}=2\times\frac{1}{2}(\text{target}_{o_1}-\text{out}_{o_1})^{2-1}\times(-1)+0$$

$$=-(\text{target}_{o_1}-\text{out}_{o_1})=-(0.01-0.75136507)=0.74136507$$

计算 $\frac{\partial\,\text{out}_{o_1}}{\partial\,\text{net}_{o_1}}$：

$$\text{out}_{o_1}=\frac{1}{1+\text{e}^{-\text{net}_{o_1}}}$$

$$\frac{\partial\,\text{out}_{o_1}}{\partial\,\text{net}_{o_1}}=\text{out}_{o_1}(1-\text{out}_{o_1})=0.75136507\times(1-0.75136507)=0.186815601$$

（这一步实际上就是对 Sigmoid 函数求导，比较简单，可以自行推导）

计算 $\frac{\partial \text{net}_{o_1}}{\partial w_5}$：

$$\text{net}_{o_1} = w_5 \times \text{out}_{h_1} + w_6 \times \text{out}_{h_2} + b_2 \times 1$$

$$\frac{\partial \text{net}_{o_1}}{\partial w_5} = 1 \times \text{out}_{h_1} \times w_5^{(1-1)} + 0 + 0 = \text{out}_{h_1} = 0.593269992$$

最后三者相乘：

$$\frac{\partial E_{\text{total}}}{\partial w_5} = \frac{\partial E_{\text{total}}}{\partial \text{out}_{o_1}} \times \frac{\partial \text{out}_{o1}}{\partial \text{net}_{o_1}} \times \frac{\partial \text{net}_{o_1}}{\partial w_5}$$

$$\frac{\partial E_{\text{total}}}{\partial w_5} = 0.74136507 \times 0.186815602 \times 0.593269992 = 0.082167041$$

这样就计算出整体误差 $E(\text{total})$ 对 w_5 的偏导值。

回过头来再看看上面的公式，会发现：

$$\frac{\partial E_{\text{total}}}{\partial w_5} = -(\text{target}_{o_1} - \text{out}_{o_1}) \times \text{out}_{o_1} \times (1 - \text{out}_{o_1}) \times \text{out}_{h_1}$$

为了表达方便，用 δ_{o_1} 来表示输出层的误差：

$$\delta_{o_1} = \frac{\partial E_{\text{total}}}{\partial \text{out}_{o_1}} \times \frac{\partial \text{out}_{o_1}}{\partial \text{net}_{o_1}} = \frac{\partial E_{\text{total}}}{\partial \text{net}_{o_1}}$$

$$\delta_{o_1} = -(\text{target}_{o_1} - \text{out}_{o_1}) \times \text{out}_{o_1} (1 - \text{out}_{o_1})$$

因此，整体误差 $\frac{\partial E_{\text{total}}}{\partial \text{out}_{h_1}}$ 对 w_5 的偏导公式可以写成：

$$\frac{\partial E_{\text{total}}}{\partial w_5} = \delta_{o_1} \text{out}_{h_1}$$

如果输出层误差计为负的话，也可以写成：

$$\frac{\partial E_{\text{total}}}{\partial w_5} = -\delta_{o_1} \text{out}_{h_1}$$

最后用梯度下降法来更新 w_5 的权值：

$$w_5^{+} = w_5 - \eta \times \frac{\partial E_{\text{total}}}{\partial w_5} = 0.4 - 0.5 \times 0.082167041 = 0.35891648$$

其中，η 为学习率，这里取 0.5。

同理，可更新 w_6、w_7、w_8 的权值：

$$w_6^{+} = 0.408666186$$

$$w_7^{+} = 0.511301270$$

$$w_8^{+} = 0.561370121$$

3）隐含层→隐含层的权值更新

方法其实与上面的差不多，但是有个地方需要变一下，在上文计算总误差对 w_5 的偏导时，从 $\text{out}_{o_1} \to \text{net}_{o_1} \to w_5$，但是在隐含层之间的权值更新时，从 $\text{out}_{h_1} \to \text{net}_{h_1} \to w_1$，而 out_{h_1}

会接收 E_{o_1} 和 E_{o_2} 两个地方传来的误差，所以这两个都要计算，如图 8-11 所示。

$$\frac{\partial E_{total}}{\partial w_1}=\frac{\partial E_{total}}{\partial out_{h_1}}\times\frac{\partial out_{h_1}}{\partial net_{h_1}}\times\frac{\partial net_{h1}}{\partial w_1}$$

$$\downarrow$$

$$\frac{\partial E_{total}}{\partial out_{h_1}}=\frac{\partial E_{o_1}}{\partial out_{h_1}}+\frac{\partial E_{o_2}}{\partial out_{h_1}}$$

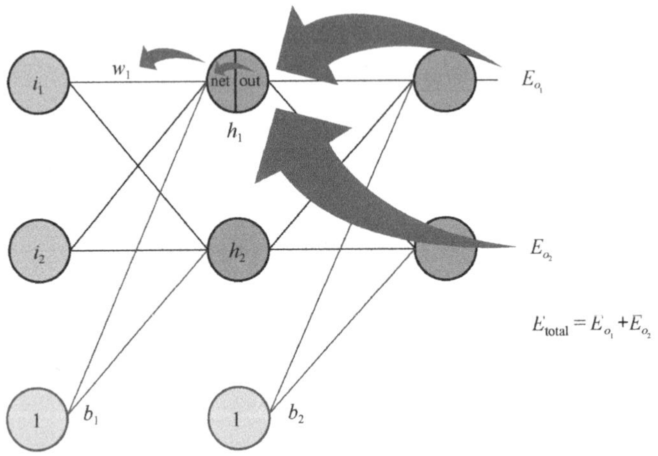

图 8-11　隐含层权重误差反向传播计算

计算 $\frac{\partial E_{total}}{\partial out_{h_1}}$：

$$\frac{\partial E_{total}}{\partial out_{h_1}}=\frac{\partial E_{o_1}}{\partial out_{h_1}}+\frac{\partial E_{o_2}}{\partial out_{h_1}}$$

先计算 $\frac{\partial E_{o1}}{\partial out_{h_1}}$：

$$\frac{\partial E_{o_1}}{\partial out_{h_1}}=\frac{\partial E_{o_1}}{\partial net_{o_1}}\times\frac{\partial net_{o_1}}{\partial out_{h_1}}$$

$$\frac{\partial E_{o_1}}{\partial net_{o_1}}=\frac{\partial E_{o_1}}{\partial out_{o_1}}\times\frac{\partial out_{o_1}}{\partial net_{o_1}}=0.74136507\times0.186815602=0.138498561$$

$$net_{o_1}=w_5\times out_{h_1}+w_6\times out_{h_2}+b_2\times1$$

$$\frac{\partial net_{o_1}}{\partial out_{h_1}}=w_5=0.40$$

$$\frac{\partial E_{o_1}}{\partial out_{h_1}}=\frac{\partial E_{o_1}}{\partial net_{o_1}}\times\frac{\partial net_{o_1}}{\partial out_{h_1}}=0.138498561\times0.40=0.055399424$$

同理，计算：

$$\frac{\partial E_{o_2}}{\partial out_{h_1}}=-0.019049119$$

两者相加得到总值：

$$\frac{\partial E_{\text{total}}}{\partial \text{out}_{h_1}}=\frac{\partial E_{o_1}}{\partial \text{out}_{h_1}}+\frac{\partial E_{o_2}}{\partial \text{out}_{h_1}}=0.055399424+(-0.019049119)=0.036350305$$

再计算 $\frac{\partial \text{out}_{h_1}}{\partial \text{net}_{h_1}}$：

$$\text{out}_{h_1}=\frac{1}{1+\mathrm{e}^{-\text{net}}h_1}$$

$$\frac{\partial \text{out}_{h_1}}{\partial \text{net}_{h_1}}=\text{out}_{h_1}\times(1-\text{out}_{h_1})=0.59326999\times(1-0.59326999)=0.241300709$$

再计算 $\frac{\partial \text{net}_{h_1}}{\partial w_1}$：

$$\text{net}_{h_1}=w_1\times i_1+w_2\times i_2+b_1\times 1$$

$$\frac{\partial \text{net}_{h_1}}{\partial w_1}=i_1=0.05$$

最后，三者相乘：

$$\frac{\partial E_{\text{total}}}{\partial w_1}=\frac{\partial E_{\text{total}}}{\partial \text{out}_{h_1}}\times\frac{\partial \text{out}_{h_1}}{\partial \text{net}_{h_1}}\times\frac{\partial \text{net}_{h_1}}{\partial w_1}$$

$$\frac{\partial E_{\text{total}}}{\partial w_1}=0.036350305\times0.241300709\times0.05=0.000438568$$

为了简化公式，用 sigma(h_1)表示隐含层单元 h_1 的误差：

$$\frac{\partial E_{\text{total}}}{\partial w_1}=\left(\sum_o\frac{\partial E_{\text{total}}}{\partial \text{out}_o}\times\frac{\partial \text{out}_o}{\partial \text{net}_o}\times\frac{\partial \text{net}_o}{\partial \text{out}_{h_1}}\right)\times\frac{\partial \text{out}_{h_1}}{\partial \text{net}_{h_1}}\times\frac{\partial \text{net}_{h_1}}{\partial w_1}$$

$$\frac{\partial E_{\text{total}}}{\partial w_1}=\left(\sum_o\delta_o\times w_1\right)\times\text{out}_{h_1}\times(1-\text{out}_{h_1})\times i_1$$

$$\frac{\partial E_{\text{total}}}{\partial w_1}=\delta_{h_1}i_1$$

最后，更新 w_1 的权值：

$$w_1^+=w_1-\eta\times\frac{\partial E_{\text{total}}}{\partial w_1}=0.15-0.5\times0.000438568=0.149780716$$

同理，可更新 w_2、w_3、w_4 的权值：

$$w_2^+=0.19956143$$

$$w_3^+=0.24975114$$

$$w_4^+=0.29950229$$

这样误差反向传播法就完成了。不断重复第 1 步和第 2 步，总误差将逐渐减小。在这个例子中第一次迭代之后，总误差 E_{total} 由 0.298371109 下降至 0.291027924。迭代 10000 次后，总误差为 0.000035085，输出为[0.015912196,0.984065734]（目标输出为[0.01,0.99]），证明效果还是不错的。

8.2 scikit-learn 神经网络分类算法实现

本节以 scikit-learn 提供的手写数字数据集（digits）为例，介绍采用神经网络分类方法的实现。

手写数字数据集（digits）是从 1797 张 8 像素×8 像素灰度图片（见图 8-12）中提取出的数字特征及一个[0,9]整数的标签。分成两个部分，其中 digits.data 是手写数字特征向量数据集，每一个元素都是一个 64 维的特征向量。digits.target 是特征向量对应的标记，每一个元素都是 0~9 的数字。

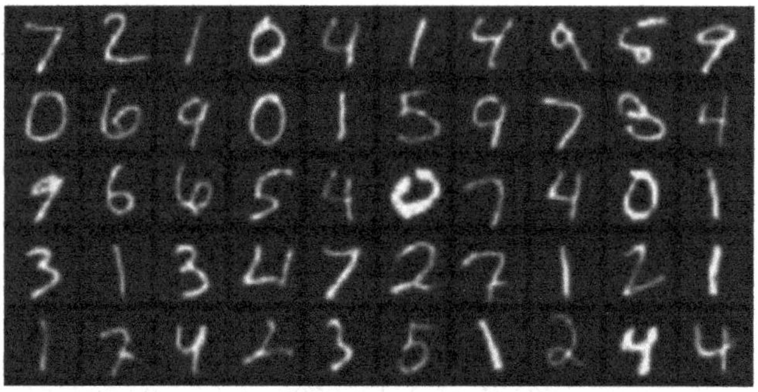

图 8-12 digits 数据集原数字图片（部分）

这个数据集中并没有图片，都是经过对图片提取得到的手写数字特征和标记，这样就免去了我们自己提取数据的麻烦，但是在实际的应用中是需要我们对图片中的数据进行提取的。可以采用 PIL 包中的 Image 类轻松实现，具体代码可以参考本节【扩展阅读】。

在 scikit-learn 库中提供了 MLPClassifier 类，用于实现神经网络分类，实现代码如例 8.1 所示。

【例 8.1】

```
from sklearn.datasets import load_digits
from sklearn.model_selection import train_test_split
from sklearn.neural_network import MLPClassifier
from sklearn.preprocessing import StandardScaler
digits = load_digits()
X = digits.data
y = digits.target
scaler = StandardScaler() #标准化转换 0-1
scaler.fit(X)  #训练标准化对象
X = scaler.transform(X)    #转换数据集
X_train, X_test, y_train, y_test = train_test_split(X, y,test_size=0.2)
#设置神经网络模型参数
mlp = MLPClassifier(solver='sgd', activation='relu',alpha=1e-4,hidden_layer_sizes=(50), random_
```

```
state=1,max_iter=100,verbose=True,learning_rate_init=.1)
        #训练模型
        mlp.fit(X_train, y_train)
        #查看模型结果
        print('score:',mlp.score(X_test,y_test))
        print('n_layers_:',mlp.n_layers_)
        print('n_iter_:',mlp.n_iter_)
        print('loss_:',mlp.loss_)
        print('out_activation_:',mlp.out_activation_)
```

程序运行结果如下：

```
Iteration 1, loss = 1.64084903
Iteration 2, loss = 0.35238801
Iteration 3, loss = 0.16196562
...
Iteration 53, loss = 0.00260727
Iteration 54, loss = 0.00255773
Iteration 55, loss = 0.00249914
Training loss did not improve more than tol=0.000100 for 10 consecutive epochs. Stopping.
score: 0.9833333333333333
n_layers_: 3
n_iter_: 55
loss_: 0.002499139295952592
out_activation_: softmax
```

例 8.1 中使用了 sklearn.neural_network 中 MLPClassifier 类，下面介绍其主要参数、属性及方法。

主要参数如下。

（1）hidden_layer_sizes：如 hidden_layer_sizes=(50,50)，表示有两层隐含层，第一层隐含层有 50 个神经元，第二层隐含层也有 50 个神经元。

（2）activation：激活函数，{'identity','logistic','tanh','relu'}，默认 relu。

- identity：$f(x) = x$；

- logistic：其实就是 Sigmod，$f(x) = 1 / (1 + \exp(-x))$；

- tanh：$f(x) = \tanh(x)$；

- relu：$f(x) = \max(0, x)$。

（3）solver：{'lbfgs','sgd','adam'}，默认为 adam，用来优化权重。

- lbfgs：quasi-Newton 方法的优化器；

- sgd：随机梯度下降；

- adam：Kingma、Diederik and Jimmy Ba 提出的基于随机梯度的优化器。

注意：默认 solver='adam'在相对较大的数据集上效果比较好（几千个样本或者更多），对小数据集来说，lbfgs 收敛更快、效果也更好。

（4）alpha ：float 型，可选，默认为 0.0001，正则项系数。

（5）batch_size：int 型，可选，默认为'auto'，随机优化的 minibatch 的大小 batch_size=min(200,n_samples)，如果 solver 是'lbfgs'，分类器将不使用 minibatch。

（6）learning_rate ：学习率，用于权重更新，只有当 solver 为'sgd'时才使用该参数，{'constant', 'invscaling','adaptive'}，默认为 constant。

- 'constant'：有'learning_rate_init'给定的恒定学习率；

- 'invscaling'：随着时间 t 使用'power_t'的逆标度指数不断降低学习率 learning_rate_，effective_learning_rate = learning_rate_init / pow(t, power_t)；

- 'adaptive'：只要训练损耗在下降，就保持学习率'learning_rate_init'不变，当连续两次不能降低训练损耗或验证分数停止升高少于 tol 时，将当前学习率除以 5。

（7）power_t：double 型，可选，默认为 0.5，只有当 solver='sgd'时才使用该参数，是逆扩展学习率的指数。当 learning_rate='invscaling'时，用来更新有效学习率。

（8）max_iter：int 型，可选，默认为 200，最大迭代次数。

（9）random_state：int 型或 RandomState 型，可选，默认为 None，随机数生成器的状态或种子。

（10）shuffle：布尔型，可选，默认为 True，只有当 solver='sgd'或者'adam'时使用，判断是否在每次迭代时对样本进行清洗。

（11）tol：float 型，可选，默认为 1e-4，优化的容忍度。

（12）learning_rate_int：double 型，可选，默认为 0.001，初始学习率，控制更新权重的补偿，只有当 solver='sgd' 或'adam'时使用。

（13）verbose：布尔型，可选，默认为 False，是否将过程打印到 stdout。

（14）warm_start：布尔型，可选，默认为 False，当将其设置成 True 时，使用之前的解决方法作为初始拟合，否则释放之前的解决方法。

（15）momentum：float 型，默认为 0.9，动量梯度下降更新，设置的范围应该为 0.0~1.0，只有当 solver='sgd'时才使用该参数。

（16）nesterovs_momentum：布尔型，默认为 True，是否使用 nesterov's momentum。只有当 solver='sgd'并且 momentum > 0 时，才使用该参数。

（17）early_stopping：布尔型，默认为 False，只有当 solver='sgd'或者'adam'时才有效，判断当验证效果不再改善的时候是否终止训练，当为 True 时，自动选出 10%的训练数据用于验证并在两步连续迭代改善低于 tol 时终止训练。

（18）validation_fraction：float 型，可选，默认为 0.1，用作早期停止验证的预留训练数据集的比例，在 0~1 时，只当 early_stopping=True 时才有用。

（19）beta_1：float 型，可选，默认为 0.9，只有当 solver='adam'时才使用，估计一阶矩向量的指数衰减速率，范围为[0,1)。

（20）beta_2：float 型，可选，默认为 0.999，只有当 solver='adam'时才使用，估计二阶矩向量的指数衰减速率[0,1)。

（21）epsilon：float 型，可选，默认为 1e-8，只有当 solver='adam'时才使用数值稳定值。

（22）n_iter_no_change：默认为 None，表示不会提前终止训练。当该参数为 int 型时，表示验证集的评分在多轮迭代中没有提高，则停止训练。

主要属性如下。

- classes_：每个输出的类标签；
- loss_：损失函数计算出来的当前损失值；
- coefs_：列表中的第 *i* 个元素表示 *i* 层的权重矩阵；
- intercepts_：列表中第 *i* 个元素代表 *i*+1 层的偏差向量；
- n_iter_：迭代次数；
- n_layers_：层数；
- n_outputs_：输出的个数；
- out_activation_：输出激活函数的名称。

主要方法如下。

fit(X,y)：拟合；

get_params([deep])：获取参数；

predict(X)：使用 MLP 进行预测；

predic_log_proba(X)：返回对数概率估计；

predic_proba(X)：概率估计；

score(X,y[,sample_weight])：返回给定测试数据和标签上的平均准确度；

set_params(**params)：设置参数。

【扩展阅读】

图片特征提取

机器学习算法在对图像进行处理时往往需要将图片数字特征转化为一维特征向量，例 8.2 代码简单演示了转换过程。

【例 8.2】

```
from PIL import Image
import numpy as np
#打开一张图片
img = Image.open("image/77.jpg")
#图片灰度化
img = img.convert("L")
#显示图片
img.show()
#将图片转换为二维数组形式，元素为其像素的亮度值
arr = np.asarray(img)
print(arr)
#将二维数组转换为一维向量形式
arr = arr .reshape(arr .shape[0]*arr .shape[1])
print(arr)
```

习　　题

一、计算题

由单神经元构成的感知机网络如下图所示，已知 $x_0=1$，$w_0=-1$，$w_1=w_2=w_3=w_4=0.5$，假设神经元的激活函数为符号函数，即 $y=\begin{cases}1\text{ ,} & S\geqslant 0\\ -1\text{,} & S<0\end{cases}$。若该网络输入端有 10 种不同的输入模式，即 x_1，x_2，x_3，x_4=0000~1001，则分析该感知机网络对以上输入的分类结果。

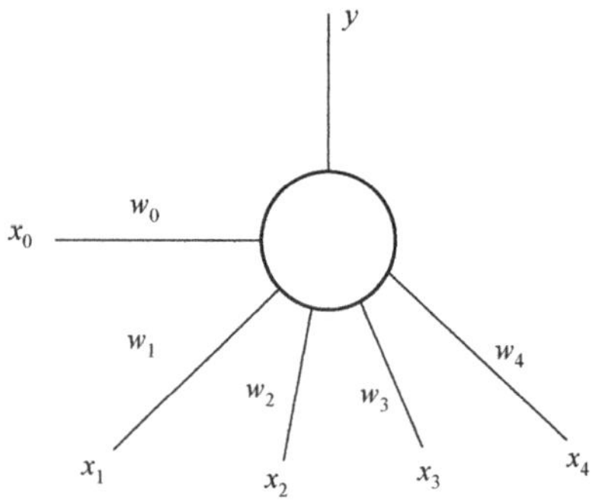

二、编程题

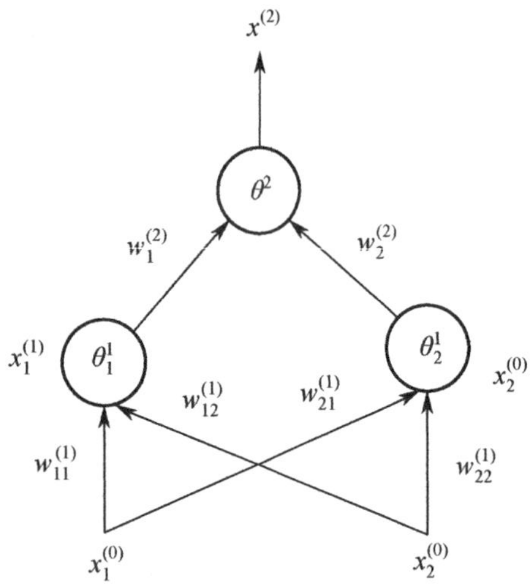

对于右图所示的多层前馈神经网络，试利用 BP 算法训练该网络，使其能实现如下异或逻辑关系，即

$x_1^{(0)}$	$x_2^{(0)}$	$x^{(2)}$
0	0	0
0	1	1
1	0	1
1	1	0

要求：

（1）权重 w 初值和学习率取 0.5，采用 Python 编程实现训练过程中的前向和反向传播过程，给出迭代 1000 次后的总误差，并对训练后网络进行测试。

（2）采用 scikit-learn 库中提供的 MLPclassifier 类，实现神经网络分类。用如下方法构建训练集和测试集。

```
import numpy as np
y = [0, 1, 1, 0] * 1000
X = np.array([[0, 0], [0, 1], [1, 0], [1, 1]] * 1000)
X_train, X_test, y_train, y_test = train_test_split(X, y, random_state=3)
```

参考文献

[1] illikang. 神经网络——最易懂最清晰的一篇文章[EB/OL]. 2018.

[2] 姚贤贤. 使用 sklearn 中的神经网络模块 MLPClassifier 处理分类问题[EB/OL]. 2017.

[3] 数据架构师. Python 机器学习库 sklearn——神经网络[EB/OL]. 2018.

[4] 坚持不懈——成功. 使用 Python scikit-learn 库实现神经网络算法[EB/OL]. 2016.

第9章 聚类

9.1 聚类概述

聚类分析又称群分析，它是研究（样品或指标）分类问题的一种统计分析方法，同时也是数据挖掘的一个重要算法。聚类分析以相似性为基础，在同一聚类中的模式之间比不在同一聚类中的模式之间具有更多的相似性。

实现聚类分析的计算方法称为聚类算法，在机器学习中是涉及对数据进行分组的一种算法，即在给定的数据集中，通过聚类算法将其分成一些不同的组。在理论上，相同组的数据之间有相同的属性或者特征，不同组数据之间的属性或者特征相差就会比较大。聚类算法是一种非监督学习算法，并且作为一种常用的数据分析算法在很多领域上得到应用。

在数据科学领域利用聚类分析，通过将数据分组可以比较清晰地获取数据信息。目前比较流行的聚类算法主要有以下五种。

9.1.1 K-Means 聚类算法

K-Means 聚类算法是最常用的聚类算法，在许多工业级数据科学和机器学习中被广泛应用，并且容易理解和实现。

K-Means 聚类算法步骤如下：

（1）确定要聚类的数量，并随机初始化它们各自的中心点。为了确定要聚类的数量，最好快速查看数据并尝试识别任何不同的分组。中心点是与每个数据点向量长度相同的向量。这需要提前预知类的数量（中心点的数量）。

（2）计算每个数据点到中心点的距离，数据点距离哪个中心点最近就划分到哪一类中。

（3）计算每一类内所有点的平均值，作为新簇中心。

（4）重复以上步骤，直到每一类中心在每次迭代后变化不大为止，也可以多次随机初始化中心点，然后选择运行结果最好的一个。

图 9-1 展示了利用 K-Means 进行分类的过程。

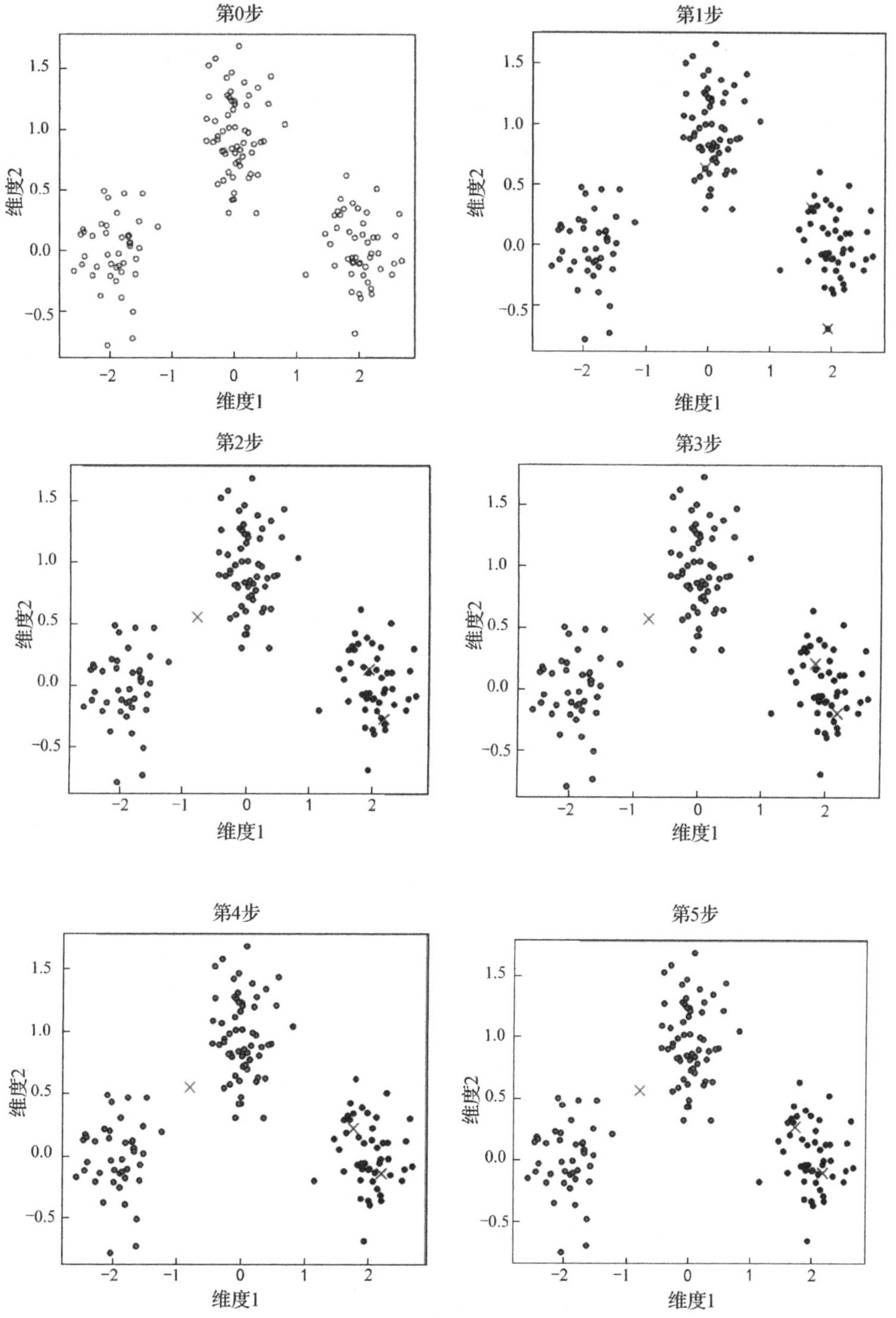

图 9-1　利用 K-Means 进行分类的过程

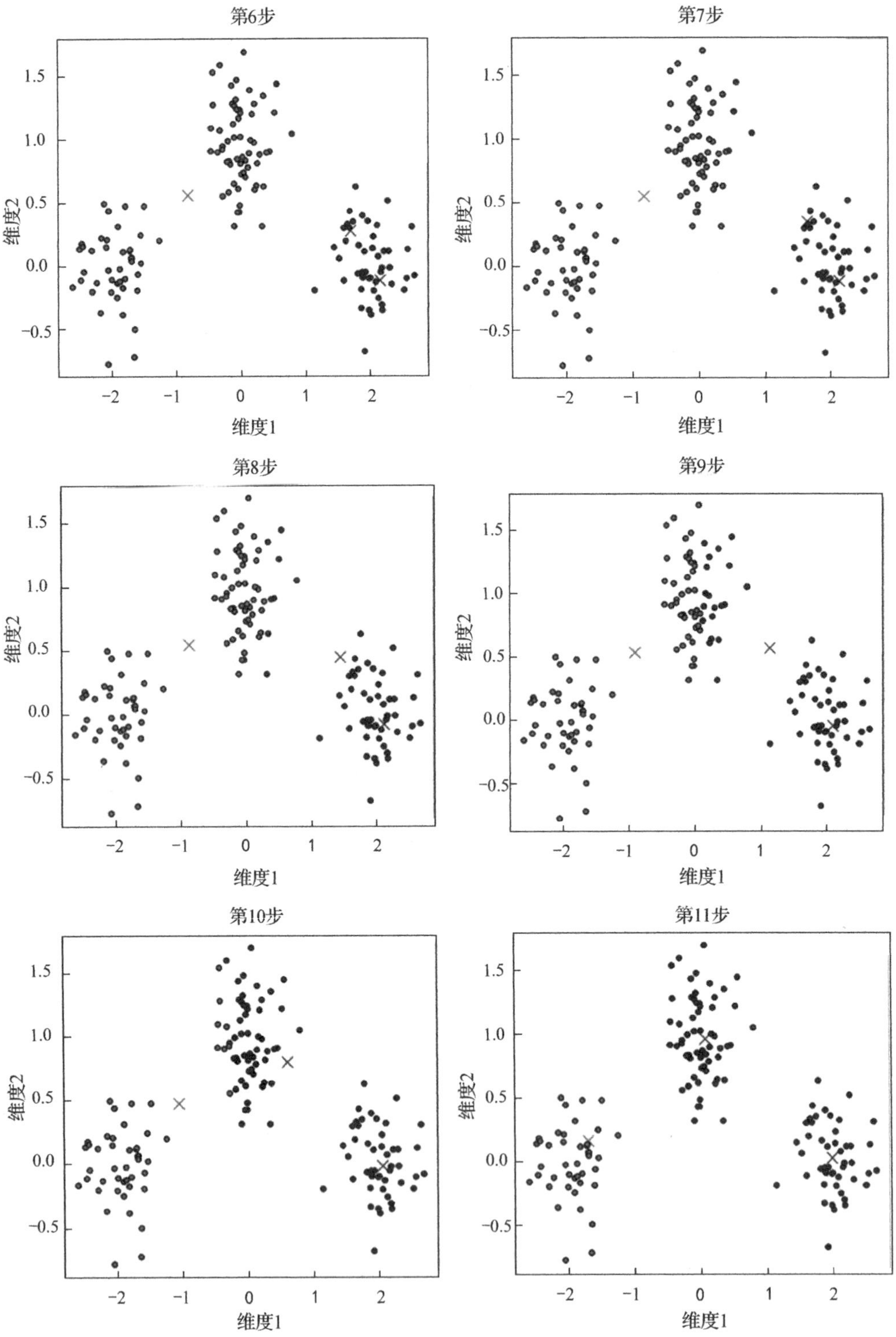

图 9-1　利用 K-Means 进行分类的过程（续）

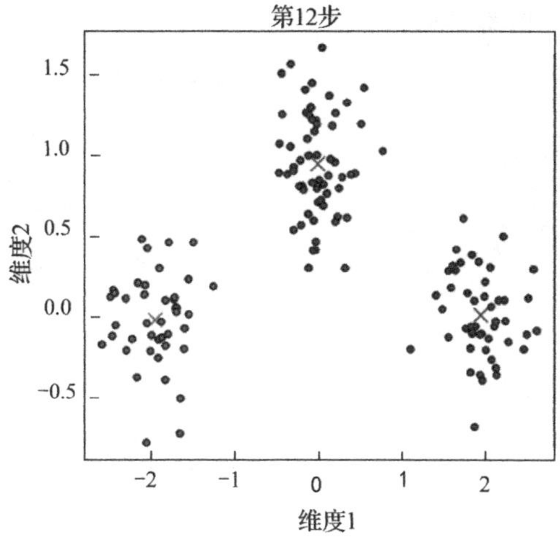

图 9-1 利用 K-Means 进行分类的过程（续）

K-Means 的优点是速度非常快，因为真正要做的就是计算点和组中心之间的距离，计算量少。因此，它具有线性复杂性 $O(n)$。

K-Means 有两个缺点。第一，该算法必须事先给出聚类簇的数量。理想情况下，对于一个聚类算法，我们希望它自身就能解决这些问题，因为它的目的是从数据中获得一些洞察力。第二，K-Means 最开始的聚类中心是随机选择的，因此它可能在算法的不同运行中产生不同的聚类结果。因此，结果可能不可重复，缺乏一致性。

K 中位数是与 K-Means 相关的另一种聚类算法，该算法不使用平均值重新计算组中心点，而使用组的中位数向量。这种方法对异常偏离值不太敏感（因为使用了中值），但对于较大的数据集来说要慢得多，因为在计算中值向量时，每次迭代都需要排序。

9.1.2 均值漂移聚类

均值漂移聚类是基于滑动窗口的算法，来找到数据点的密集区域。这是一个基于质心的算法，通过将中心点的候选点更新为滑动窗口内点的均值来完成，并定位每个组/类的中心点，然后对这些候选窗口进行相似窗口去除，最终形成中心点集及相应的分组。

均值漂移聚类的具体步骤如下：

（1）确定滑动窗口半径 r，以随机选取的中心点 C，半径为 r 的圆形滑动窗口开始滑动。均值漂移类似一种爬山算法，在每一次迭代中向密度更高的区域移动，直到收敛。

（2）每一次滑动到新的区域，计算滑动窗口内的均值来表示中心点，滑动窗口内点的数量为窗口内的密度。在每一次移动中，窗口会向密度更高的区域移动。

（3）移动窗口，计算窗口内的中心点及窗口内的密度，直到没有方向在窗口内可以容纳更多的点，即一直移动到圆内密度不再增加为止。

（4）步骤（1）～步骤（3）会产生很多个滑动窗口，当多个滑动窗口重叠时，保留包含最多点的窗口，然后根据数据点所在的滑动窗口进行聚类。

图 9-2 展示了均值漂移聚类步骤。

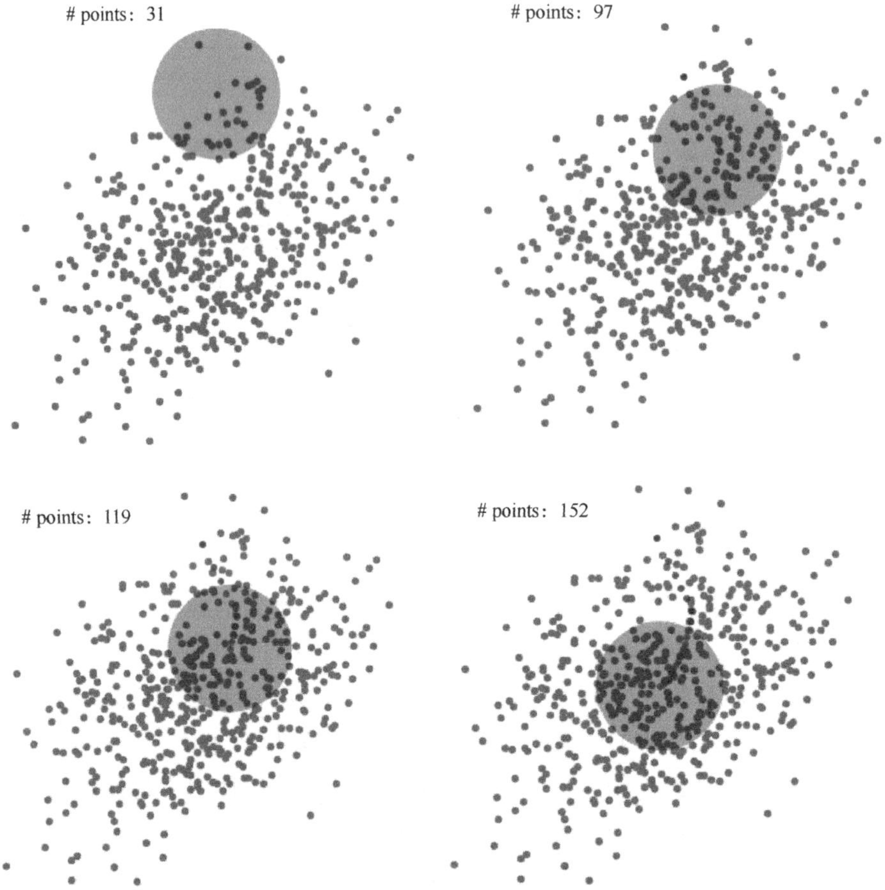

图 9-2　均值漂移聚类步骤

图 9-3 展示了所有滑动窗口均值漂移聚类过程。每个黑点代表滑动窗口的质心，每个灰点代表一个数据点。

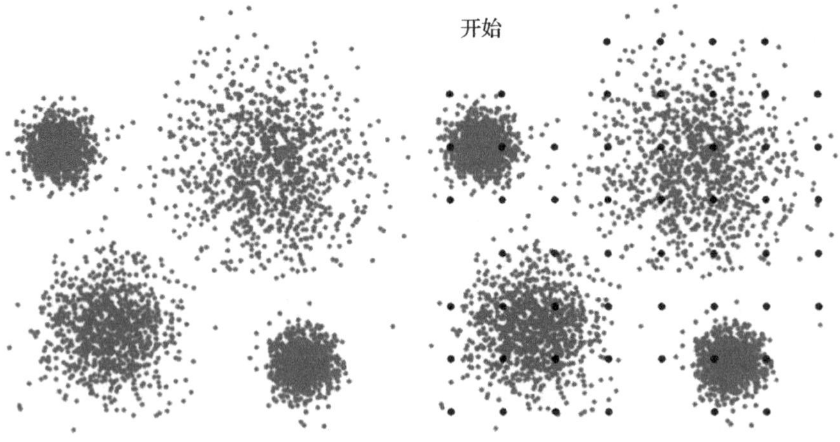

图 9-3　所有滑动窗口均值漂移聚类过程

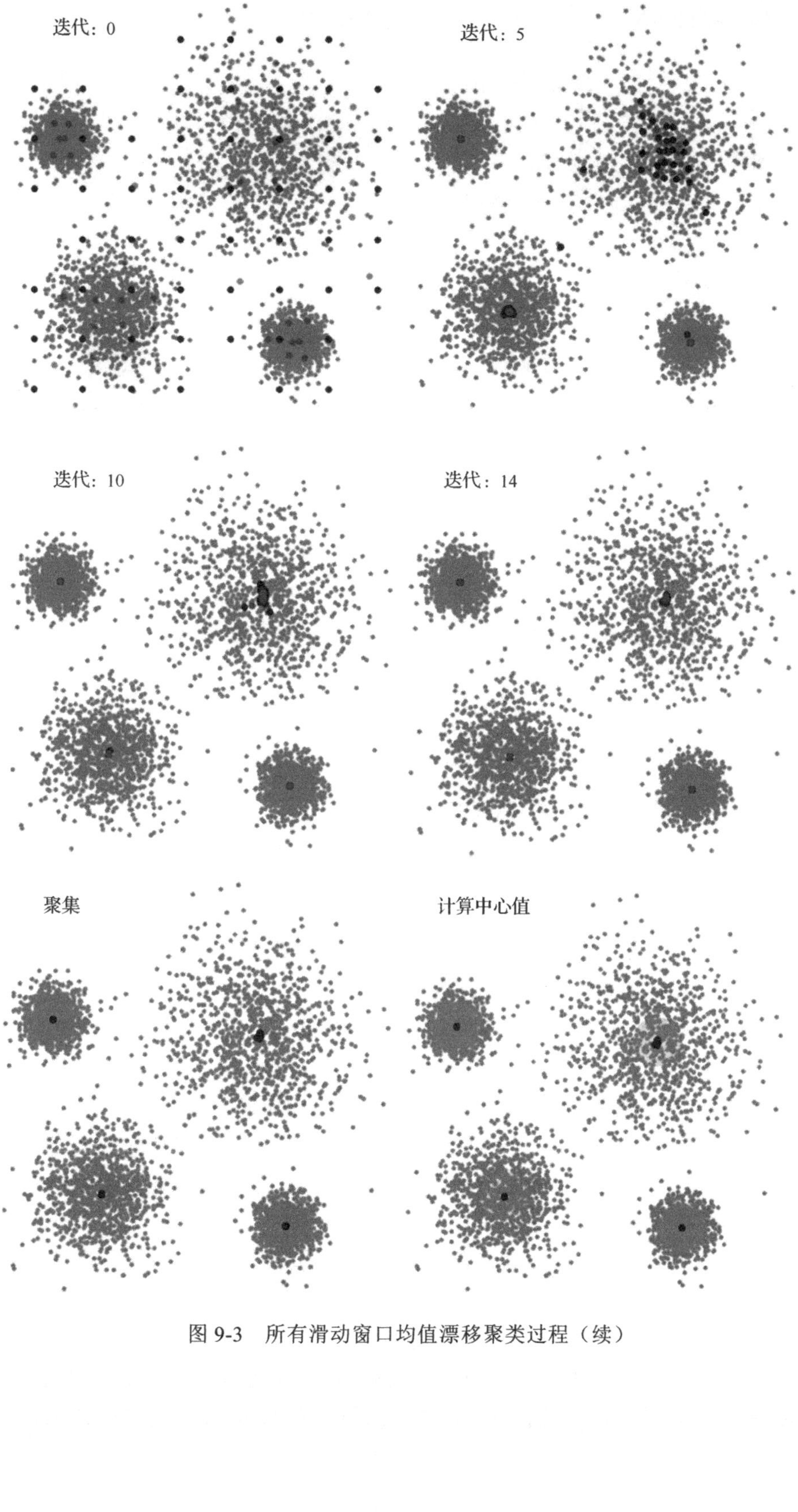

图 9-3 所有滑动窗口均值漂移聚类过程（续）

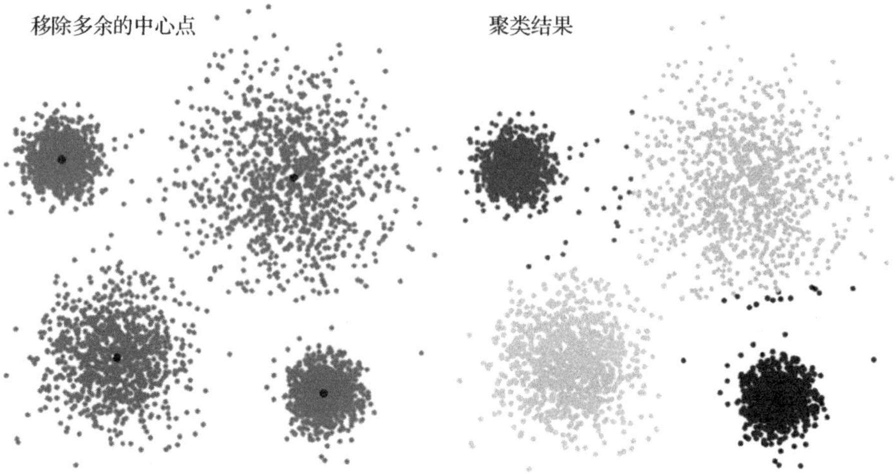

图 9-3　所有滑动窗口均值漂移聚类过程（续）

优点：

（1）与 K-Means 聚类不同的是，均值漂移聚类不需要选择聚类的数量，因为均值漂移聚类能自动发现它，这是一个突出的优点。

（2）事实上聚类中心向着有最大密度的点收敛是非常重要的特征，因为这很容易理解并且很适合自然的数据驱动的场景。

缺点：

滑窗尺寸/半径 r 的选择需要仔细考虑。

9.1.3　基于密度的聚类方法（DBSCAN）

与均值漂移聚类类似，DBSCAN 也是基于密度的聚类算法。

具体步骤：

（1）DBSCAN 从一个任意的还没有被访问过的启动数据点开始，用一个距离 ε 将这个点的邻域提取出来（所有在距离 ε 内的点都视为邻居点）。

（2）如果在邻域内有足够数量的点（根据 minPoints），那么聚类过程开始，并且当前数据点变成新集群中的第一个点。否则，该点将被标记为噪声（之后这个噪声点可能会变成集群中的一部分）。在这两种情况中的点都被标记为已访问。

（3）对于这个新集群中的第一个点，在它距离 ε 邻域内的点将变成相同集群中的一部分。这个让所有在 ε 邻域内的点都属于相同集群的过程在之后会一直被重复进行，直到所有新点都被加进集群分组中。

（4）第（2）、（3）步的过程会一直重复直到集群内所有点都被确定，即所有在 ε 邻域内的点都被访问且被打上标签。

（5）一旦在当前集群做完这些，一个新的未被访问的点会被提取并处理，从而会接着发现下一个集群或噪声。这个过程反复进行直到所有的点都被编辑为已访问。最后当所有的点都被访问后，每个点都被标记为属于一个集群或者是噪声。图 9-4 展示了 DBSCAN 聚类过程。

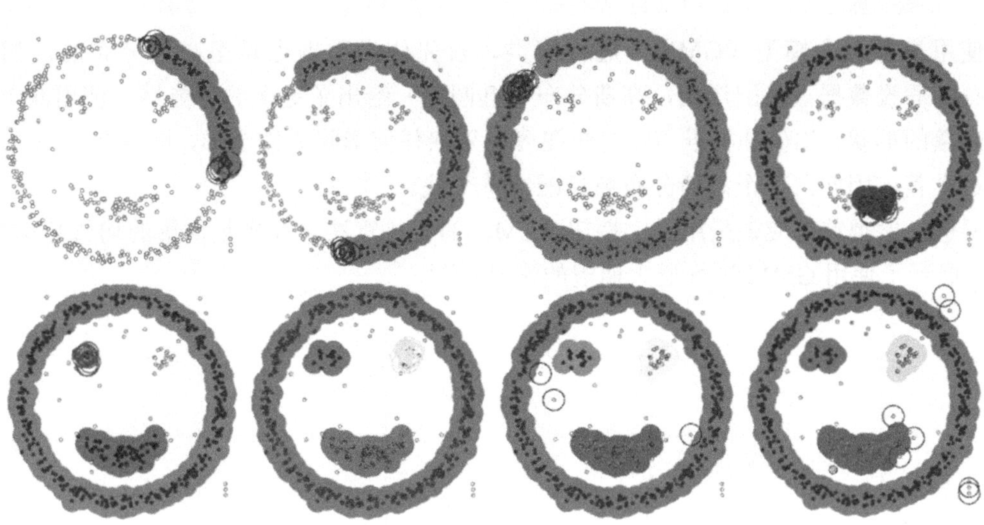

图 9-4 DBSCAN 聚类过程

相较于其他聚类算法，DBSCAN 具有一些突出的优点：

（1）DBSCAN 根本不需要预置集群的数量，它还将离群值认定为噪声，而不像均值漂移聚类算法将离群值扔到某一个集群里，即使该数据点的差异性很大也这么做。

（2）另外，这个算法还可以很好地找到任意尺寸和任意形状的集群。

DBSCAN 最大的缺点是当集群的密度变化时，它表现得不像其他算法那样好。这是因为当密度变化时，距离的阈值 ε 和用于确定最少邻居点的 minPoints 也将会随之改变。这个缺点也会发生在很高维的数据中，因为距离的阈值 ε 变得很难被估计。

9.1.4 基于高斯混合模型（GMM）的期望最大化（EM）聚类

K-Means 的缺点在于对聚类中心均值的简单使用。图 9-5 中的两个圆如果使用 K-Means 则不能做出正确类的判断。同样地，如果数据集中的点类似图 9-5 中曲线的情况也是不能正确分类的。

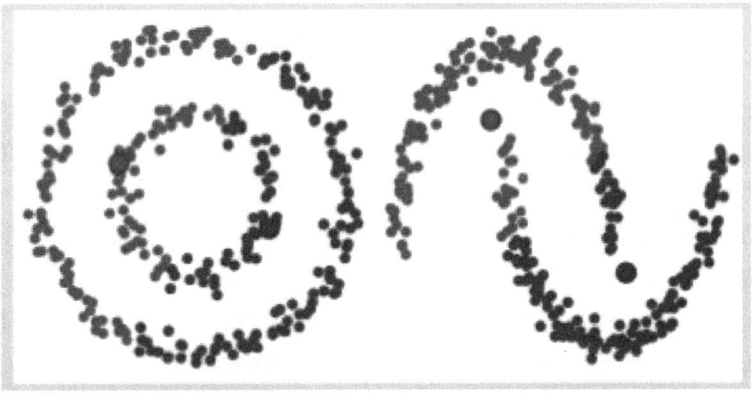

图 9-5 圆形和月牙形数据分布

使用高斯混合模型（GMM）进行聚类，首先假设数据点是呈高斯分布的，相对应 K-Means 假设数据点是圆形的，高斯分布（椭圆形）给出了更多的可能性。使用两个参数来描述簇的形状：均值和标准差，这些簇可以采取任何形状的椭圆形，因为在 x、y 方向上都有标准差。因此，每个高斯分布被分配给单个簇。

要进行聚类首先应该采用最大期望（EM）的优化算法，找到数据集的均值和标准差。图 9-6 展示了使用 GMM 进行最大期望的聚类过程。

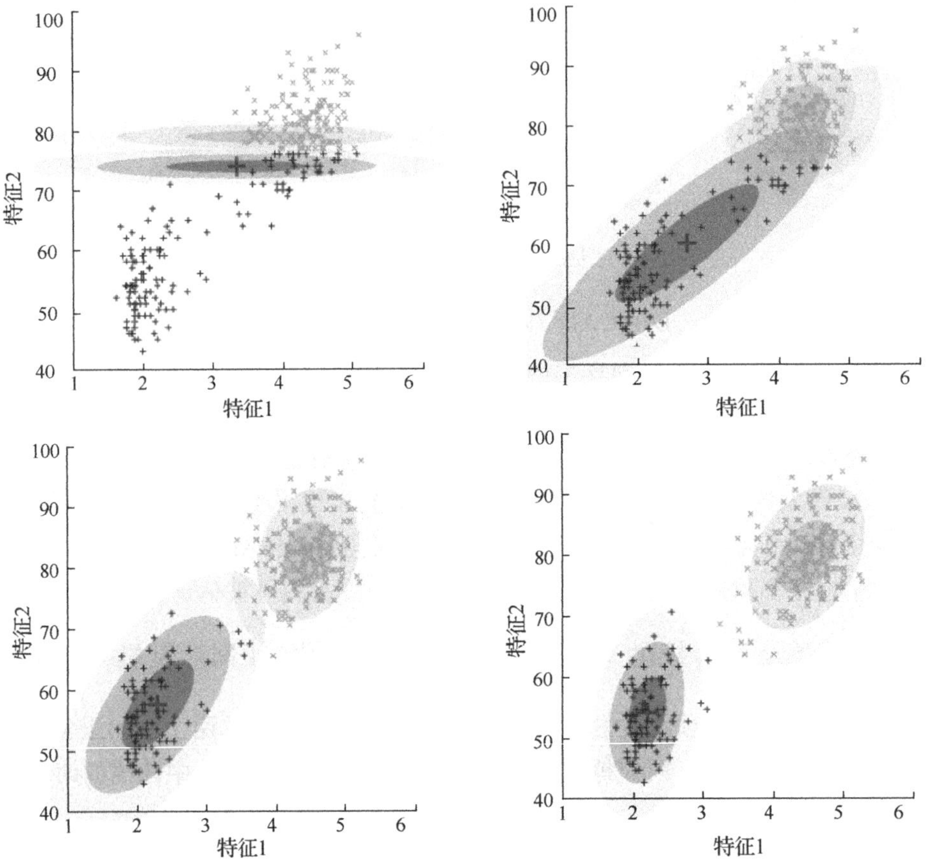

图 9-6　使用 GMM 进行最大期望的聚类过程

具体步骤：

（1）选择簇的数量（与 K-Means 类似）并随机初始化每个簇的高斯分布参数（均值和方差），也可以先观察数据给出一个相对精确的均值和方差。

（2）给定每个簇的高斯分布，计算每个数据点属于每个簇的概率。一个点越靠近高斯分布的中心就越可能属于该簇。

（3）基于这些概率计算高斯分布参数使得数据点的概率最大化，可以使用数据点概率的加权来计算这些新的参数，权重就是数据点属于该簇的概率。

（4）重复迭代（2）和（3）直到在迭代中变化不大。

GMM 的优点：

（1）GMM 使用均值和标准差，簇可以呈现出椭圆形而不是仅仅限制于圆形。K-Means 是 GMM 的一个特殊情况，方差在所有维度上都接近于 0 时簇就会呈现出圆形。

（2）GMM 使用概率，一个数据点可以属于多个簇。例如，数据点 X 可以有百分之 20 的概率属于 A 簇，百分之 80 的概率属于 B 簇。也就是说 GMM 可以支持混合成员。

9.1.5 凝聚层次聚类

凝聚层次聚类算法实际上分为 2 类：自上而下或自下而上。自下而上算法在一开始将每个数据点当作一个单个集群对待，然后逐步合并（或凝聚）成对的集群，直到所有的集群被合并到一个集群中，这个集群包含所有的点。自下而上凝聚层次聚类因此被称为层次凝聚的聚类或者 HAC。这个聚类的层次被表示为一棵树（或者树状图）。树根是唯一的集群，它聚集了所有的样本，叶子是只有一个样本的集群。凝聚层次聚类算法过程如图 9-7 所示。

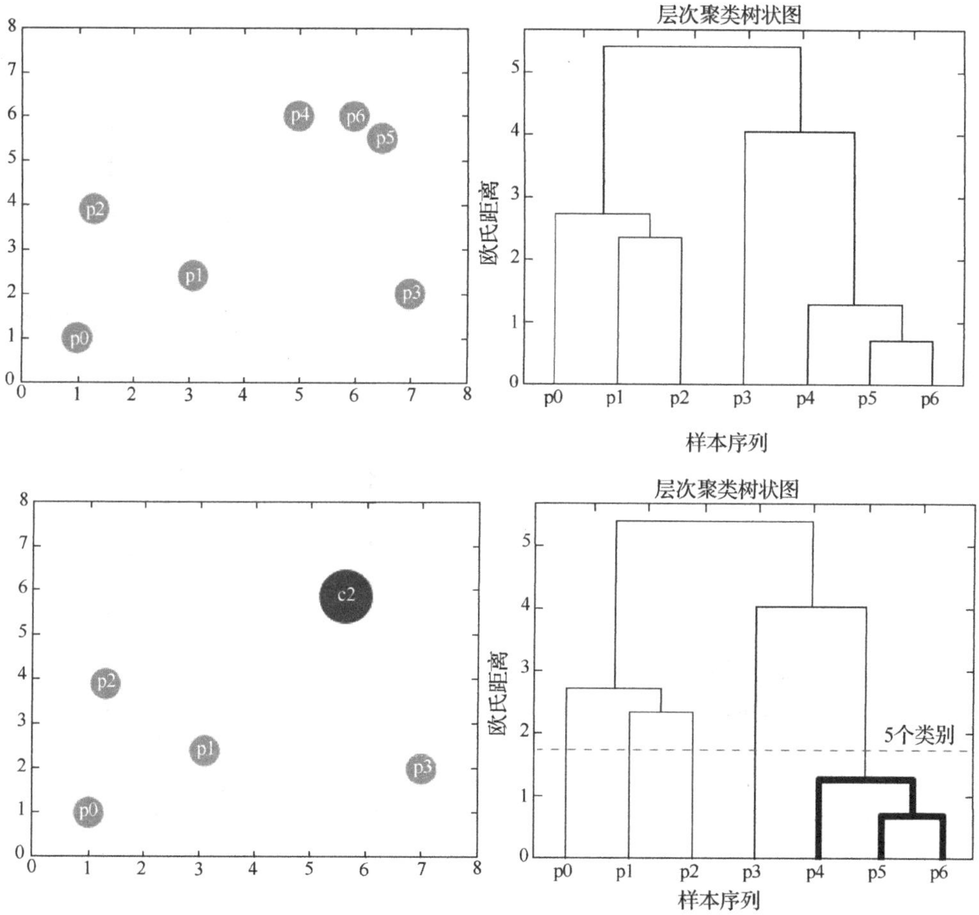

图 9-7 凝聚层次聚类算法过程

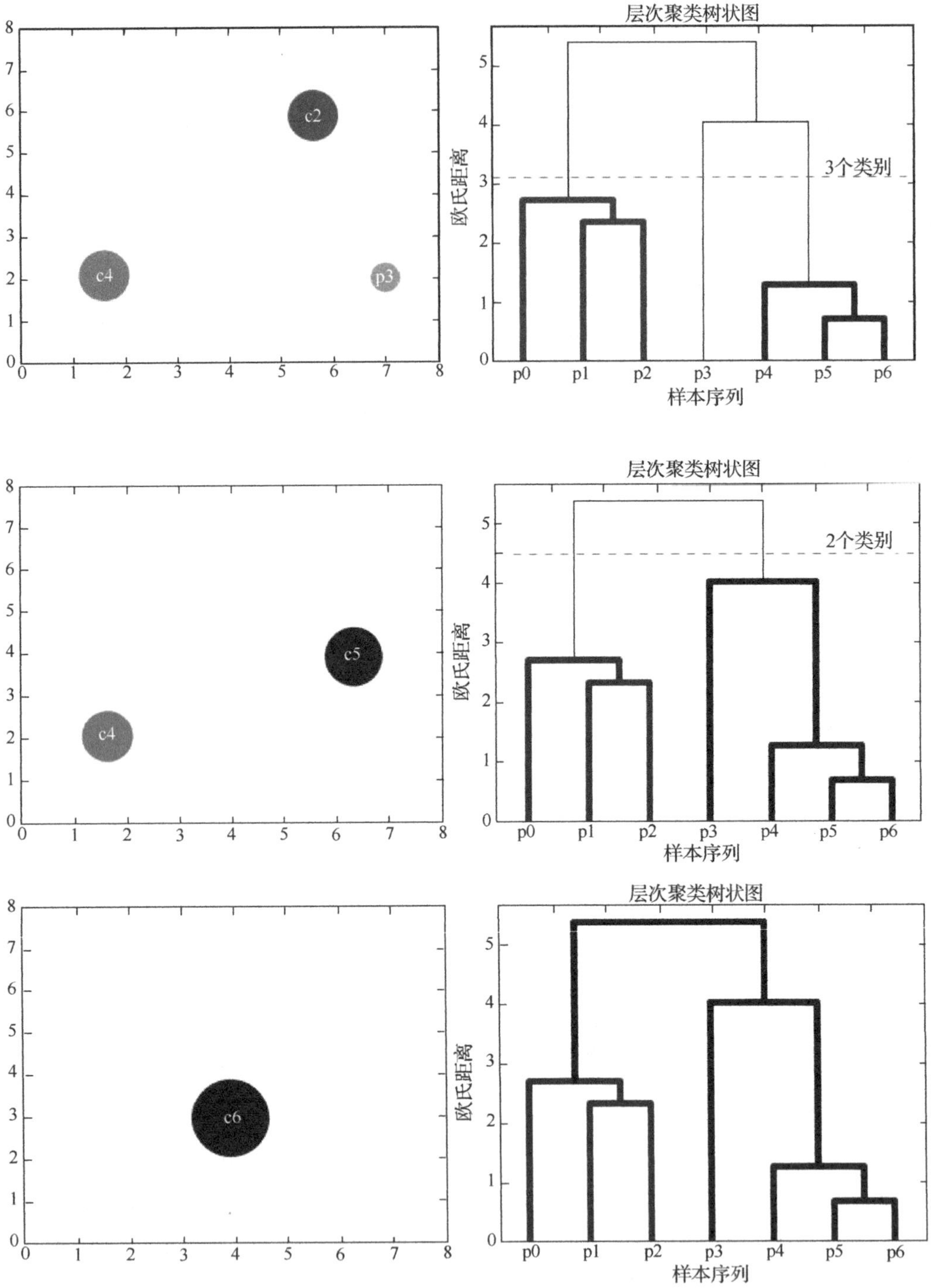

图 9-7　凝聚层次聚类算法过程（续）

具体步骤：

（1）通过将每个点视为单个集群作为开始，即如果数据集中有 X 个数据点，那么就有 X 个集群，然后选择一个距离度量标准来测量两个集群之间的距离。作为一个例子，我们将用到平均连接，将两个集群之间的距离定义为第一个集群中的数据点与第二个集群中数据点的平均距离。

（2）在每次迭代时，将两个集群组合成一个。两个将被组合的集群是在那些有最小平均连接的集群中选出来的，即根据我们选择的距离度量标准，这些两两集群之间有最小的距离，因此是最相似的也是最应该被组合的。

（3）一直重复第（2）步，直到到达树的根部，即只有一个包含所有数据点的集群。通过这种方法，仅仅通过选择停止组合的集群的时机，即选择何时停止树的构建，就可以挑选出最终想要的集群数。

层次聚类优点：

（1）层次聚类不要求指定集群的数目，并且甚至可以选择看上去最好的集群的数目。

（2）算法对于距离度量的选择也是不敏感的，所有的这些都和其他聚类算法的效果一样好，而对于其他算法，距离度量的选择是很关键的。层次聚类方法的一个典型的使用案例是，当底层数据具有层次结构并且要恢复层次结构时，其他聚类算法做不到这个。

层次聚类缺点：

层次聚类的缺点是效率很低，因为它的时间复杂度是 $O(n^3)$，不像有线性复杂度的 K-Means 和 GMM 那样。

9.2 scikit-learn 聚类算法的实现

scikit-learn 聚类算法通过 sklearn.cluster 包实现，在例 9.1 中给出了 K-Means、MiniBatchKMeans、Birch、DBSCAN、SpectralClustering、AffinityPropagation 六种算法在两个不同特征数据集上的实现方法和聚类结果。

【例 9.1】

```
#首先生成数据
import numpy as np
import matplotlib.pyplot as plt
from sklearn import datasets
import warnings
warnings.filterwarnings("ignore")
#产生环形数据
x1,y1 = datasets.make_circles(n_samples=5000,
                              factor=.6,
                              noise=0.05)
#产生聚类数据
x2,y2 = datasets.make_blobs(n_samples=1000,
                            n_features=2,
                            centers=[[1.2,1.2]],
                            cluster_std=[[.1]],
                            random_state=9)
```

```
#产生月牙形数据
#x,y=datasets.make_moons(n_samples=1000,noise=0.1)
#数据合并可视化
y2 = y2+2
x = np.vstack((x1,x2))
y = np.hstack((y1,y2))
plt.figure(figsize=(5,5))
plt.rcParams['font.sans-serif'] = ['SimHei']#绘图显示中文
plt.rcParams['axes.unicode_minus']=False
plt.title("原始数据")
plt.scatter(x[:, 0], x[:, 1], c=y, marker='o')
plt.show()
#先使用 K 均值算法进行分类
from sklearn.cluster import KMeans
result=KMeans(n_clusters=3,random_state=9).fit_predict(x)
plt.figure(figsize=(5,5))
plt.title("KMeans")
plt.scatter(x[:,0],x[:,1],c=result)
plt.show()
#再看看小批量 K 均值算法的分类结果
from sklearn.cluster import MiniBatchKMeans
result=MiniBatchKMeans(n_clusters=3,random_state=9).fit_predict(x)
plt.figure(figsize=(5,5))
plt.title("MiniBatchKMeans")
plt.scatter(x[:,0],x[:,1],c=result)
plt.show()
#使用 Birch 的层次分类方法
from sklearn.cluster import Birch
result=Birch(n_clusters=3).fit_predict(x)
plt.figure(figsize=(5,5))
plt.title("Birch")
plt.scatter(x[:,0],x[:,1],c=result)
plt.show()
# 基于带有噪音干扰的密度分类法：这种方法不需要制定分类类别，但是需要指定距离和每一簇的最小样本数。
from sklearn.cluster import DBSCAN
result=DBSCAN(eps=0.1,min_samples=10).fit_predict(x)
plt.figure(figsize=(5,5))
plt.title("DBSCAN")
plt.scatter(x[:,0],x[:,1],c=result)
plt.show()
# 谱分类，需要计算基于 rbf 距离的相似矩阵：
from sklearn.cluster import SpectralClustering
result=SpectralClustering(n_clusters=3).fit_predict(x)
```

```
plt.figure(figsize=(5,5))
plt.title("SpectralClustering")
plt.scatter(x[:,0],x[:,1],c=result)
plt.show()
# 吸引子传播算法，利用样本之间的亲近程度进行分类：这个算法的特点是计算时间比较长，
大约需要 3 分钟。
from sklearn.cluster import AffinityPropagation
result=AffinityPropagation().fit_predict(x)
plt.figure(figsize=(5,5))
plt.title("AffinityPropagation")
plt.scatter(x[:,0],x[:,1],c=result)
plt.show()
```

第一个数据集原始数据和各算法聚类结果如图 9-8 所示，第二个数据集原始数据和各算法聚类结果如图 9-9 所示。

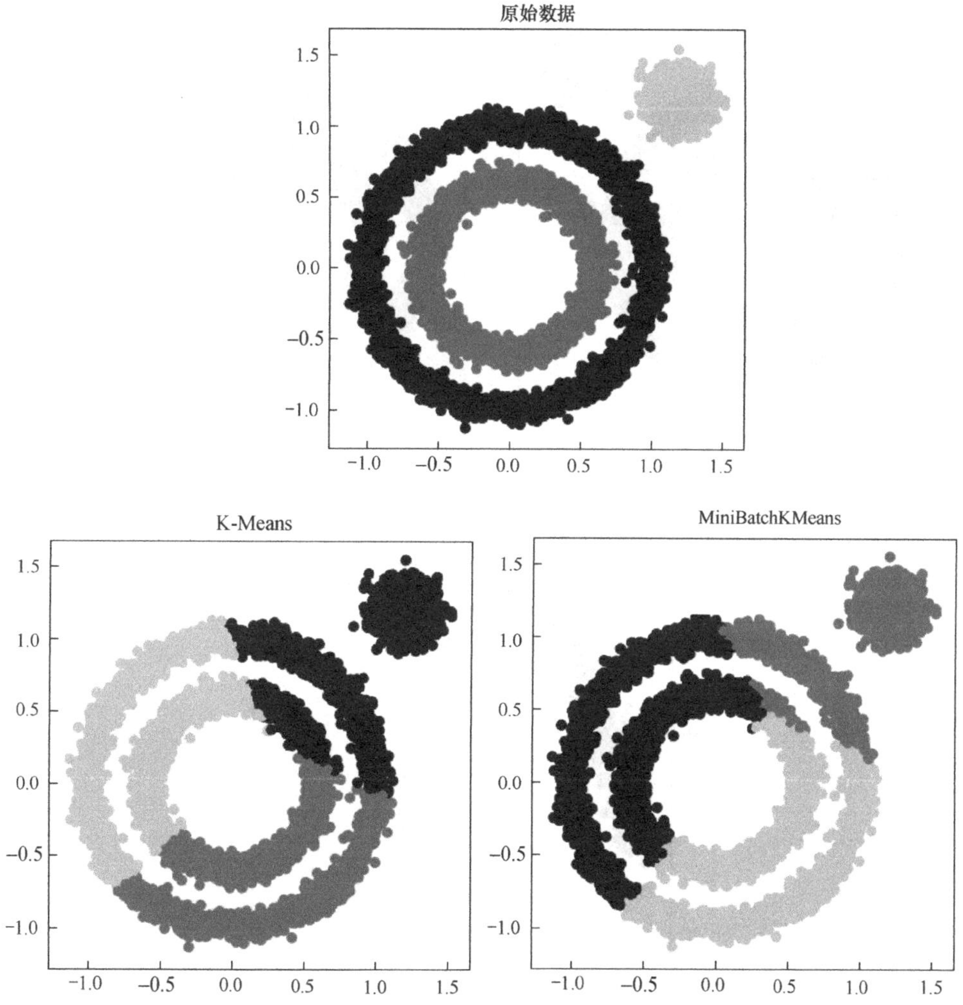

图 9-8 第一个数据集原始数据和各算法聚类结果

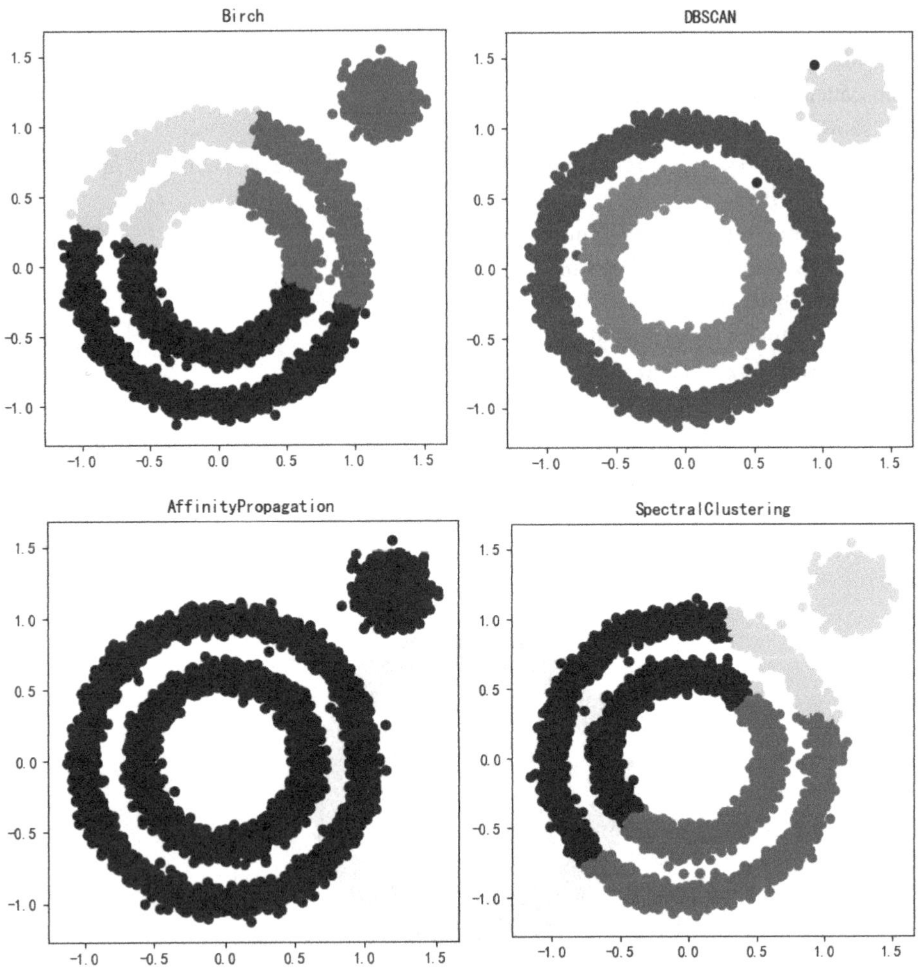

图 9-8　第一个数据集原始数据和各算法聚类结果（续）

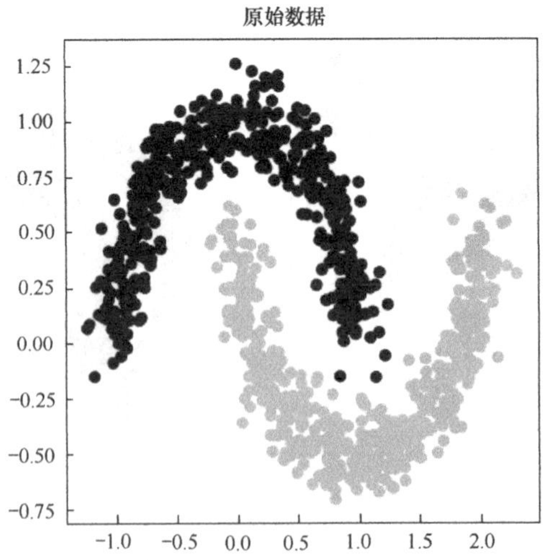

图 9-9　第二个数据集原始数据和各算法聚类结果

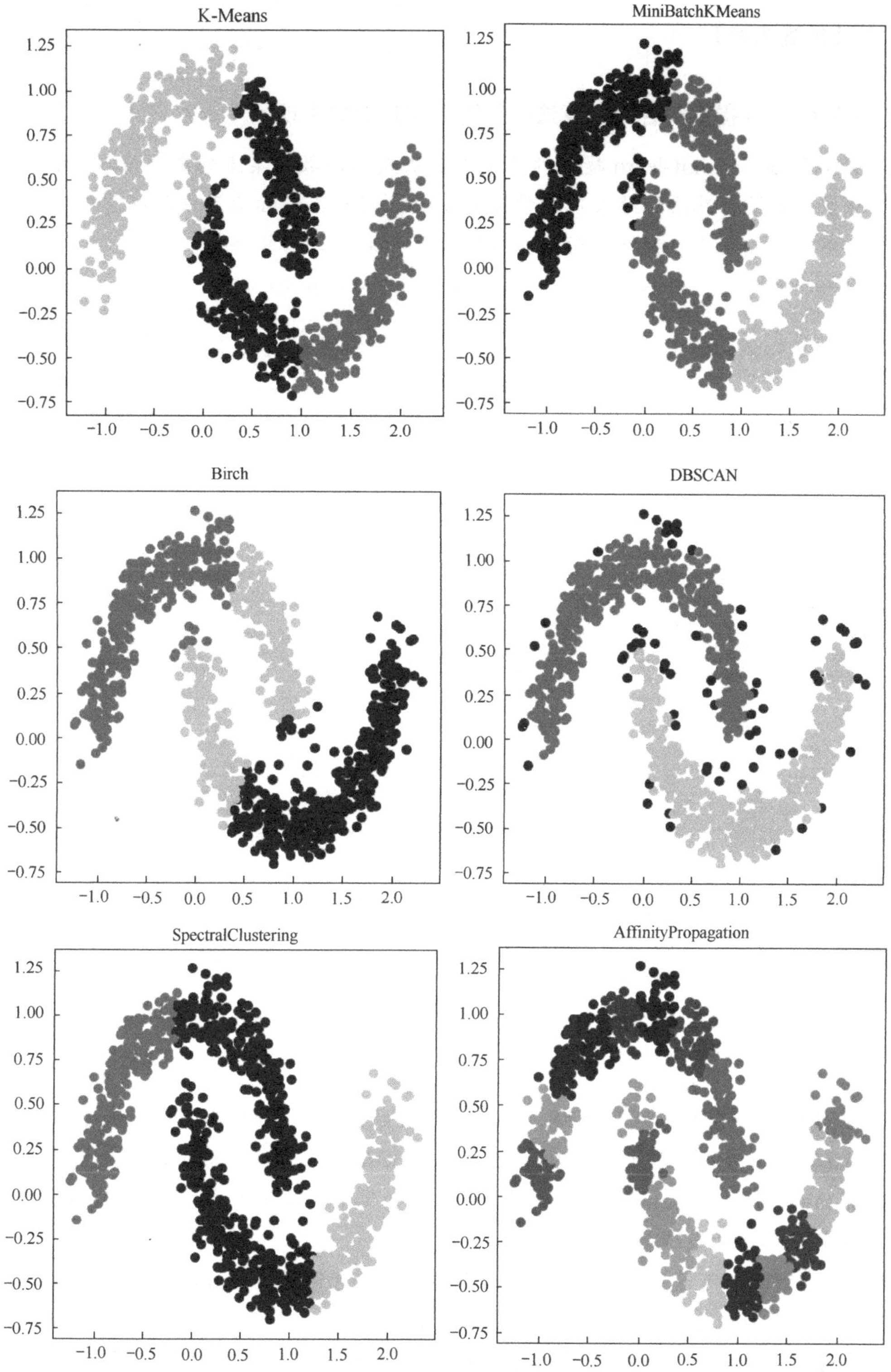

图 9-9 第二个数据集原始数据和各算法聚类结果（续）

【扩展阅读】

1. scikit-learn 提供的各聚类算法在不同数据集上的表现

图 9-10 展示了 scikit-learn 提供的各聚类算法在不同数据集上的表现情况，可以看出数据特征的差别对聚类算法的结果有非常大的影响，因此在实际运用中往往需要先对数据进行一定的分析，或采用多种算法尝试，最终选择效果最好的算法。

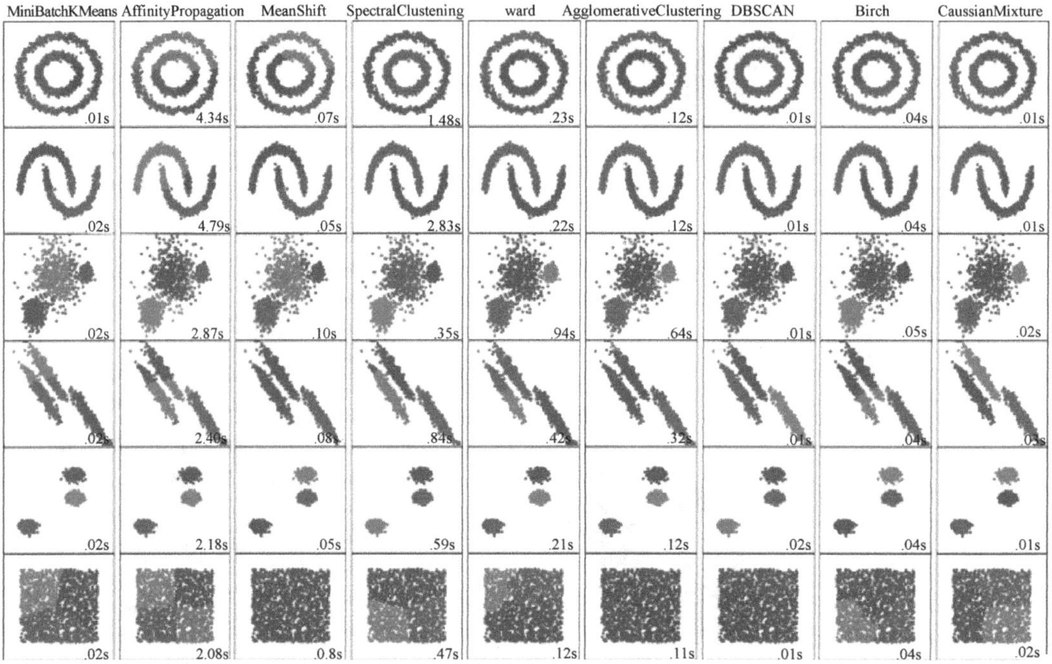

图 9-10　scikit-learn 提供的各聚类算法在不同数据集上的表现情况

2. KMeans 类主要参数说明

```
class sklearn.cluster.KMeans(n_clusters=8, init='k-means++', n_init=10, max_iter=300,
tol=0.0001, precompute_distances='auto', verbose=0, random_state=None, copy_x=True, n_jobs=
None, algorithm='auto')
```

- n_clusters：整型，默认值=8，生成的聚类数，即产生的质心（centroids）数。
- max_iter：整型，默认值=300，执行一次 K-Means 算法所进行的最大迭代数。
- n_init：整型，默认值=10，用不同的质心初始化值运行算法的次数，最终解是在 inertia 意义下选出的最优结果。
- init：有三个可选值：'k-means++'、'random'或者传递一个 ndarray 向量。

此参数指定初始化方法，默认值为'k-means++'。

'k-means++'用一种特殊的方法选定初始质心从而能加速迭代过程的收敛（上文中的 k-means++介绍）。

'random'随机从训练数据中选取初始质心。如果传递的是一个 ndarray，则应该形如(n_clusters, n_features) 并给出初始质心。

- precompute_distances：三个可选值，auto、True 或者 False。预计算距离，计算速度更快但占用更多内存。
- auto：如果样本数乘以聚类数大于 12million 的话则不预计算距离。
- True：总是预先计算距离。
- False：永远不预先计算距离。
- tol：float 型，默认值=1e-4，与 inertia 结合来确定收敛条件。
- n_jobs：整型。指定计算所用的进程数。内部原理是同时进行 n_init 指定次数的计算。

若值为-1，则用所有的 CPU 进行运算；若值为 1，则不进行并行运算，这样的话方便调试。

若值小于-1，则用到的 CPU 数为(n_cpus + 1 + n_jobs)。因此如果 n_jobs 值为-2，则用到的 CPU 数为总 CPU 数减 1。

- random_state：整型或 numpy.RandomState 型，可选。用于初始化质心的生成器（generator）。如果值为一个整数，则确定一个 seed。此参数默认值为 NumPy 的随机数生成器。
- copy_x：布尔型，默认值=True。当预计算距离时，将数据中心化会得到更准确的结果。如果把此参数值设为 True，则原始数据不会被改变。如果是 False，则会直接在原始数据上进行修改并在函数返回值时将其还原。但是在计算过程中由于有对数据均值的加减运算，所以数据返回后，原始数据和计算前可能会有细小差别。

3. MeanShift 类参数说明

```
class sklearn.cluster.MeanShift(bandwidth=None, seeds=None, bin_seeding=False, min_bin_freq=1, cluster_all=True, n_jobs=None)
```

- bandwidth：表示带宽，可以理解为设定的质心圆的半径。
- bin_seeding：用来设定初始核的位置参数的生成方式，默认值为 False，表示采用所有点的位置平均，当改为 True 时使用离散后的点的平均，前者比后者慢。

4. DBSCAN 类参数说明

```
class sklearn.cluster.DBSCAN(eps=0.5, min_samples=5, metric='euclidean', metric_params=None, algorithm='auto', leaf_size=30, p=None, n_jobs=None)
```

- eps：ε邻域的距离阈值，与样本距离超过ε的样本点不在ε邻域内。默认值是 0.5。一般需要通过在多组值里面选择一个合适的阈值。eps 过大，则更多的点会落在核心对象的ε邻域，此时我们的类别数可能会减少，本来不应该是一类的样本也会被划为一类。反之则类别数可能会增大，本来是一类的样本却被划分开。

- min_samples：样本点要成为核心对象所需要的ε邻域的样本数阈值。默认值是 5，一般需要通过在多组值里面选择一个合适的阈值，通常和 eps 一起调参。在 eps 一定的情况下，min_samples 过大，则核心对象会过少，此时簇内部分本来是一类的样本可能会被标为噪声点，类别数也会变多；反之 min_samples 过小的话，则会产生大量的核心对象，可能会导致类别数过少。

习　题

一、选择题

1. 以下（　　）算法不可以直接对文本分类。

A. K-Means

B. 决策树

C. 支持向量机

D. KNN

2. 以下不属于影响聚类算法结果的主要因素有（　　）。

A. 已知类别的样本质量

B. 分类准则

C. 特征选取

D. 模式相似性测度

3. 影响基本 K 均值算法的主要因素有（　　）。

A. 样本输入顺序

B. 模式相似性测度

C. 聚类准则

4. 如果以特征向量的相关系数作为模式相似性测度，则影响聚类算法结果的主要因素有（　　）。

A. 已知类别样本质量

B. 分类准则

C. 量纲

5. 在 K 均值算法中，以下（　　）选项可用于获得全局最小。

A. 尝试为不同的质心（centroid）初始化运行算法

B. 迭代的次数

C. 找到集群的最佳数量

D. 以上都对

6. 下面（　　）属于确定性算法。

A. PCA

B. K-Means

C. 以上都不是

7. 下列属于无监督学习的是（　　）。

A. K-Means

B. SVM

C. 最大熵

D. CRF

8. 在有监督学习中，如何使用聚类方法（　　）。

（1）可以先创建聚类类别，然后在每个类别上用监督学习分别进行学习；

（2）可以使用聚类"类别 id"作为一个新的特征项，然后用监督学习分别进行学习；

（3）在进行监督学习之前，不能新建聚类类别；

（4）不可以使用聚类"类别 id"作为一个新的特征项，然后用监督学习分别进行学习。

A. （2）和（4）

B. （1）和（2）

C. （3）和（4）

D. （1）和（3）

9. 以下说法正确的是（　　）。

（1）一个机器学习模型，如果有较高准确率，总是说明这个分类器是好的；

（2）如果增加模型复杂度，那么模型的测试错误率总是会降低；

（3）如果增加模型复杂度，那么模型的训练错误率总是会降低；

（4）我们不可以使用聚类"类别 id"作为一个新的特征项，然后用监督学习分别进行学习。

A. （1）

B. （2）

C. （3）

D. （2）和（3）

E. 都错

10. 以下对 K-Means 聚类算法解释正确的是（　　）。

A. 能自动识别类的个数，随即挑选初始点为中心点计算

B. 能自动识别类的个数，不是随即挑选初始点为中心点计算

C. 不能自动识别类的个数，随即挑选初始点为中心点计算

D. 不能自动识别类的个数，不是随即挑选初始点为中心点计算

二、简答题

1. 聚类分析的目的是什么？

2. 常见的聚类有哪些方法？这些方法分别适用什么场合？
3. 聚类算法的好坏可以从哪些方面入手？
4. 常见的层次聚类算法有哪些？分别阐述其思想。
5. 讨论自组织映射网络 Kohonen 聚类算法的基本思想，并举例说明其应用。

参考文献

[1] 诗蕊. 常见的六大聚类算法[EB/OL].
[2] 雷明. 机器学习与应用[M]. 北京：清华大学出版社，2019.
[3] 董付国. Python 数据分析、挖掘与可视化[M]. 北京：人民邮电出版社，2019.
[4] 董付国. Python 可以这样学[M]. 北京：清华大学出版社，2017.
[5] 华校专. Python 大战机器学习[M]. 北京：电子工业出版社，2017.
[6] 董付国. Python 程序设计开发宝典[M]. 北京：清华大学出版社，2017.
[7] 段小手. 深入浅出 Python 机器学习[M]. 北京：清华大学出版社，2018.
[8] [美]加文・海克. scikit-learn 机器学习（第 2 版）[M]. 张浩然译. 北京：人民邮电出版社，2019.

第 10 章

降维

10.1 降维方法概述

在机器学习中经常会碰到一些高维的数据集，而在高维数据情形下会出现数据样本稀疏，距离计算困难，这类问题是所有机器学习方法共同面临的严重问题，称之为“维度灾难”。同时，在高维特征中容易出现特征之间的线性相关，这也就意味着有的特征是冗余的。降维思想就是基于这些问题而提出的。

10.1.1 主成分分析（PCA）

PCA（Principal Component Analysis，主成分分析）是一种使用最广泛的数据降维算法。PCA 通过线性变换将原始数据变换为一组各维度线性无关的表示，提取数据的主要特征分量，常用于高维数据的降维。

对于一个具有 n 个特征的集合来说，很难说这 n 个特征都是完全有必要的，所以我们就想办法来精简一些特征。选取少于 n 个的基向量组，将数据投影在这个向量组上，减少空间的同时又能保证信息量。

例如，将二维空间的数据投影到一维空间的情况，如图 10-1 所示，对于图中区域的数据点，应该怎么投影才能够尽可能地保持数据的信息量呢？通过图 10-1 可以看出，如果将数据投影到 PC1 上，那么所有的数据点较为分散，如果投影到 PC2 上，则数据较为集中。考虑一个极端的情况，假如所有的点在投影之后全部集中在一个点上，那就说明所有的点都没有差别，信息全部丢失了。所以我们希望当数据点投影到某个坐标轴之上以后，数据越分散越好，而这种分散程度，可以用数学上的方差来表述。

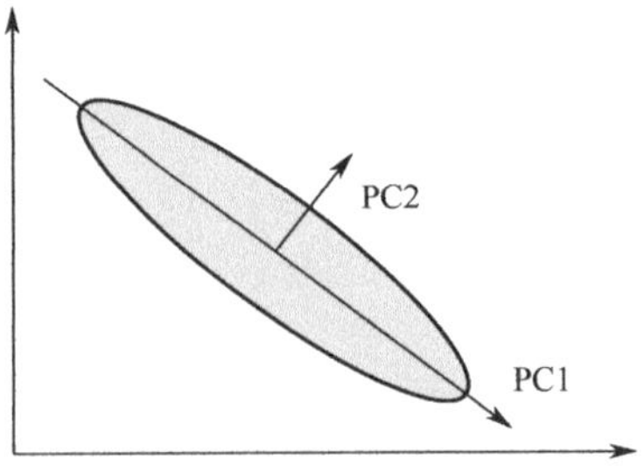

图 10-1　PCA 投影示例图

在统计描述中，方差用来计算每一个变量（观察值）与总体均值之间的差异。此处一个字段的方差可以看成是每个元素与字段均值差的平方和的均值，即

$$\mathrm{Var}(X)=\frac{\sum_{i=1}^{n}\left(X_i-\bar{X}\right)\left(X_i-\bar{X}\right)}{n-1} \tag{10-1}$$

对于一个将二维数据降成一维数据的问题来说，找到使得方差最大的方向就可以了。但是对于更高维的问题，需要用到协方差来表示其相关性。即

$$\mathrm{Var}(X,Y)=\frac{\sum_{i=1}^{n}\left(X_i-\bar{X}\right)\left(Y_i-\bar{Y}\right)}{n-1} \tag{10-2}$$

PCA 的目标可认为是最大化投影方差，也就是让数据在主轴上投影的方差最大。

对于给定的一组数据点$\{v_1,v_{2,}\cdots,v_n\}$，其中所有向量均为列向量，对其进行中心化，表示为$\{\boldsymbol{x}_1,\boldsymbol{x}_{2,}\cdots,\boldsymbol{x}_n\}$。向量 $\boldsymbol{x}_i$ 在$\boldsymbol{\omega}$（单位方向向量）上的投影坐标可以表示为$(\boldsymbol{x}_i,\boldsymbol{\omega})=\boldsymbol{x}_i^{\mathrm{T}}\boldsymbol{\omega}$，因此我们的目标是找到一个投影方向$\boldsymbol{\omega}$，使得$\{\boldsymbol{x}_1,\boldsymbol{x}_2,\cdots,\boldsymbol{x}_n\}$在$\boldsymbol{\omega}$上的投影方差尽可能大。因为投影之后的均值为 0，因此方差可以表示为

$$\begin{aligned}D(x)&=\frac{1}{n}\sum_{i=1}^{n}\left(\boldsymbol{x}_i^{\mathrm{T}}\boldsymbol{\omega}\right)^{\mathrm{T}}\boldsymbol{x}_i^{\mathrm{T}}\boldsymbol{\omega}\\&=\frac{1}{n}\sum_{i=1}^{n}\boldsymbol{\omega}^{\mathrm{T}}\boldsymbol{x}_i\boldsymbol{x}_i^{\mathrm{T}}\boldsymbol{\omega}\\&=\boldsymbol{\omega}^{\mathrm{T}}\left(\frac{1}{n}\sum_{i=1}^{n}\boldsymbol{x}_i\boldsymbol{x}_i^{\mathrm{T}}\right)\boldsymbol{\omega}\end{aligned} \tag{10-3}$$

其中，$\frac{1}{n}\sum_{i=1}^{n}\boldsymbol{x}_i\boldsymbol{x}_i^{\mathrm{T}}$ 为样本协方差矩阵Σ，另外由于$\boldsymbol{\omega}$是单位方向向量，即$\boldsymbol{\omega}^{\mathrm{T}}\boldsymbol{\omega}=1$，因此目标可写作

$$\begin{cases}\max\left\{\boldsymbol{\omega}^{\mathrm{T}}\Sigma\boldsymbol{\omega}\right\}\\ \text{s.t. }\ \boldsymbol{\omega}^{\mathrm{T}}\boldsymbol{\omega}=1\end{cases} \tag{10-4}$$

引入拉格朗日乘子，对$\boldsymbol{\omega}$求导令其为 0，可以推出$\Sigma\,\boldsymbol{\omega}=\lambda\boldsymbol{\omega}$，此时

$$D(x)=\boldsymbol{\omega}^{\mathrm{T}}\Sigma\boldsymbol{\omega}=\lambda\boldsymbol{\omega}^{\mathrm{T}}\boldsymbol{\omega}=\lambda \tag{10-5}$$

即 X 投影后方差，也是协方差矩阵的特征值，最佳投影方向就是最大特征值对应的特征向

量；次佳投影方向是第二大特征值对应的特征向量，以此类推，可得以下 PCA 的求解方法：

（1）对样本数据进行中心化处理。

（2）求样本协方差矩阵。

（3）对协方差矩阵进行特征值分解，将特征值从大到小排列。

（4）取特征值前 d 个对应的特征向量 $\boldsymbol{\omega}_1,\boldsymbol{\omega}_2,\cdots,\boldsymbol{\omega}_d$，通过以下映射将 n 维样本映射到 d 维。

$$\boldsymbol{x}_i' = \begin{bmatrix} \boldsymbol{\omega}_1^{\mathrm{T}} x_i \\ \boldsymbol{\omega}_2^{\mathrm{T}} x_i \\ \vdots \\ \boldsymbol{\omega}_d^{\mathrm{T}} x_i \end{bmatrix} \tag{10-6}$$

定义降维后信息占比为

$$\eta = \sqrt{\frac{\sum_{i=1}^{d} \lambda_i^2}{\sum_{i=1}^{n} \lambda_i^2}} \tag{10-7}$$

另外，由于得到协方差矩阵的特征值和特征向量有两种方法：特征值分解协方差矩阵和奇异值分解协方差矩阵。所以 PCA 算法有两种实现方法，基于特征值分解协方差矩阵实现 PCA 算法和基于 SVD 分解协方差矩阵实现 PCA 算法。在现实场景下，一般使用 SVD，它有如下两个好处。

（1）有一些 SVD 的实现算法可以先不求出协方差矩阵也能求出右奇异矩阵 $\boldsymbol{V}$。也就是说，PCA 算法可以不用进行特征分解而通过 SVD 来完成，这个方法在样本量很大的时候很有效。实际上，scikit-learn 的 PCA 算法的背后真正地实现就是用的 SVD，而不是特征值分解。

（2）注意到 PCA 仅仅使用了 SVD 的左奇异矩阵，没有使用到右奇异矩阵，那么右奇异矩阵有什么用呢？左奇异矩阵可以用于对行数的压缩；右奇异矩阵可以用于对列（特征维度）的压缩。这就是用 SVD 分解协方差矩阵实现 PCA 可以得到两个方向的 PCA 降维（行和列两个方向）。

PCA 本质上是将方差最大的方向作为主要特征，并且在各个正交方向上将数据“离相关”，也就是让它们在不同正交方向上没有相关性。因此，PCA 也存在一些限制，如它可以很好地解除线性相关，但是对于高阶相关性却无能为力，对于存在高阶相关性的数据，可以考虑 kernel PCA，通过 kernel 函数将非线性相关转为线性相关，关于这点就不展开讨论了，具体实现参考本章【扩展阅读】。另外，PCA 假设数据各主特征是分布在正交方向上的，如果在非正交方向上存在几个方差较大的方向，PCA 的效果会受到影响。

PCA 算法的优点如下：

（1）该算法使得数据集更易使用；

（2）降低算法的计算开销；

（3）去除噪声；

（4）使得结果容易被理解；

（5）完全无参数限制。

PCA 算法的缺点如下：

（1）如果用户对观测对象有一定的先验知识，掌握了数据的一些特征，却无法通过参数化等方法对处理过程进行干预，可能会得不到预期的效果，效率也不高；

（2）特征值分解有一些局限性，如变换的矩阵必须是方阵；

（3）在非高斯分布情况下，PCA 方法得出的主元可能并不是最优的。

10.1.2 线性判别分析（LDA）

线性判别分析（Linear Discriminant Analysis，LDA）是一种有监督学习算法，同时经常被用来对数据进行降维。LDA 主要用于数据预处理中的降维和分类任务。

LDA 关心的是能够最大化类间区分度的坐标成分。将特征空间（数据集中的多维样本）投影到一个维度更小的 k 维子空间中，同时保持区分类别的信息。

从图 10-2 可以看出，圆形和三角形各代表一类数据，将其在某一方向上进行投影，右图要比左图的投影效果好，因为右图的两类数据较为集中，且类别之间的距离明显，而左图则在边界处数据混杂。

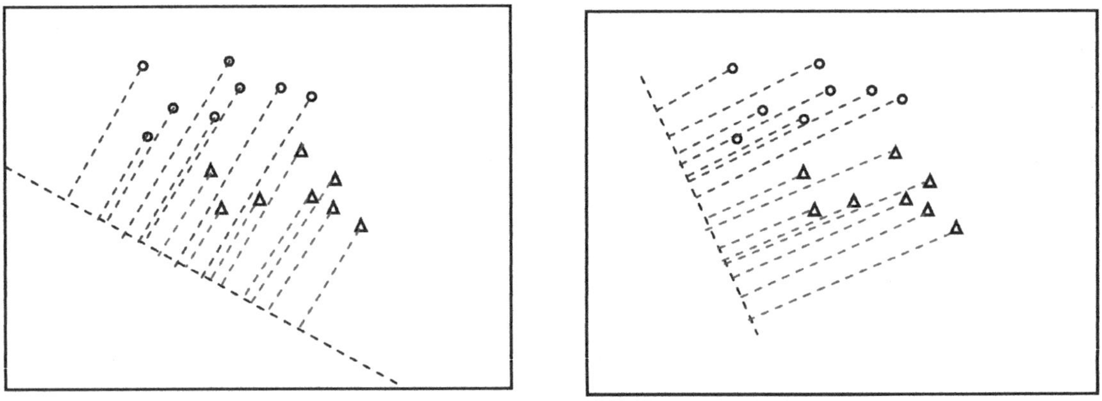

图 10-2　LDA 不同投影示例

LDA 的中心思想是最大化类间距离和最小化类内距离，即将数据在低维度上进行投影，投影后希望每一种类别数据的投影点尽可能接近，而不同类别数据中心之间的距离尽可能远。

设有 C_1、C_2 两个类别的样本，两类的均值分别为 $\mu_1 = \frac{1}{N}\Sigma_{x \in C_1} x$，$\mu_2 = \frac{1}{N}\Sigma_{x \in C_2} x$，则两类中心在 $\boldsymbol{\omega}$ 方向上的投影向量为 $\boldsymbol{\omega}^{\mathrm{T}}\mu_1$、$\boldsymbol{\omega}^{\mathrm{T}}\mu_2$，因此类间距离为 $\left\|\boldsymbol{\omega}^{\mathrm{T}}(\mu_1 - \mu_2)\right\|_2^2$；将类内方差定义为各个类分别的方差之和，将目标函数定义为类间距离和类内距离的比值，于是最大化的目标为

$$\max_{w} J(\boldsymbol{\omega}) = \frac{\left\|\boldsymbol{\omega}^{\mathrm{T}}(\mu_1 - \mu_2)\right\|_2^2}{D_1 + D_2} \tag{10-8}$$

式中，$\boldsymbol{\omega}$为单位向量，D_1、D_2 分别表示两类投影后的方差：

$$D_1=\sum_{x\in C_1}\left(\boldsymbol{\omega}^{\mathrm{T}}x-\boldsymbol{\omega}^{\mathrm{T}}\mu_1\right)^2=\sum_{x\in C_1}\boldsymbol{\omega}^{\mathrm{T}}\left(x-\mu_1\right)\left(x-\mu_1\right)^{\mathrm{T}}\boldsymbol{\omega} \tag{10-9}$$

$$D_2=\sum_{x\in C_2}\left(\boldsymbol{\omega}^{\mathrm{T}}x-\boldsymbol{\omega}^{\mathrm{T}}\mu_2\right)^2=\sum_{x\in C_2}\boldsymbol{\omega}^{\mathrm{T}}\left(x-\mu_2\right)\left(x-\mu_2\right)^{\mathrm{T}}\boldsymbol{\omega} \tag{10-10}$$

因此，$J(\boldsymbol{\omega})$可写成

$$J\left(\boldsymbol{\omega}\right)=\frac{\boldsymbol{\omega}^{\mathrm{T}}\left(\mu_1-\mu_2\right)\left(\mu_1-\mu_2\right)^{\mathrm{T}}\boldsymbol{\omega}}{\Sigma_{x\in c_i}\boldsymbol{\omega}^{\mathrm{T}}\left(x-\mu_i\right)\left(x-\mu_i\right)^{\mathrm{T}}\boldsymbol{\omega}} \tag{10-11}$$

定义类间散度矩阵 $\boldsymbol{S}_B=\left(\mu_1-\mu_2\right)\left(\mu_1-\mu_2\right)^{\mathrm{T}}$，类内散度矩阵 $\boldsymbol{S}_{\omega}=\Sigma_{x\in c_i}\left(x-\mu_i\right)\left(x-\mu_i\right)^{\mathrm{T}}$，得

$$J\left(\boldsymbol{\omega}\right)=\frac{\boldsymbol{\omega}^{\mathrm{T}}\boldsymbol{S}_B\boldsymbol{\omega}}{\boldsymbol{\omega}^{\mathrm{T}}\boldsymbol{S}_{\omega}\boldsymbol{\omega}} \tag{10-12}$$

于是，可得

$$\boldsymbol{S}_B\boldsymbol{\omega}=\lambda\boldsymbol{S}_{\omega}\boldsymbol{\omega} \tag{10-13}$$

即

$$\boldsymbol{S}_{\omega}^{-1}\boldsymbol{S}_B\boldsymbol{\omega}=\lambda\boldsymbol{\omega} \tag{10-14}$$

即求矩阵特征向量问题。$J\left(\boldsymbol{\omega}\right)$对应了矩阵 $\boldsymbol{S}_{\omega}^{-1}\boldsymbol{S}_B$ 最大的特征值，而投影方向是这个特征值对应的特征向量。

LDA 在降维过程中可以使用类别的先验知识经验，在样本分类信息依赖均值而不是方差的时候，比 PCA 之类的算法较优。PCA 与 LDA 比较的相同点和不同点如下。

相同点：

（1）PCA 与 LDA 均可以对数据进行降维。

（2）PCA 与 LDA 在降维时均使用了矩阵特征分解的思想。

（3）PCA 与 LDA 都假设数据符合高斯分布。

不同点：

（1）LDA 是有监督的降维方法，而 PCA 是无监督的降维方法。

（2）LDA 降维最多降到类别数 k−1 的维数，而 PCA 没有这个限制。

（3）LDA 除了可以用于降维，还可以用于分类。

（4）LDA 选择分类性能最好的投影方向，而 PCA 选择样本点投影具有最大方差的方向。

LDA 算法既可以用来降维，又可以用来分类，但是目前来说，主要还是用于降维。在进行图像识别相关的数据分析时，LDA 是一个有力的工具。

LDA 算法的主要优点如下：

（1）在降维过程中可以使用类别的先验知识经验，而像 PCA 这样的无监督学习则无法使用类别先验知识经验。

（2）LDA 在样本分类信息依赖均值而不是方差的时候，比 PCA 之类的算法较优。

LDA 算法的主要缺点如下：

（1）LDA 不适合对非高斯分布样本进行降维，PCA 也有这个问题。

（2）LDA 降维最多降到类别数 $k-1$ 的维数，如果降维的维度大于 $k-1$，则不能使用 LDA。当然目前有一些 LDA 的进化版算法可以绕过这个问题。

（3）LDA 在样本分类信息依赖方差而不是均值的时候，降维效果不好。

（4）LDA 可能过度拟合数据。

10.1.3 局部线性嵌入（LLE）

局部线性嵌入（Locally linear embedding，LLE）是一种典型的非线性降维算法，它能够使降维后的数据较好地保持原有流形结构。LLE 可以说是流形学习方法最经典的工作之一。很多后续的流形学习降维方法都与 LLE 有密切联系。

局部线性嵌入寻求数据的低维投影，保留本地邻域内的距离。它可以被认为是一系列局部主成分分析，通过全局比较以找到最佳的非线性嵌入。

LLE 首先假设数据在较小的局部是线性的，也就是说，某一个数据可以由它邻域中的几个样本来线性表示。例如，有一个样本 x_1，在它的原始高维邻域里用 k 近邻思想找到和它最近的三个样本 x_2、x_3、x_4。然后假设 x_1 可以由 x_2、x_3、x_4 线性表示，$x_1=w_{12}x_2+w_{13}x_3+w_{14}x_4$。其中，$w_{12}$、$w_{13}$、$w_{14}$ 为权重系数，在通过 LLE 降维后，希望 x_1 在低维空间对应的投影 x_1' 和 x_2、x_3、x_4 对应的投影 x_2'、x_3'、x_4'，也尽量保持同样的线性关系，即 $x_1'\approx w_{12}x_2'+w_{13}x_3'+w_{14}x_4'$。

也就是说，投影前后线性关系的权重系数 w_{12}、w_{13}、w_{14} 是尽量不变或者最小改变的。权值 w_{ij} 说明第 j 个数据点对重构第 i 个数据点所做的贡献。对于不在样本 x_i 邻域内的样本 x_j，令对应的 $w_{ij}=0$，且权值矩阵每行的所有元素之和等于 1，即 $\Sigma w_{ij}=1$。最优权值 w_{ij} 将通过计算其最小平方得到

$$\min\sum_i\left\|x_i-\sum_{j=1}^{k}w_{ij}x_j\right\|_2^2 \qquad (10\text{-}15)$$

从上面可以看出，线性关系只在样本的附近起作用，离样本远的样本对局部的线性关系没有影响，因此降维的复杂度降低了很多。

LLE 算法的主要步骤如下：

（1）首先，寻找每个样本点的 k 个近邻点；

（2）然后，由每个样本点的近邻点计算出该样本点的局部重建权值矩阵；

（3）最后，由该样本点的局部重建权值矩阵和近邻点计算出该样本点的输出值。

LLE 算法很简单高效，但是却有一些问题。例如，如果近邻数 k 大于输入数据的维度时，权重系数矩阵不是满秩的。为了解决这样类似的问题，有一些是 LLE 的变种产生出来的，如 Modified Locally Linear Embedding（MLLE）和 Hessian Based LLE（HLLE）。对于 HLLE，它不是考虑保持局部的线性关系，而是保持局部的 Hessian 矩阵的二次型的关系。而对于 MLLE，它对搜索到的最近邻的权重进行了度量，一般都是找距离最近的 k 个最近邻就可以了，而 MLLE 在找距离最近的 k 个最近邻的同时要考虑近邻的分布权重，它希望

找到的近邻的分布权重尽量在样本的各个方向，而不是集中在一侧。

另一个比较好的 LLE 的变种是 Local Tangent Space Alignment（LTSA），它希望保持数据集局部的几何关系，在降维后希望局部的几何关系得以保持，同时利用了局部几何到整体性质过渡的技巧。

LLE 是广泛使用的图形图像降维方法，实现简单，但是对数据的流形分布特征有严格的要求。例如，不能是闭合流形、不能是稀疏的数据集、不能是分布不均匀的数据集等，这限制了它的应用。

LLE 算法的主要优点如下：

（1）可以学习任意维的局部线性的低维流形。

（2）算法归结为稀疏矩阵特征分解，计算复杂度相对较小、实现容易。

LLE 算法的主要缺点如下：

（1）算法所学习的流形只能是不闭合的，且样本集是稠密均匀的。

（2）算法对最近邻样本数的选择敏感，不同的最近邻数对最后的降维结果有很大影响。

10.1.4　拉普拉斯特征映射（LE）

拉普拉斯特征映射（Laplacian Eigenmaps，LE）是一种不太常见的降维算法，它看问题的角度和常见的降维算法不太相同，是从局部的角度去构建数据之间的关系。具体来讲，拉普拉斯特征映射是一种基于图的降维算法，它希望相互间有关系的点（在图中相连的点）在降维后的空间中尽可能靠近，从而在降维后仍能保持原有的数据结构。

通过构建邻接矩阵为$\boldsymbol{\omega}$的图来重构数据流形的局部结构特征，如果两个数据实例很相似，那么 i 和 j 在降维后目标子空间中也应该接近。设数据实例的数目为 n，目标子空间（降维后的维度）为 m，定义 $n \times m$ 大小的矩阵 $\boldsymbol{Y}$，其中每一个行向量是数据实例 i 在目标子空间中的向量表示。

为了让样本 i 和在降维后的子空间里尽量接近，优化的目标函数为

$$\min \sum_{i,j} \left\| y_i - y_j \right\|^2 \boldsymbol{\omega}_{ij} \ \min \sum\nolimits_{i,j} \left\| y_i - y_j \right\|^2 \omega_{ij} \tag{10-16}$$

式中，$\left\| y_i - y_j \right\|^2$ 为两个样本在目标子空间中的距离的平方，$\boldsymbol{\omega}_{ij}$ 为两个样本的权重值，权重值可以用图中样本间的连接数来度量。经过推导，将目标函数转化为以下形式

$$\boldsymbol{L}_y = \lambda \boldsymbol{D}_y \tag{10-17}$$

式中，$\boldsymbol{L}$ 和 $\boldsymbol{D}$ 均为对称矩阵，由于目标函数是求最小值，所以通过求得 m 个最小非零特征值所对应的特征向量，即可达到降维的目的。

拉普拉斯特征映射的具体步骤如下：

（1）构建无向图，将所有的样本以点连接成一个图，如使用 KNN 算法，将每个点最近的 k 个点进行连接，其中 k 是一个预先设定的值。

（2）构建图的权值矩阵，通过点之间的关联程度来确定点与点之间的权重大小。例如，

两个点之间如果相连接，则权重值为 1，否则为 0。

（3）特征映射，通过公式 $\boldsymbol{L}_y = \lambda \boldsymbol{D}_y$ 计算拉普拉斯矩阵 $\boldsymbol{L}$ 的特征向量与特征值，用最小的 m 个非零特征值对应的特征向量作为降维的结果。

10.2 scikit-learn 降维算法实现

iris 数据集的 LDA 和 PCA 二维投影如例 10.1 所示。

【例 10.1】

```
import matplotlib.pyplot as plt
from sklearn import datasets
from sklearn.decomposition import PCA
from sklearn.discriminant_analysis import LinearDiscriminantAnalysis
iris = datasets.load_iris()
X = iris.data
y = iris.target
target_names = iris.target_names
pca = PCA(n_components=2)
X_r = pca.fit(X).transform(X)
lda = LinearDiscriminantAnalysis(n_components=2)
X_r2 = lda.fit(X, y).transform(X)

print('explained variance ratio (first two components): %s'
 % str(pca.explained_variance_ratio_))
plt.figure()
colors = ['navy', 'turquoise', 'darkorange']
lw = 2

for color, i, target_name in zip(colors, [0, 1, 2], target_names):
    plt.scatter(X_r[y == i, 0], X_r[y == i, 1], color=color, alpha=.8, lw=lw,
                label=target_name)
plt.legend(loc='best', shadow=False, scatterpoints=1)
plt.title('PCA of IRIS dataset')

plt.figure()
for color, i, target_name in zip(colors, [0, 1, 2], target_names):
    plt.scatter(X_r2[y == i, 0], X_r2[y == i, 1], alpha=.8, color=color,
                label=target_name)
plt.legend(loc='best', shadow=False, scatterpoints=1)
plt.title('LDA of IRIS dataset')
plt.show()
```

iris 数据集的 LDA 和 PCA 二维投影如图 10-3 所示。

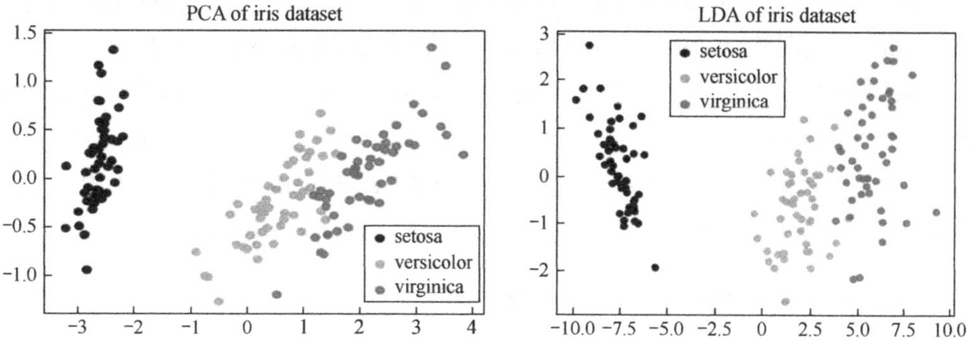

图 10-3 iris 数据集的 LDA 和 PCA 二维投影

1. scikit-learn 实现的 PCA 算法降维参数说明

（1）n_components：PCA 算法中要保留的主成分个数 *n*，也即保留下来的特征个数 *n*。int 型或者 string 型，默认为 None，所有成分均被保留。

（2）copy：表示是否在运行算法时，将原始训练数据复制一份。该参数为布尔类型，默认为 True。若为 True，则运行 PCA 算法后，原始训练数据的值不会有任何改变，因为是在原始数据的副本上进行计算的；若为 False，则运行 PCA 算法后，原始训练数据的值会改变，因为是在原始数据上进行降维计算的。

（3）whiten: 白化，使得每个特征具有相同的方差。就是对降维后数据的每个特征进行归一化，一般不需要白化。该参数为布尔类型，默认为 False。

（4）PCA 对象的属性如下。

components_：返回具有最大方差的成分。

explained_variance_：所保留的 *n* 个成分各自的方差。

explained_variance_ratio_：返回所保留的 *n* 个成分各自的方差百分比。

n_components_：返回所保留的成分个数 *n*。

noise variance：噪声方差大小。

mean_：特征均值。

（5）PCA 对象的方法如下。

fit(X,y=None)：fit()是 scikit-learn 中通用的方法。因为 PCA 是无监督学习的算法，此处 y 等于 None。

fit(X)：表示用数据 X 来训练 PCA 模型。

fit_transform(X)：用 X 来训练 PCA 模型，同时返回降维后的数据。

inverse_transform()：将降维后的数据转换成原始数据，X=pca.inverse_transform(newX)。

transform(X)：将数据 X 转换成降维后的数据。

（6）通常来说使用 PCA 降维以后需要保留 95%以上的方差，因此 scikit-learn 中的 PCA 有三种使用方式。

第一种：手动设置维度 int 类型，即降维后的维度，查看保留的方差百分比（explained_variance_ratio_）来调整合适的 n_components，此时 n_components 大于 1。

第二种：手动设置保留的方差百分比 int 类型，系统会自动选择维度，此时 n_components 范围为(0,1]，如 0.95。

第三种：还可以将参数设置为 string 类型的 MLE，此时 PCA 类会用 MLE 最大似然算法根据特征的方差分布情况自己去选择一定数量的主成分特征来降维。

2. scikit-learn 实现的 LDA 算法降维参数说明

在 scikit-learn 中，LDA 类是 sklearn.discriminant_analysis.LinearDiscriminantAnalysis。既可以用于分类又可以用于降维。当然，应用场景最多的还是降维。与 PCA 类似，LDA 降维基本也不用调参，只需要指定降维到的维数即可。

（1）solver：求 LDA 超平面特征矩阵使用的方法。可以选择的方法有奇异值分解“svd”、最小二乘“lsqr”和特征分解“eigen”。一般来说特征数非常多的时候推荐使用 svd，而特征数不多的时候推荐使用 eigen。主要注意的是，如果使用 svd，则不能指定正则化参数 shrinkage 进行正则化。默认值是 svd。

（2）shrinkage：正则化参数，可以增强 LDA 分类的泛化能力。如果仅仅只是为了降维，则一般可以忽略这个参数。默认是 None，即不进行正则化。可以选择“auto”，让算法自己决定是否正则化。当然也可以选择不同的[0,1]的值进行交叉验证调参。注意 shrinkage 只在 solver 为最小二乘“lsqr”和特征分解“eigen”时有效。

（3）priors：类别权重，可以在进行分类模型时指定不同类别的权重，进而影响分类模型建立。降维时一般不需要关注这个参数。

（4）n_components：进行 LDA 降维时降到的维数。在降维时需要输入这个参数。注意只能为[1,类别数-1)的整数。如果不是用于降维，则这个值可以用默认的 None。从上面的描述可以看出，如果只是为了降维，则只需要输入 n_components，注意这个值必须小于“类别数-1”。PCA 没有这个限制。

一般来说，如果数据是有类别标签的，那么优先选择 LDA 去尝试降维；当然也可以使用 PCA 进行很小幅度的降维去消除噪声，然后使用 LDA 降维。如果没有类别标签，那么肯定 PCA 是最先考虑的一个选择了。

【扩展阅读】

1. KPCA（Kernel PCA）

了解 SVM 都应该知道核技巧，即通过数学方法达到增加特征类似的功能来实现非线性分类。KPCA 算法其实很简单，数据在低维度空间不是线性可分的，但是在高维度空间就可以变成线性可分的了。利用这个特点，KPCA 只是将原始数据通过核函数映射到高维度空间，再利用 PCA 算法进行降维，所以称为 KPCA 降维。KPCA 算法善于保持聚类后的集群（clusters）投影，有时展开数据接近扭曲的流形。

```
from sklearn.datasets import make_swiss_roll
import matplotlib.pyplot as plt
from mpl_toolkits.mplot3d import Axes3D
from sklearn.decomposition import KernelPCA
X, t = make_swiss_roll(n_samples=1000, noise=0.2, random_state=42)
lin_pca = KernelPCA(n_components=2, kernel="linear", fit_inverse_transform=True)
rbf_pca = KernelPCA(n_components=2, kernel="rbf", gamma=0.0433, fit_inverse_transform=True)
sig_pca = KernelPCA(n_components=2, kernel="sigmoid", gamma=0.001, coef0=1, fit_inverse_
transform=True)
y = t > 6.9
plt.figure(figsize=(11, 4))
for subplot, pca, title in ((131, lin_pca, "Linear kernel"), (132, rbf_pca, "RBF kernel,
$\gamma=0.04$"), (133, sig_pca, "Sigmoid kernel, $\gamma=10^{-3}, r=1$")):
    X_reduced = pca.fit_transform(X)
    if subplot == 132:
        X_reduced_rbf = X_reduced
    plt.subplot(subplot)
    plt.title(title, fontsize=14)
    plt.scatter(X_reduced[:, 0], X_reduced[:, 1], c=t, cmap=plt.cm.hot)
    plt.xlabel("$z_1$", fontsize=18)
    if subplot == 131:
        plt.ylabel("$z_2$", fontsize=18, rotation=0)
    plt.grid(True)
plt.show()
```

KPCA 降维结果如图 10-4 所示。

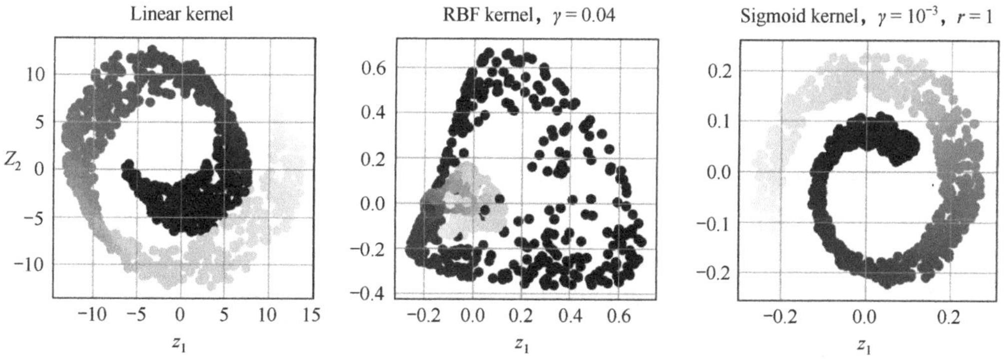

图 10-4 KPCA 降维结果

由于 KPCA 是非监督算法，因此无法判断性能的好坏，需要结合分类或回归问题来判断。通过 GridSearch 来选择合适的核函数与参数，下面是一个例子：

```
from sklearn.model_selection import GridSearchCV
from sklearn.linear_model import LogisticRegression
from sklearn.pipeline import Pipeline
import numpy as np
clf = Pipeline([
        ("kpca", KernelPCA(n_components=2)),
        ("log_reg", LogisticRegression())
    ])
param_grid = [{
        "kpca__gamma": np.linspace(0.03, 0.05, 10),
        "kpca__kernel": ["rbf", "sigmoid"]
}]

grid_search = GridSearchCV(clf, param_grid, cv=3)
grid_search.fit(X, y)
print(grid_search.best_params_)
```

运行结果如下：

```
{'kpca__gamma': 0.043333333333333335, 'kpca__kernel': 'rbf'}
```

2. 其他降维技术

除了上面介绍的常用的降维算法，还有一些其他降维技术，scikit-learn 也提供支持。下面再简单列举一些比较有名的算法，具体原理不再详细介绍，感兴趣的读者可以自行查阅相关资料。

（1）Multidimensional Scaling（MDS），经常用于数据可视化，维度大多时候是 2～3 维，该方法在降维的同时尽可能保留样本间的相对距离。

（2）Isomap，通过连接每个样本和它的最近邻居来创建一个图，然后在降维的同时尝试保留样本间的测地距离（两个样本之间最少经过几个点）。

（3）t-Distributed Stochastic Neighbor Embedding（t-SNE），即 t-分布领域嵌入算法，该算法降低维度的同时试图保持相似的样本靠近和不同的样本分离。它主要用于可视化，特别是可视化高维空间中的聚类。

程序案例如下：

```
from sklearn.datasets import make_swiss_roll
import matplotlib.pyplot as plt
from mpl_toolkits.mplot3d import Axes3D
X, t = make_swiss_roll(n_samples=1000, noise=0.2, random_state=42)

from sklearn.manifold import MDS
mds = MDS(n_components=2, random_state=42)
X_reduced_mds = mds.fit_transform(X)

from sklearn.manifold import Isomap
```

```
isomap = Isomap(n_components=2)
X_reduced_isomap = isomap.fit_transform(X)

from sklearn.manifold import TSNE
tsne = TSNE(n_components=2, random_state=42)
X_reduced_tsne = tsne.fit_transform(X)

titles = ["MDS", "Isomap", "t-SNE"]
plt.figure(figsize=(11,4))
for subplot, title, X_reduced in zip((131, 132, 133), titles,(X_reduced_mds, X_reduced_isomap,
X_reduced_tsne)):
    plt.subplot(subplot)
    plt.title(title, fontsize=14)
    plt.scatter(X_reduced[:, 0], X_reduced[:, 1], c=t, cmap=plt.cm.hot)
    plt.xlabel("$z_1$", fontsize=18)
    if subplot == 131:
        plt.ylabel("$z_2$", fontsize=18, rotation=0)
    plt.grid(True)
plt.show()
```

MDS、Isomap、t-SNE 降维效果如图 10-5 所示。

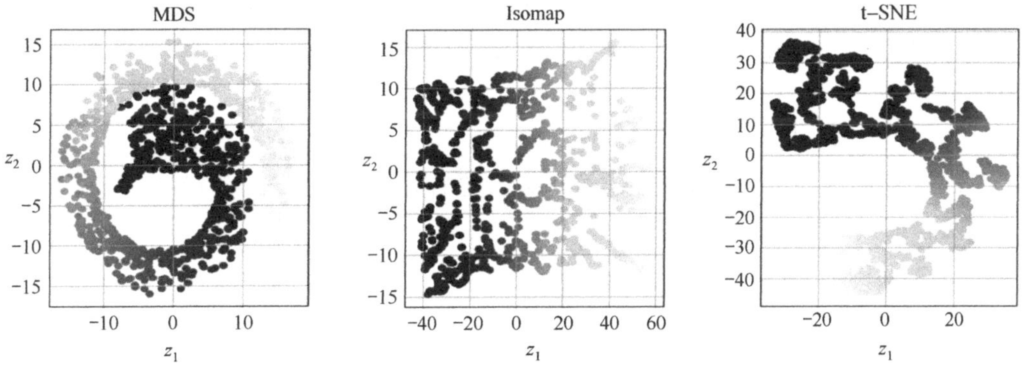

图 10-5　MDS、Isomap、t-SNE 降维效果

习　题

1. 以下（　　）算法不能用于降低数据的维数。

A. t-SNE　　B. PCA　　C. LDA　　D. 都不是

2. 最常用的降维算法是 PCA，以下（　　）是关于 PCA 的。

① PCA 是一种无监督的方法；

② 它搜索数据具有最大差异的方向；

③ 主成分的最大数量≤特征数量；

④ 所有主成分彼此正交。

A. ①和②　　B. ①和③　　C. ②和③　　D. ①、②和③

E. ①、②和④　　F. 以上所有

3. 以下关于 LDA 的说法正确的是（　　）。

A. LDA 旨在最大化类别之间的距离，并最小化类内之间的距离

B. LDA 旨在最小化类别和类内之间的距离

C. LDA 旨在最大化类内之间的距离，并最小化类别之间的距离

D. LDA 旨在最大化类别和类内之间的距离

4. 以下哪种情况 LDA 会失败？（　　）

A. 如果有辨识性的信息不是平均值，而是数据的方差

B. 如果有辨识性的信息是平均值，而不是数据方差

C. 如果有辨识性的信息是数据的均值和方差

D. 都不是

5. PCA 和 LDA 的以下比较哪些是正确的？（　　）

① LDA 和 PCA 都是线性变换技术；

② LDA 是有监督的，而 PCA 是无监督的；

③ PCA 最大化数据的方差，而 LDA 最大化不同类之间的分离。

A. ①和②　　B. ②和③　　C. ①和③

D. 只有③　　E. ①、②和③

6. 以下哪个选项是真的？（　　）

A. PCA 明确地尝试对数据类别之间的差异进行建模，而 LDA 没有

B. 两者都试图模拟数据类之间的差异

C. LDA 明确地尝试对数据类别之间的差异进行建模，而 PCA 没有

D. PCA 和 LDA 都不试图模拟数据类之间的差异

7. 简述机器学习四大数据降维方法的优缺点。

8. 简述 PCA 算法的主要实现流程。

9. 对葡萄酒数据集，使用 scikit-learn 提供的 PCA 和 LDA 算法进行降维操作，降成可视化的二维数据集。

10. 使用 scikit-learn 生成 Swiss Roll 数据，并使用 LLE 算法和 LE 算法进行降维操作。

参考文献

[1] 赵卫东，董亮. 机器学习[M]. 北京：人民邮电出版社，2018.

[2] 雷明. 机器学习原理、算法与应用[M]. 北京：清华大学出版社，2019.

[3] Jamest. 降维算法一览[EB/OL]. 2019.

[4] huahuaxiaoshao. 降维算法之 LDA 及其实战[EB/OL]. 2019.

[5] 刘建平 Pinard. 局部线性嵌入（LLE）原理总结[EB/OL]. 2017.

[6] scott_zy1. LLE 原理及推导过程[EB/OL]. 2018.

[7] GrandNovice. 降维算法——LE 算法的推导[EB/OL]. 2019.

[8] lyn5284767. 机器学习——降维算法（KPCA 算法）[EB/OL]. 2018.

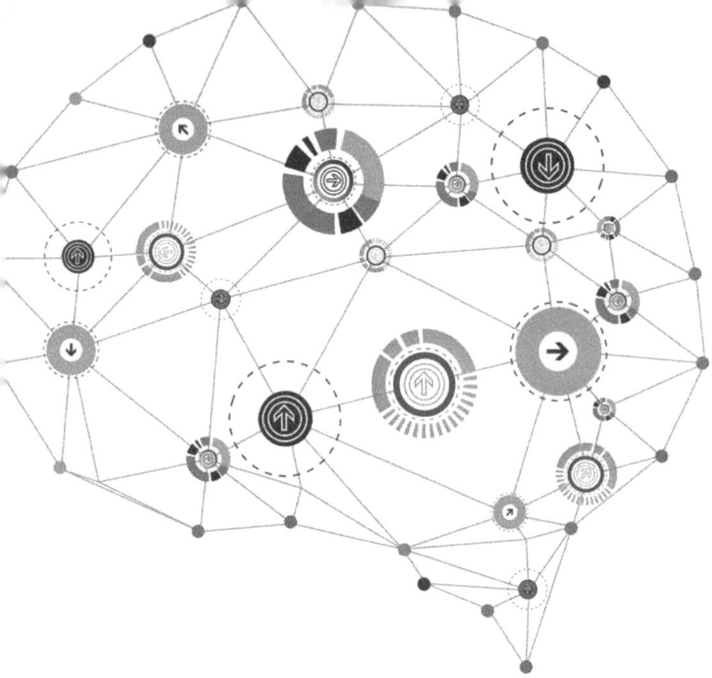

第二篇

深度学习

第 11 章

深度学习概述

11.1 深度学习的概念

深度学习（Deep Learning，DL）是机器学习（Machine Learning，ML）领域中一个新的研究方向，它被引入机器学习使其更接近最初的目标——人工智能（Artificial Intelligence，AI）。深度学习是机器学习的一种，而机器学习是实现人工智能的必经之路。

深度学习的概念源于人工神经网络的研究，含多个隐含层的多层感知机就是一种深度学习结构。深度学习通过组合低层特征形成更加抽象的高层表示、属性、类别或特征，以发现数据的分布式特征表示。研究深度学习的动机在于建立模拟人脑进行分析学习的神经网络，它通过模拟人脑的机制来解释数据，如图像、声音和文本等。

从一个输入中产生一个输出所涉及的计算可以通过一个流向图（flow graph）来表示。流向图是一种能够表示计算的图，在这种图中每一个节点表示一个基本的计算及一个计算的值，计算的结果被应用到这个节点的子节点值当中。输入节点没有父节点，输出节点没有子节点。

因此这样一个计算集合，它可以定义一个函数簇以反映出各节点和图结构中的计算关系。

这种流向图的一个特别属性是深度（depth）：从输入节点到输出节点的最长路径长度。

图 11-1 展示了目前常用的深度学习神经网络模型。深度学习是学习样本数据的内在规律和表示层次，这些学习过程中获得的信息对诸如文字、图像和声音等数据的解释有很大的帮助。它的最终目标是让机器能够像人一样具有分析学习能力，能够识别文字、图像和声音等数据。

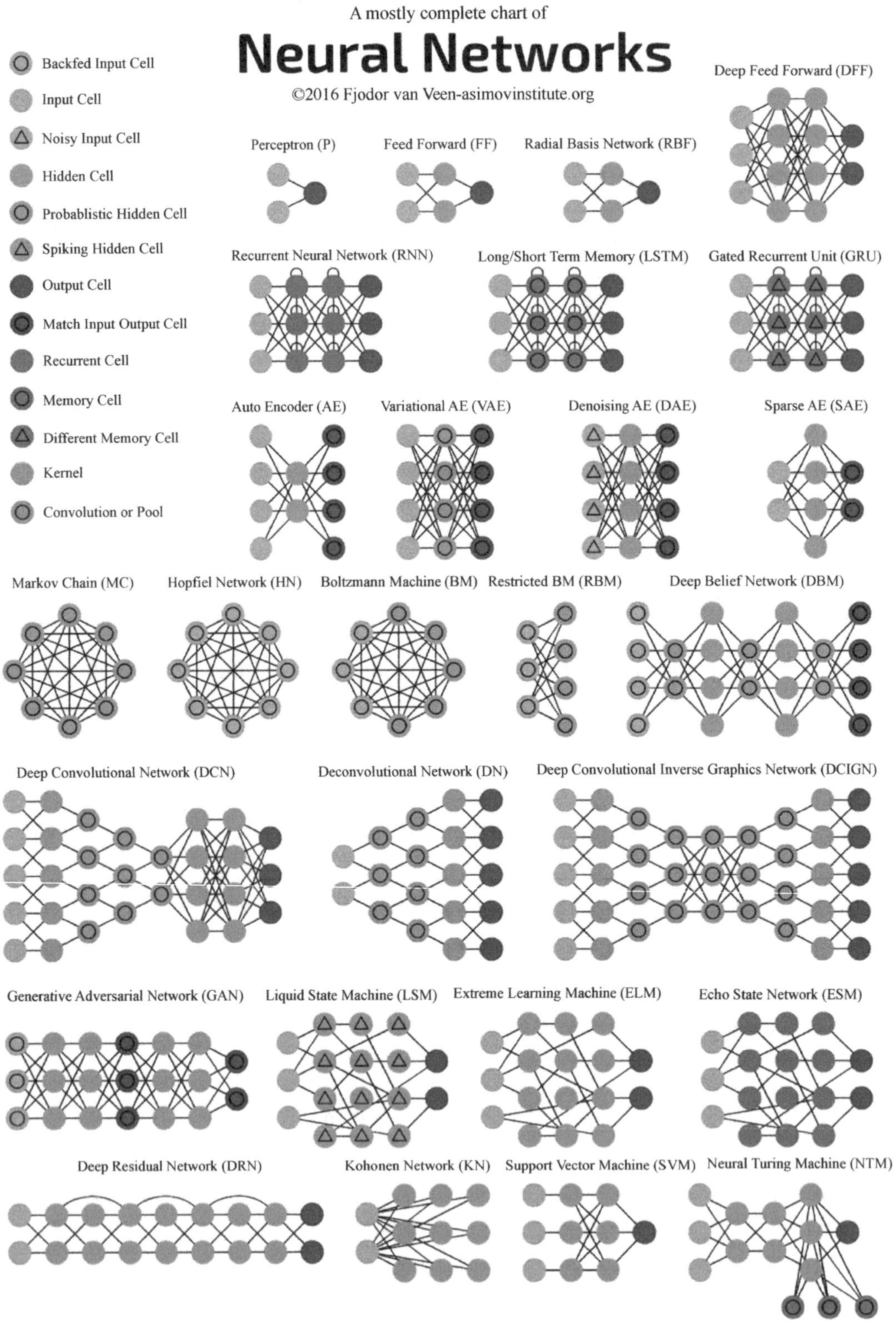

图 11-1　目前常用的深度学习神经网络模型

深度学习是一个复杂的机器学习算法，在语音和图像识别方面取得的效果，远远超过先前相关技术。深度学习在搜索技术、数据挖掘、机器学习、机器翻译、自然语言处理、多媒体学习、语音、推荐和个性化技术，以及其他相关领域都取得了很多成果。深度学习使机器能模仿视听和思考等人类的活动，解决了很多复杂的模式识别难题，使得人工智能相关技术取得了很大进步。

11.2 深度学习的分类及特点

11.2.1 深度学习的分类

深度学习是一类模式分析方法的统称，就具体研究内容而言，主要涉及三类方法。

1）卷积神经网络模型（CNN）

在无监督预训练出现之前，训练深度神经网络通常非常困难，而其中一个特例是卷积神经网络。卷积神经网络受视觉系统的结构启发而产生，对卷积神经网络的研究可追溯至日本学者福岛邦彦（Kunihiko Fukushima）提出的 neocognitron 模型，在其 1979 年和 1980 年发表的论文中，福岛邦彦仿造生物的视觉皮层（visual cortex）设计了以“neocognitron”命名的神经网络。

neocognitron 是一个具有深度结构的神经网络，并且是最早被提出的深度学习算法之一，其隐含层由 S 层（Simple-layer）和 C 层（Complex-layer）交替构成。其中 S 层单元在感受野（receptive field）内对图像特征进行提取，C 层单元接收和响应不同感受野返回的相同特征。neocognitron 的 S 层和 C 层组合能够进行特征提取和筛选，部分实现了卷积神经网络中卷积层（convolution layer）和池化层（pooling layer）的功能，被认为是启发了卷积神经网络的开创性研究。后来，Le Cun 等在该思想的基础上，用误差梯度设计并训练卷积神经网络，在一些模式识别任务上得到优越的性能。至今，基于卷积神经网络的模式识别系统是最好的实现系统之一，尤其在手写体字符识别任务上表现出非凡的性能。

2）深度信任网络模型（DBN）

DBN 可以解释为贝叶斯概率生成模型，由多层随机隐变量组成，上面的两层具有无向对称连接，下面的层得到来自上一层的自顶向下的有向连接，最底层单元的状态为可见输入数据向量。DBN 由若干结构单元堆栈组成，结构单元通常为 RBM（Restricted Boltzmann Machine，受限玻尔兹曼机）。堆栈中每个 RBM 单元的可视层神经元数量等于前一 RBM 单元的隐含层神经元数量。根据深度学习机制，采用输入样例训练第一层 RBM 单元，并利用其输出训练第二层 RBM 模型，将 RBM 模型进行堆栈通过增加层来改善模型性能。在无监督预训练过程中，DBN 编码输入到顶层 RBM 后，解码顶层的状态到最底层单元，实现输入重构。RBM 作为 DBN 的结构单元，与每一层 DBN 共享参数。

3）堆栈自编码网络模型

堆栈自编码网络结构与 DBN 类似，由若干结构单元堆栈组成，不同之处在于其结构单元为自编码模型（auto-en-coder）而不是 RBM。自编码模型是一个两层的神经网络，第一层称为编码层，第二层称为解码层。

11.2.2 深度学习的特点

区别于传统的浅层学习，深度学习的不同在于：

（1）强调了模型结构的深度，通常有 5 层、6 层，甚至 10 多层的隐含层节点；

（2）明确了特征学习的重要性。也就是说，通过逐层特征变换，将样本在原空间的特征表示变换到一个新特征空间，从而使分类或预测更容易。与人工规则构造特征的方法相比，利用大数据来学习特征，更能够刻画数据丰富的内在信息。

通过设计建立适量的神经元计算节点和多层运算层次结构，选择合适的输入层和输出层，通过网络的学习和调优，建立起从输入到输出的函数关系，虽然不能 100%找到输入与输出的函数关系，但是可以尽可能逼近现实的关联关系。使用训练成功的网络模型，就可以实现我们对复杂事务处理的自动化要求。

11.3 深度学习的历史及发展

2006 年，加拿大多伦多大学的 Geoffery Hinton 教授（见图 11-2）在 *Science* 和相关期刊上发表了论文，首次提出了“深度信念网络”的概念。与传统的训练方式不同，“深度信念网络”有一个“预训练”（pre-training）的过程，这可以让神经网络中的权值找到一个接近最优解的值，之后使用“微调”（fine-tuning）技术来对整个网络进行优化训练。这两个技术的运用大幅度减少了训练多层神经网络的时间。他给多层神经网络相关的学习方法赋予了一个新名词——深度学习。

图 11-2 Geoffery Hinton

很快，深度学习在语音识别领域崭露头角。接着，2012 年，深度学习技术又在图像识别领域大展拳脚。Hinton 与他的学生在 ImageNet 竞赛中，用多层的卷积神经网络成功地对包含一千类别的一百万张图片进行了训练，取得了分类错误率 15%的好成绩，这个成绩比第二名低了近 11 个百分点，充分证明了多层神经网络识别效果的优越性。

在这之后，关于深度神经网络的研究与应用不断涌现。

目前，典型的深度学习模型有卷积神经网络（Convolutional Neural Network，CNN）、残差网络、长短时记忆网络（Long Short-Term Memory，LSTM）、生成对抗网络（Generative Adversarial Networks，GAN）等。

扩展阅读

深度学习训练过程

2006 年，Hinton 提出了在非监督数据上建立多层神经网络的一个有效方法，具体分为两步：先逐层构建单层神经元，这样每次都是训练一个单层网络；然后当所有层训练完后，使用 wake-sleep 算法进行调优。

将除最顶层外的其他层间的权重变为双向的，这样最顶层仍然是一个单层神经网络，而其他层则变为了图模型。向上的权重用于“认知”，向下的权重用于“生成”。然后使用 wake-sleep 算法调整所有的权重。让认知和生成达成一致，也就是保证生成的最顶层表示能够尽可能正确地复原底层的节点。例如，顶层的一个节点表示人脸，那么所有人脸的图像应该激活这个节点，并且这个结果向下生成的图像应该能够表现为一个大概的人脸图像。wake-sleep 算法分为醒（wake）和睡（sleep）两个部分。

wake 阶段：认知过程，通过外界的特征和向上的权重产生每一层的抽象表示，并且使用梯度下降修改层间的下行权重。

sleep 阶段：生成过程，通过顶层表示和向下权重，生成底层的状态，同时修改层间向上的权重。

1. 自下上升的非监督学习

自下上升的非监督学习就是从底层开始，一层一层地往顶层训练。采用无标定数据（有标定数据也可）分层训练各层参数，这一步可以看作是一个无监督训练过程，这也是和传统神经网络区别最大的部分，可以看作是特征学习过程。具体来说，先用无标定数据训练第一层，训练时先学习第一层的参数，这层可以看作是得到一个使得输出和输入差别最小的三层神经网络的隐含层，由于模型容量的限制及稀疏性约束，使得得到的模型能够学习到数据本身的结构，从而得到比输入更具有表示能力的特征；在学习得到 n-1 层后，将 n-1 层的输出作为第 n 层的输入，训练第 n 层，由此分别得到各层的参数。

2. 自顶向下的监督学习

自顶向下的监督学习就是通过带标签的数据去训练，误差自顶向下传输，对网络进行微调。基于第一步得到的各层参数进一步优调整个多层模型的参数，这一步是一个有监督训练的过程。第一步类似神经网络的随机初始化初值过程，由于第一步不是随机初始化，而是通过学习输入数据的结构得到的，因而这个初值更接近全局最优，从而能够取得更好的效果。所以深度学习的良好效果在很大程度上归功于第一步特征学习的过程。

11.4 深度学习的应用

1. 计算机视觉

香港中文大学的多媒体实验室是最早应用深度学习进行计算机视觉研究的华人团队。

在世界级人工智能竞赛 LFW（大规模人脸识别竞赛）上，该实验室曾力压 FaceBook 夺得冠军，使得人工智能在该领域的识别能力首次超越真人。

2. 语音识别

微软研究人员通过与 Hinton 合作，首先将 RBM 和 DBN 引入语音识别声学模型训练中，并且在大词汇量语音识别系统中获得巨大成功，使得语音识别的错误率相对降低 30%。但是，DNN 还没有有效的并行快速算法，很多研究机构都是在利用大规模数据语料通过 GPU 平台提高 DNN 声学模型的训练效率。在国际上，IBM、Google 等公司都进行了 DNN 语音识别的研究，并且速度飞快。在国内，阿里巴巴、科大讯飞、百度、中科院自动化所等公司或研究单位，也在深度学习上进行语音识别的研究。

3. 自然语言处理

在自然语言处理领域很多机构利用深度学习开展研究。2013 年，Tomas Mikolov、Kai Chen、Greg Corrado、Jeffrey Dean 发表论文 *Efficient Estimation of Word Representations in Vector Space* 建立 word2vector 模型，与传统的词袋模型（bag of words）相比，word2vector 模型能够更好地表达语法信息。深度学习在自然语言处理等领域主要应用于机器翻译及语义挖掘等方面。

11.5 Keras 简介

11.5.1 Keras 深度学习库

Keras 是一个用 Python 编写的高级神经网络 API，它能够以TensorFlow、CNTK或者Theano作为后端运行，支持快速实验，能够以最小的时延把用户的想法转换为结果。其特点是对用户友好、高度模块化、易于扩展。

1. Keras 用法

Keras 的核心数据结构是 model，一种组织网络层的方式。最简单的模型是 Sequential 顺序模型，它由多个网络层线性堆叠。对于更复杂的结构，用户需要使用Keras 函数式 API，它允许构建任意的神经网络。

Sequential 模型如下所示：

```
from keras.models import Sequential
model = Sequential()
```

可以简单地使用 .add() 来堆叠模型：

```
from keras.layers import Dense
model.add(Dense(units=64, activation='relu', input_dim=100))
model.add(Dense(units=10, activation='softmax'))
```

在完成了模型的构建后，可以使用 .compile()来配置学习过程：

```
model.compile (loss='categorical_crossentropy',
               optimizer='sgd',
               metrics=['accuracy'])
```

如果需要，用户还可以进一步配置优化器：

```
model.compile(loss=keras.losses.categorical_crossentropy,
              optimizer=keras.optimizers.SGD(lr=0.01, momentum=0.9, nesterov=True))
```

现在，用户可以批量地在训练数据上进行迭代了：

```
# x_train 和 y_train 是 NumPy 数组，就像在 scikit-learn API 中一样
model.fit(x_train, y_train, epochs=5, batch_size=32)
```

或者，用户可以手动地将批次的数据提供给模型：

```
model.train_on_batch(x_batch, y_batch)
```

只需要一行代码就能评估模型性能：

```
loss_and_metrics = model.evaluate(x_test, y_test, batch_size=128)
```

或者对新的数据生成预测：

```
classes = model.predict(x_test, batch_size=128)
```

Keras 函数式 API 构建一个问答系统、一个图像分类模型、一个神经图灵机或者其他的任何模型，就是这样快，Keras 使用基本步骤如图 11-3 所示。

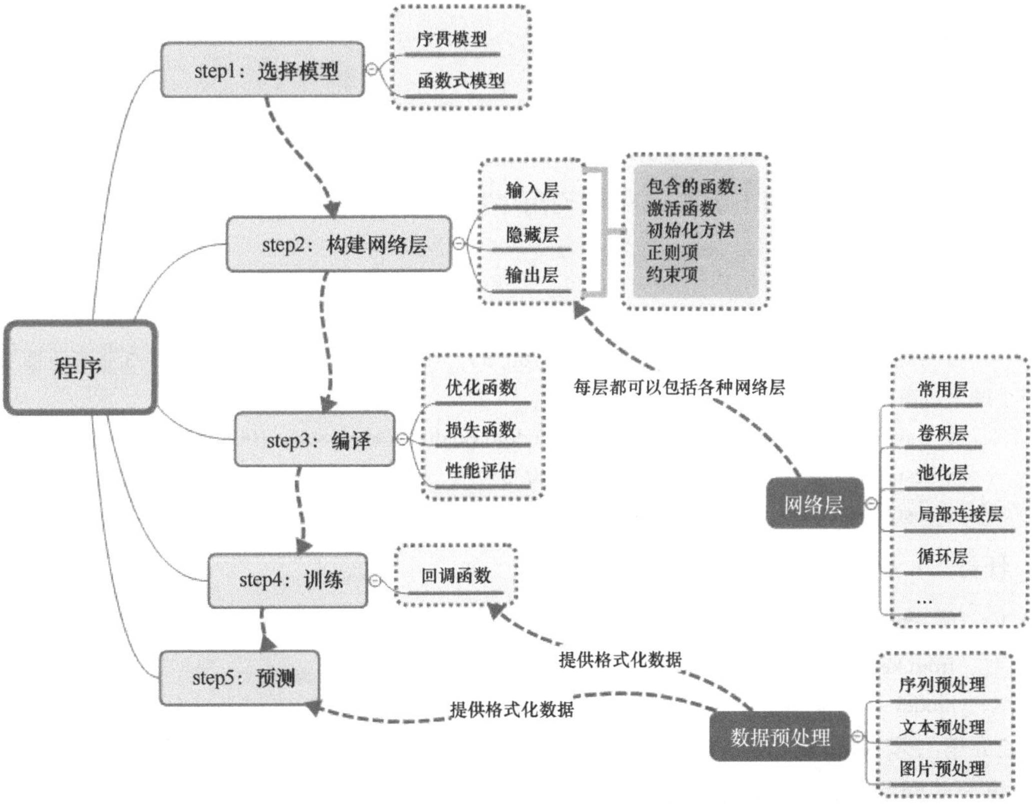

图 11-3　Keras 使用基本步骤

11.5.2 Keras 安装

在安装 Keras 之前，需要安装以下后端引擎之一：TensorFlow、Theano 或者 CNTK。推荐使用 TensorFlow 后端，默认情况下 Keras 将使用 TensorFlow 作为其张量操作库。

用户也可以考虑安装以下可选依赖：

（1）cuDNN（如果计划在 GPU 上运行 Keras，建议安装）。

（2）HDF5 和h5py（如果需要将 Keras 模型保存到磁盘，则需要安装这些）。

（3）graphviz和pydot（用于可视化工具绘制模型图）。

然后就可以安装 Keras 本身了。安装 Keras 有两种方法。

（1）使用 PyPI 安装 Keras，方法如下：

```
sudo pip install keras
```

如果使用 virtualenv 虚拟环境，可以直接使用下面命令：

```
pip install keras
```

（2）使用 GitHub 源代码安装 Keras，方法如下：

首先，使用 git 来克隆 Keras：

```
git clone https://github.com/keras-team/keras.git
```

然后，cd 到 Keras 目录并且运行安装命令：

```
cd keras
sudo python setup.py install
```

11.5.3 Keras 举例

为了让用户可以快速上手 Keras，我们用序贯模型来举例，用 Keras 构建网络主要分三个任务。

任务一：数据准备

```
x_train = np.random.random（(100, 100, 100, 3)）#100 张图片宽、高都为 100，3 张彩色图 RGB 有三个颜色通道
y_train = keras.utils.to_categorical（np.random.randint（10, size=（100, 1)）, num_classes=10）
x_test = np.random.random（(20, 100, 100, 3)）
y_test = keras.utils.to_categorical（np.random.randint（10, size=（20, 1)）, num_classes=10）
```

任务二：模型构建

1）第一步初始化模型

```
from keras.models import Sequential#引入序贯模型
model = Sequential()#初始化模型
```

2）第二步.add 添加网络层

将一些网络层通过.add()堆叠起来，就构成了一个模型：

```
from keras.layers import Dense, Activation
```

```
model.add(Dense(units=64, input_dim=100))
model.add(Activation("relu"))
model.add(Dense(units=10))
model.add(Activation("softmax"))
```

3）第三步编译模型

完成模型的搭建后，需要使用.compile()方法来编译模型：

```
model.compile（loss='categorical_crossentropy', optimizer='sgd', metrics=['accuracy']）
```

编译模型时必须指明损失函数和优化器，如果用户需要的话，也可以自己定制损失函数。Keras 的一个核心理念就是简明易用，同时保证用户对 Keras 的绝对控制力度，用户可以根据自己的需要定制自己的模型、网络层，甚至修改源代码。

```
#也可以自定义 SGD
from keras.optimizers import SGD
model.compile（loss='categorical_crossentropy','optimizer=SGD（lr=0.01,'momentum=0.9, nesterov=
True））
```

完成模型编译后，在训练数据上按 batch 进行一定次数的迭代来训练网络。

任务三：导入数据训练测试

```
#导入数据训练
model.fit(x_train,y_train,epochs=5,batch_size=32)#epochs 指总共迭代次数，batch_size 指一个批
量的数据有多少样本
model.train_on_batch(x_batch,y_batch)#送入网络中开始训练
#测试集上评估效果
loss_and_metrics = model.evaluate(x_test,y_test,batch_size=32)
#实际预测
classes = model.predict(x_test,batch_size=128)
```

习　题

一、填空题

1.（　　）是机器学习领域中一个新的研究方向，它被引入机器学习使其更接近最初的目标——（　　）。

2. 深度学习是一类模式分析方法的统称，就具体研究内容而言，主要涉及三类方法：（　　　）、（　　　）和（　　　）。

3. 区别于传统的浅层学习，深度学习的不同在于：强调了模型结构的（　　）；明确了（　　）的重要性。

4. 目前，典型的深度学习模型有（　　　）、（　　　）、（　　　）、（　　　）等。

二、按教材 11.5.2 节中的步骤，在本地计算机安装 Keras 及其依赖环境。

参考文献

[1] 弗朗索瓦•肖莱. Python 深度学习[M]. 张亮. 北京：人民邮电出版社，2018.

第 12 章

卷积神经网络

在实际应用中，采用多层神经网络用于分类或识别任务时，准确率到一定的数值往往就上升不了了，这是因为网络过于简陋。为进一步改善网络的分类或识别能力，学者对多层神经网络进行了深入研究。一个重要的里程碑是 Yann LeCun 等于 1998 年发表的一篇论文，该论文引入了著名的 LeNet-5 架构，广泛用于识别手写支票号码。这个架构有一些是已经知道的模块，如全连接层和 Sigmoid 激活函数，但是它还引入了两个新的构建块：卷积层和池化层。我们把这类包含了卷积层和池化层的多层神经网络称为卷积神经网络（Convolutional Neural Networks，CNN，有时被称为 ConvNet）。

卷积神经网络的提出受到对视觉皮层结构研究的启发。在 1958 年和 1959 年 David H.Hubel 和 Torsten Wiesel 对猫进行了一系列实验，对视觉皮层的结构提出了重要的见解。具体来说，他们发现视觉皮层中的许多神经元有一个小的局部感受野，这意味着它们只对位于视野中有限的一部分区域的视觉刺激起作用（见图 12-1，五个神经元的局部感受野由虚线圆圈表示）。不同神经元的感受野可能重叠，并且它们一起平铺了整个视野。

此外，一些神经元只对水平线方向的图像做出反应，而另一些神经元只对不同方向的线做出反应（两个神经元可能具有相同的感受野，但对不同方向的线做出反应）。一些神经元具有较大的感受野，并且它们对较复杂的模式做出反应，这些模式是较低层模式的组合。

这些观察结果让我们想到：更高级别的神经元是基于相邻低级神经元输出的（在图 12-2 中，请注意，每个神经元只与来自前一层的少数神经元相连）。这个强大的结构能够检测视野中任何区域的各种复杂图案。

这些研究启发了后来的新认知机（neocognitron），逐渐演变为卷积神经网络。

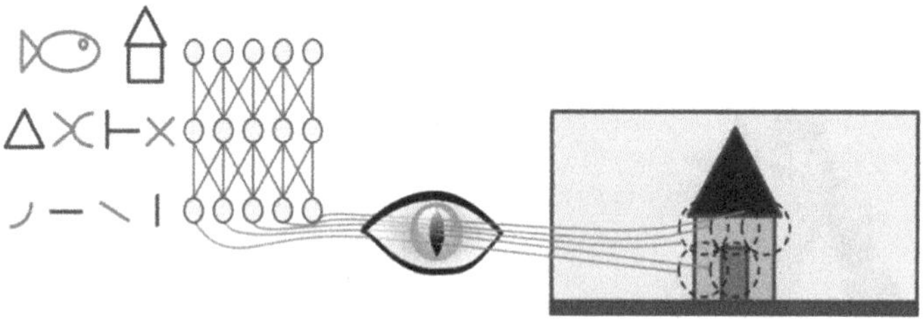

图 12-1　神经元的局部感受野

12.1　卷积与池化操作

12.1.1　卷积层

CNN 最重要的组成部分是卷积层（Convolutional Layer）：第一卷积层中的神经元不是连接到输入图像中的每个像素的，而是仅连接到它们局部感受野中像素的（见图 12-2）。进而，第二卷积层中的每个神经元只与位于第一层中的小矩形内的神经元连接。这种架构允许网络专注于前一隐含层中的低级特征，然后将其组装成后一隐含层中的高级特征。

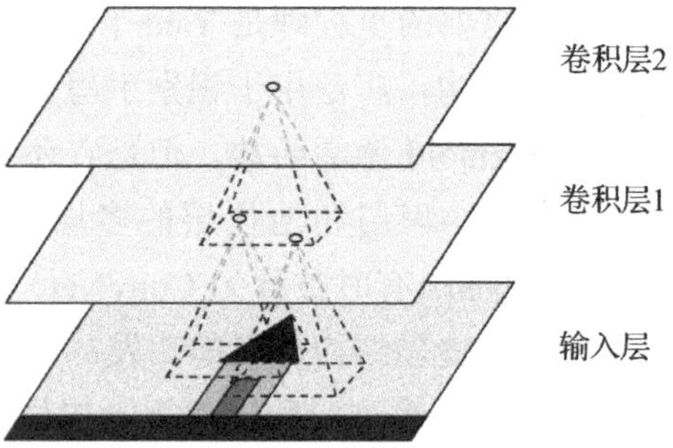

图 12-2　卷积层中神经元的连接

卷积层的作用就是提取特征，卷积在数学上用通俗的话来说就是输入矩阵与卷积核（卷积核也是矩阵）进行对应元素相乘并求和，所以一次卷积结果的输出是一个数，最后对整个输入矩阵进行遍历，得到一个结果矩阵，下面通过具体图例进行说明。

图 12-3 展示了卷积的过程及结果，其中输入图像大小是 5 像素×5 像素，卷积核大小是 3×3。

卷积层还有另外两个很重要的参数：步长和 padding。

步长是控制卷积核移动的距离。在上面的例子中可看到，卷积核都是按照逐个隔着一个像素进行映射的，那么我们也可以让它隔着两个、三个像素进行映射，而这个距离被我们称为步长。

padding 是对图像数据进行的操作。一般有两种：一种是不进行操作；另一种是补 0，使得卷积后的激活映射尺寸不变。从上面可以看到，输入图像 5 像素×5 像素的数据被 3×3

的卷积核卷积后的映射图像形状为 3 像素×3 像素，即形状与一开始的图像不同。有时候为了规避这个变化，我们使用补 0 的方法，即在输入图像数据的外层补上一圈 0，再进行卷积后映射图像就会保持 5 像素×5 像素，与输入图像大小一致。

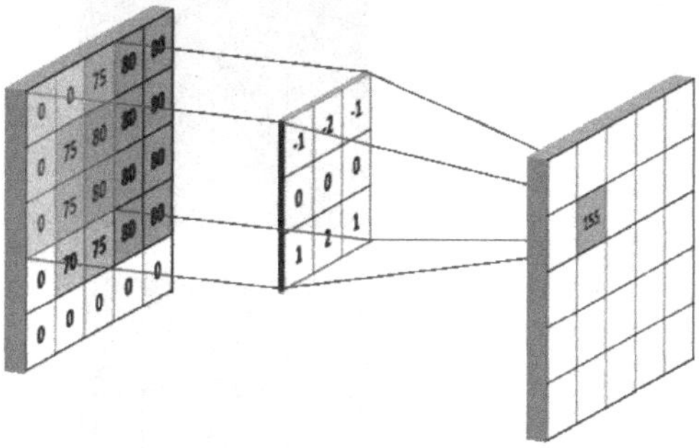

（a）第一次卷积及结果

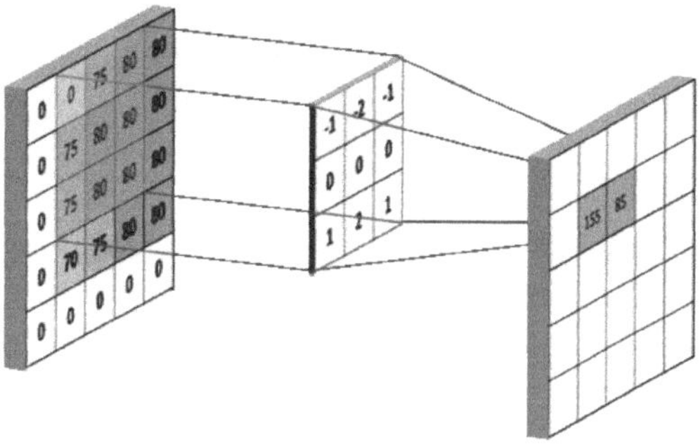

（b）第二次卷积及结果

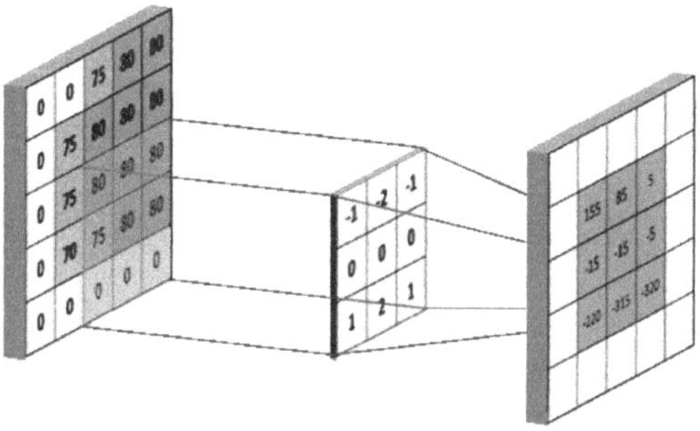

（c）全部卷积及结果

图 12-3　卷积的过程及结果

表 12-1 展示了常见卷积核的效果（步长为 1 且无 padding）。

表 12-1　常见卷积核的效果

操 作 名 称	卷　积　核	图像卷积效果
原图		
Edge detection（边缘检测）	$\begin{bmatrix} 1 & 0 & -1 \\ 0 & 0 & 0 \\ -1 & 0 & 1 \end{bmatrix}$	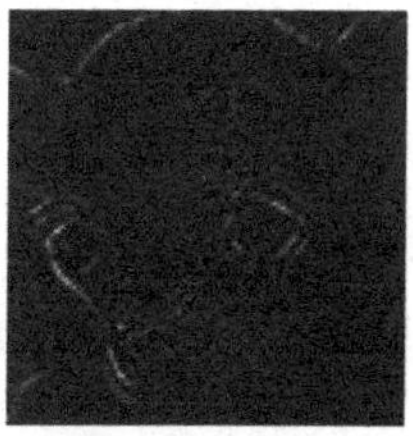

续表

操 作 名 称	卷 积 核	图像卷积效果
Edge detection（边缘检测）	$\begin{bmatrix} 0 & 1 & 0 \\ 1 & -4 & 1 \\ 0 & 1 & 0 \end{bmatrix}$	
	$\begin{bmatrix} -1 & -1 & -1 \\ -1 & 8 & -1 \\ -1 & -1 & -1 \end{bmatrix}$	
Sharpen（锐化）	$\begin{bmatrix} 0 & -1 & 0 \\ -1 & 5 & -1 \\ 0 & -1 & 0 \end{bmatrix}$	
Box blur（均值滤波）	$\frac{1}{9}\begin{bmatrix} 1 & 1 & 1 \\ 1 & 1 & 1 \\ 1 & 1 & 1 \end{bmatrix}$	

在实际应用中，往往使用多层卷积，然后使用全连接层进行训练，使用多层卷积是因为一层卷积学到的特征往往是局部的，层数越高，学到的特征就越全局化。

12.1.2 池化层

池化层（Pooling Layer）的目的是降低参数，一般有最大池化（max-pooling）和平均池化（mean-pooling）两种方法。池化层一般放在卷积层后面，所以池化层池化的是卷积层的输出。图 12-4 展示了最大池化和平均池化的过程。

扫描的顺序跟卷积一样，都是从左上角开始然后根据用户设置的步长逐步扫描全局的。

选择最大池化是为了提取最明显的特征；选择平均池化是顾及每一个像素，将所有像素值都相加然后平均。

池化层也有 padding 的选项，但都是跟卷积层一样，在外围补 0，然后池化。

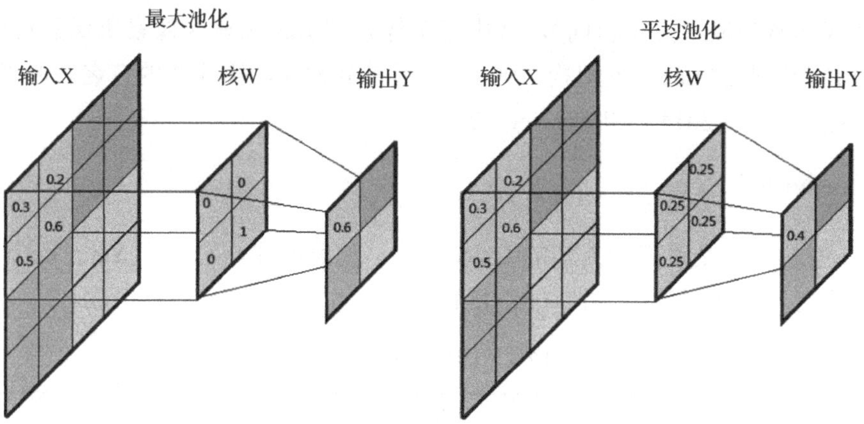

图 12-4 最大池化和平均池化的过程

池化层显然是一个非常具有“破坏性”的层，即使只有一个 2×2 的核和 2 的步幅，输出图像在两个方向上都会变为输入图像的 1/2（所以它的面积将变为原来的 1/4），一下减少了 75%的输入值。

12.2 典型的 CNN 架构

典型的 CNN 体系结构都有一些卷积层（每一个通常跟着一个 ReLU 层），其次是一个池化层，然后是另外几个卷积层（+ ReLU），最后是另一个池化层等。随着网络深度的增加，图像变得越来越小，但是由于卷积层的缘故，产生了更多的特征映射（见图 12-5）。因此，通常在网络的顶部，添加由几个全连接层（+ ReLU）组成的常规前馈神经网络，并且最终层输出预测结果（如输出估计类别概率的 softmax 层）。

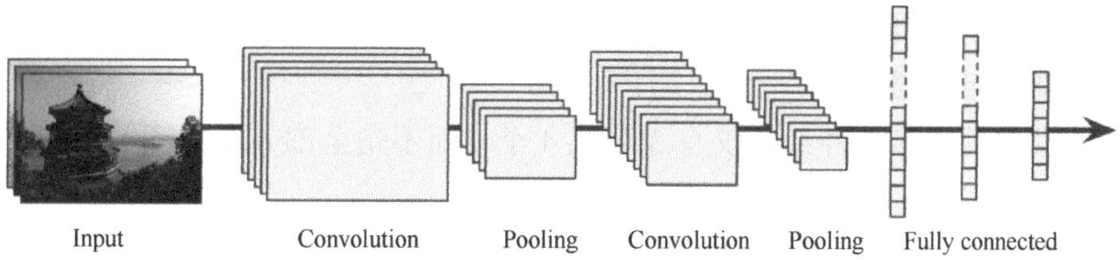

图 12-5 典型的 CNN 架构

通常情况下使用小卷积核比较好，如可以通过将两个 3×3 核堆叠在一起来获得与 5×5 核相同的效果，计算量更少。

多年来，这种基础架构的变体先后被开发出来，一个很好的衡量标准是比赛中的错误率。例如，在 ILSVRC 比赛中，图像分类的五大误差率在五年内从 26%下降到了仅仅 3%左右。

在其他视觉任务中，如物体检测和定位及图像分割，也取得了惊人的进展。在物体检测和定位中，神经网络通常输出图像中各种物体周围的一系列边界框；在图像分割中，网络输出图像（通常与输入大小相同），其中每个像素指示相应输入像素所属的对象的类别。

首先来看看经典的 LeNet-5 架构(1998)，然后是 ILSVRC 挑战赛的三名获胜者 AlexNet（2012）、GoogLeNet（2014）和 ResNet（2015）。

12.2.1 LeNet-5

LeNet-5 架构也许是最广为人知的 CNN 架构。如前所述，它是由 Yann LeCun 于 1998 年创建的，广泛用于手写数字识别（MNIST），并由表 12-2 所示的层组成。

表 12-2 LeNet-5 网络架构

Layer	Type	Maps	Size	Kernel Size	Stride	Activation
Out	Fully Connected	—	10	—	—	RBF
F6	Fully Connected	—	84	—	—	tanh
C5	Convolution	120	1×1	5×5	1	tanh
S4	Avg Pooling	16	5×5	2×2	2	tanh
C3	Convolution	16	10×10	5×5	1	tanh
S2	Avg Pooling	6	14×14	2×2	2	tanh
C1	Convolution	6	28×28	5×5	1	tanh
In	Input	1	32×32	—	—	—

有一些额外的细节需要注意：

（1）MNIST 图像是 28 像素×28 像素，但是它们被零填充到 32 像素×32 像素，并且在输入到网络之前被归一化。网络的其余部分不使用任何填充，这就是为什么随着图像在网络中的进展，大小不断缩小。

（2）平均池化层比平常稍微复杂一些。每个神经元计算输入的平均值，然后将结果乘以一个可学习的系数（每个特征映射一个），并添加一个可学习的偏差项（每个特征映射一个），最后应用激活函数。

（3）C3 层中的大多数神经元仅有 3 个或 4 个（而不是全部 6 个）到 S2 层神经元的连接（有关详细信息，可参阅 Yann LeCun 原始论文）。

（4）输出层有点特殊，每个神经元不是计算输入和权向量的点积，而是计算其输入向量和其权向量之间的欧几里得距离的平方。每个输出表示图像属于特定数字类别可能性的大小（损失函数使用交叉熵是首选，因为它更多地惩罚不好的预测，产生更大的梯度，从而更快地收敛）。

12.2.2 AlexNet

AlexNet CNN 架构赢得了 2012 年的 ILSVRC 挑战赛：它达到了 17%的 top-5 错误率，而第二名错误率是 26%。它与 LeNet-5 非常相似，只是更大更深，它是第一个将卷积层直接堆叠在一起的，而不是在每个卷积层顶部堆叠一个池化层，表 12-3 展示了 AlexNet 网络架构。

表 12-3　AlexNet 网络架构

Layer	Type	Maps	Size	Kernel size	Stride	Padding	Activation
Out	Fully Connected	—	1000	—	—	—	Softmax
F9	Fully Connected	—	4096	—	—	—	ReLU
F8	Fully Connected	—	4096	—	—	—	ReLU
C7	Convolution	256	13×13	3×3	1	SAME	ReLU
C6	Convolution	384	13×13	3×3	1	SAME	ReLU
C5	Convolution	384	13×13	3×3	1	SAME	ReLU
S4	Max Pooling	256	13×13	3×3	2	VALID	—
C3	Convolution	256	27×27	5×5	1	SAME	ReLU
S2	Max Pooling	96	27×27	3×3	2	VALID	—
C1	Convolution	96	55×55	11×11	4	SAME	ReLU
In	Input	3(RGB)	224×224	—	—	—	—

为了减少过拟合，开发者使用了两种正则化技术：首先，他们在训练期间将丢失率（dropout 率取 50%）应用于层 F8 和 F9 的输出；其次，他们通过随机对训练图像进行各种偏移、水平翻转和改变照明条件来进行数据增强。

AlexNet 还在层 C1 和 C3 的 ReLU 步骤之后立即使用竞争标准化步骤，称为局部响应标准化（local response normalization，LRN）。这种标准化形式使得在相同位置的神经元被激活，但是在相邻的特征映射中抑制神经元（在生物神经元中观察到了这种竞争激活）。鼓励不同的特征映射特殊化，迫使它们分开，并让它们探索更广泛的特征，最终提升泛化能力。式（12-1）显示了如何应用 LRN：

$$b_i = a_i\left(k+\alpha\sum_{j=j_{\text{low}}}^{j_{\text{high}}} a_j^2\right)^{-\beta},\quad \begin{cases} j_{\text{high}} = \min\left(i+\dfrac{r}{2}, f_n-1\right) \\ j_{\text{low}} = \max\left(0, i-\dfrac{r}{2}\right) \end{cases} \tag{12-1}$$

式中，b_i 为位于特征映射 i 的神经元的标准化输出，位于某行 u 和列 v（注意，在这个等式中只考虑位于这个行和列的神经元，所以 u 和 v 没有显示）；a_i 为在 ReLU 步骤之后，但在归一化之前的神经元的激活；k、α、β 和 r 为超参数，k 为偏置，r 为深度半径；f_n 为特征映射的数量。

例如，如果 r=2 且神经元具有强激活，则将抑制位于其相邻特征映射中神经元的激活。

在 AlexNet 中，超参数设置如下：r=2，α=0.00002，β=0.75，k=1。

由 Matthew Zeiler 和 Rob Fergus 开发的 AlexNet 一个名为 ZF Net 的变体，赢得了 2013 年 ILSVRC 的挑战。ZF Net 基本上是对 AlexNet 超参数的一些调整（特征映射的数量、内核大小、步幅等）。

12.2.3 GoogLeNet

GoogLeNet架构由来自Google Research的Christian Szegedy等开发，以低于7%的top-5错误率赢得了ILSVRC 2014挑战赛。这个精彩表现很大程度上是因为它比以前的CNN网络更深（见图12-7）。通过初始模块（Inception module）的子网络，GoogLeNet比以前的架构更有效地使用参数（GoogLeNet的参数比AlexNet少了10倍，600万而不是6000万）。

初始模块的架构如图12-6所示。符号3×3+2(S)表示该层使用3×3内核、步幅2和SAME填充。输入信号首先被复制并馈送到四个不同的层。所有卷积层都使用ReLU激活功能。有两点需要注意：

（1）第二组卷积层使用不同的内核大小（1×1、3×3 和 5×5），允许它们以不同的比例捕获图案。

（2）每一层都使用了跨度为1和SAME填充（即使是最大的池化层），所以它们的输出全都具有与其输入相同的高度和宽度。这使得将所有输出在最后的深度连接层（Depth Concat Layer）上沿着深度方向堆叠成为可能（堆叠来自所有四个顶部卷积层的特征映射）。

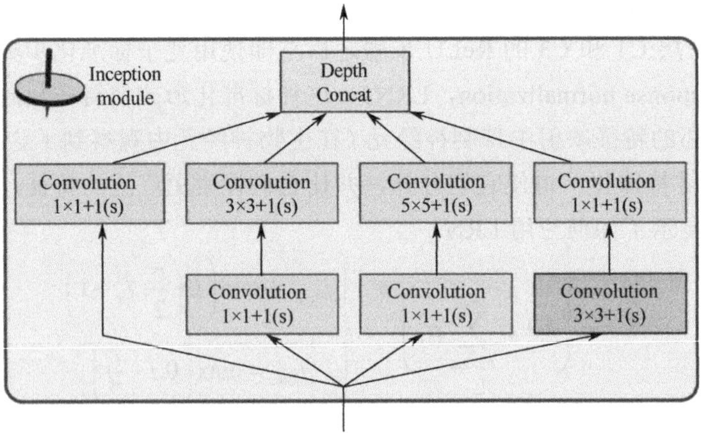

图12-6 初始模块的架构

为什么初始模块具有1×1内核的卷积层？这些图层不能捕获任何功能，因为它们一次只能看一个像素。实际上，这些层次有两个目的。

首先，它们被配置为输出比输入少得多的特征映射，所以它们作为瓶颈层，意味着它们降低了维度。在3×3和5×5卷积之前，这是特别有用的，因为这些在计算上是非常耗费内存的层。

其次，每一个卷积层对（[1×1,3×3]和[1×1,5×5]）表现为一个更强大的卷积层，可以捕捉到更多的复杂模式。事实上，这一对卷积层不是在图像上扫过一个简单的线性分类器（就像单个卷积层一样），而是在图像上扫描一个双层神经网络。

简而言之，整个初始模块能够输出捕捉各种尺度复杂模式的特征映射。

每个卷积层的卷积核的数量是一个超参数，这意味着用户需要六个超参数来调整初始层。

GoogLeNet CNN 的架构（见图 12-7）非常深，将它划分成三列，每个卷积层和池化层上的数字表示输出的特征映射的数量和内核大小。所有的卷积层都使用 ReLU 激活函数。有九个初始模块（带有旋转顶端的框），每个初始模块实际上包含三层，六个数字表示模块中每个卷积层输出的特征映射的数量（与图 12-6 中的顺序相同）。

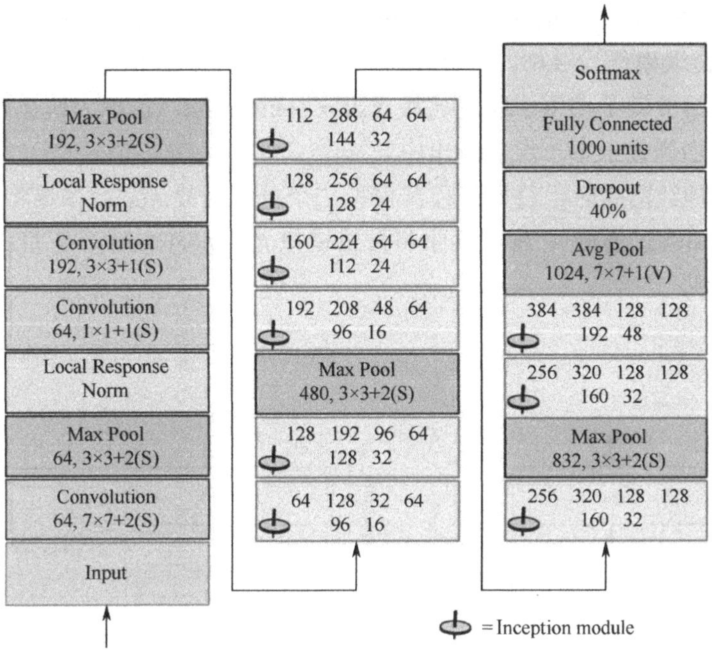

图 12-7　GoogLeNet CNN 架构

首先，前两层将图像的高度和宽度除以 4（使其面积除以 16），以减少计算负担；然后，局部响应标准化层确保前面的层学习各种各样的功能（如前所述）。

两个卷积层，其中第一个像瓶颈层一样。正如前面所解释的，用户可以把这一对看作是一个单一的更智能的卷积层。局部响应标准化层确保了先前的层捕捉各种各样的模式。

最大池化层将图像高度和宽度减少 1/2，再次加快计算速度。九个初始模块堆叠，并与几个最大池化层交织，以降低维度并加速网络。

平均池化层使用具有 VALID 填充的特征映射的大小内核，输出 1×1 特征映射：这种令人惊讶的策略被称为全局平均池化。它有效地迫使以前的图层产生特征映射，这些特征映射实际上是每个目标类的置信图（因为其他类型的功能将被平均步骤破坏）。这样在 CNN 的顶部就不必有几个全连接层（如 AlexNet），大大减少了网络中的参数数量，并减少了过拟合风险。

最后一层是正则化 dropout 层，然后是通过具有 Softmax 激活函数的全连接层来输出估计类的概率。

图 12-7 略有简化：原来的 GoogLeNet 架构还包括两个插在第三个和第六个初始模块之上的辅助分类器。它们都由一个平均池化层、一个卷积层、两个全连接层和一个 Softmax 激活层组成。在训练期间，它们的损失（缩小了 70%）加在了整体损失上。目标是解决消失梯度问题，正则化网络。但是，结果显示其效果较小。

12.2.4 ResNet

2015 年 ILSVRC 挑战赛的赢家是 Kaiming He 等开发的 ResNet（Residual Network），该网络的 top-5 错误率低为 3.6%，它使用了一个非常深的 CNN（由 152 层组成）。能够训练如此深的网络的关键是使用了跳过连接（skip connection，也称为快捷连接）：一个层的输入信号也被添加到位于下一层的输出中。

当训练一个神经网络时，目标是使其模拟一个目标函数 $h(x)$。如果将输入 x 添加到网络的输出中（添加跳过连接），那么网络将被迫模拟 $f(x)=h(x)-x$ 而不是 $h(x)$，这被称为残差学习（见图 12-8）。

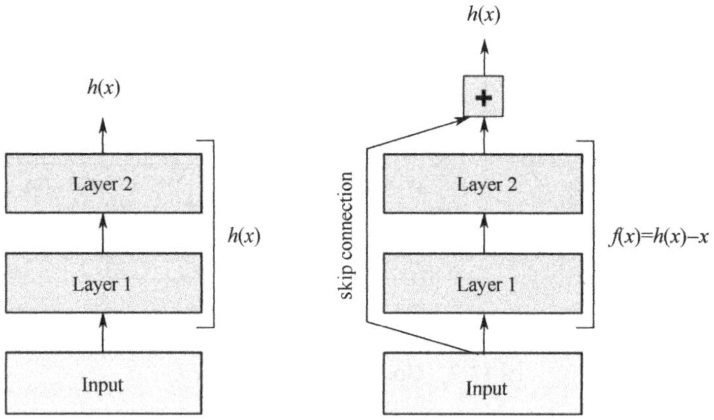

图 12-8　残差学习

当用户初始化一个普通的神经网络时，它的权重接近于零，所以网络只输出接近零的值。如果添加跳过连接，则生成的网络只输出其输入的副本。换句话说，它最初对身份函数进行建模。如果目标函数与身份函数非常接近（常常是这种情况），这将大大加快训练速度。而且，如果添加了许多跳过连接，即使几个层还没有开始学习，网络也可以开始进行（见图 12-9）。由于跳过连接，信号可以很容易地通过整个网络。深度残差网络可以看作是一堆残差单元（Residual Units），其中每个残差单元是一个有跳过连接的小型神经网络。

现在让我们看看 ResNet 的架构（见图 12-10）。它的开始和结束与 GoogLeNet 完全一样（除了没有 dropout 层），而在两者之间只是一堆很简单的残差单元。每个残差单元由两个卷积层组成，使用 3×3 的卷积核，保存空间维度（步幅 1，SAME 填充）、批量归一化（BN）和 ReLU 激活。

需要注意的是，特征映射的数量每隔几个残差单位就会加倍，同时它们的高度和宽度减半（使用步长为 2 的卷积层）。发生这种情况时，输入不能直接添加到残差单元的输出中，因为它们不具有相同的形状（此问题影响图 12-10 中的虚线箭头表示的跳过连接）。为了解决这个问题，输入通过一个卷积核大小为 1×1、步长为 2 的卷积层和输出特征映射一致（见图 12-11）。

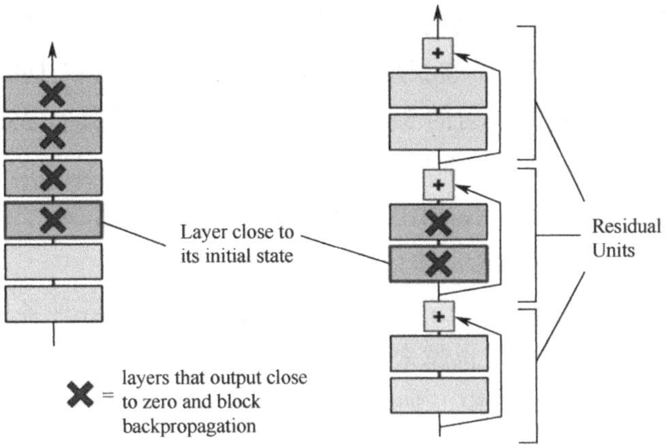

图 12-9　常规深度神经网络（左）和深度残差网络（右）

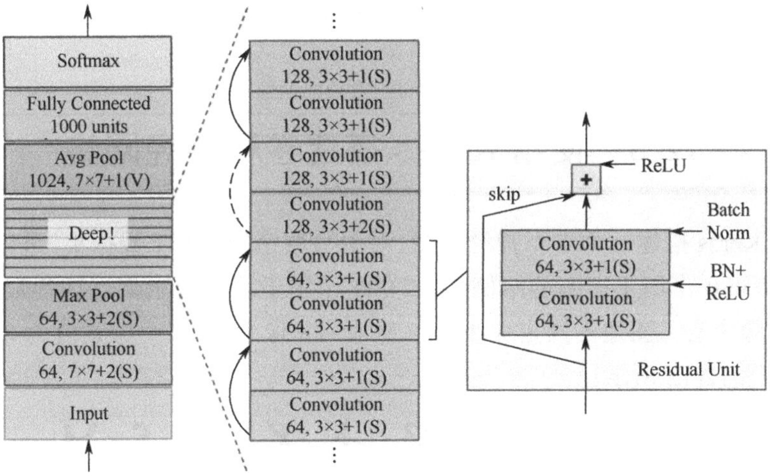

图 12-10　ResNet 架构

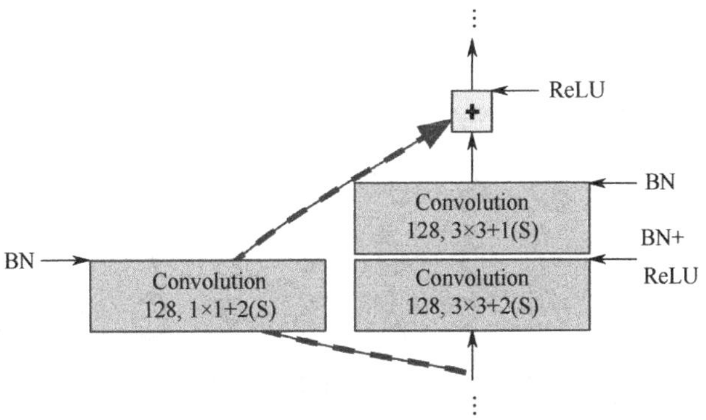

图 12-11　当特征映射的大小和深度改变时跳过连接

ResNet-34 是具有 34 个层（仅计算卷积层和全连接层）的 ResNet，包含 3 个残差单元输出 64 个特征映射，4 个残差单元输出 128 个特征映射，6 个残差单元输出 256 个特征映射，3 个残差单元输出 512 个特征映射。

ResNet-152 更深，使用稍微不同的残差单元。它们使用三个卷积层，而不是两个 256 个特征映射的 3×3 的卷积层：第一个卷积层只有 64 个特征映射（仅 1/4），这是一个瓶颈层，第二个卷积层是具有 64 个特征映射的 3×3 层，第三个卷积层是具有 256 个特征映射(4×64)的另一个 1×1 卷积层，以恢复原始深度。ResNet-152 包含三个这样的残差单元，输出 256 个特征映射，然后是 8 个残差单元，输出 512 个特征映射，高达 36 个残差单元，输出 1024 个特征映射，最后是 3 个残差单元，输出 2048 个特征映射。

正如所看到的，深度神经网络正在迅速发展，每年都会有各种各样的架构出现。一个明显的趋势是 CNN 越来越深入，也越来越轻量，需要的参数越来越少。

还有其他一些值得学习的架构，如 VGGNet（2014 年 ILSVRC 挑战赛的亚军）和 Inception-v4（将 GoogLeNet 和 ResNet 的思想融合在一起，实现了接近 3%的 top-5 误差分类率），限于篇幅无法一一介绍。

到此为止，我们已经讨论了几个非常典型的 CNN 架构及其包含的模块，其构建网络只需要组装它们。

12.3 使用 Keras 搭建卷积神经网络

我们使用 Keras 搭建一个卷积神经网络，对手写数字(MNIST 数据集)进行识别。MNIST 数据集包含 60 000 个用于训练的示例和 10 000 个用于测试的示例。这些数字经过尺寸标准化并位于图像中心，图像是固定大小（28 像素×28 像素），每个像素值为 0 或 1。MNIST 数据集图片如图 12-12 所示。

图 12-12 MNIST 数据集图片

手写数字识别的 CNN 结构如图 12-13 所示。

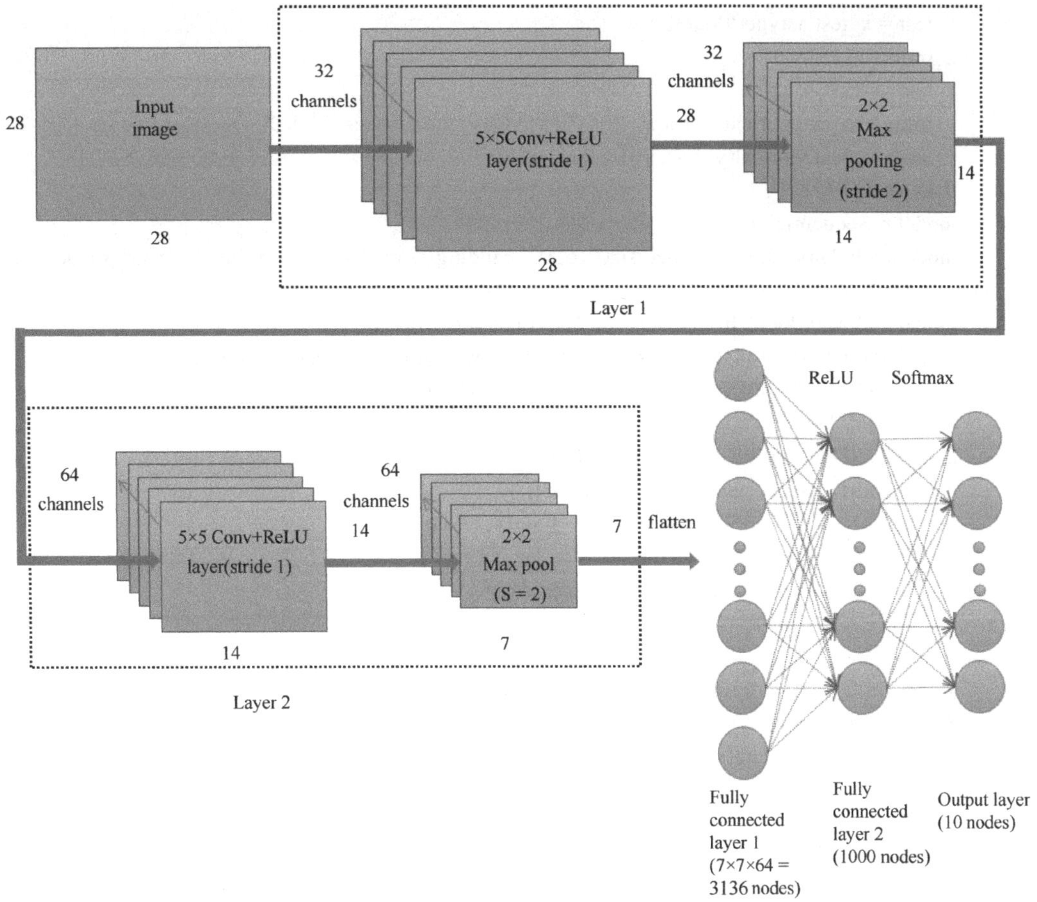

图 12-13　手写数字识别的 CNN 结构

实现代码如下。

```
# 1. 导入库和模块
from keras.models import Sequential
from keras.layers import Conv2D, MaxPool2D
from keras.layers import Dense, Flatten
from keras.utils import to_categorical
# 2. 加载数据
from keras.datasets import mnist
(x_train, y_train), (x_test, y_test) = mnist.load_data()
#看看这些手写数字是什么样的
import matplotlib.pyplot as plt
plt.imshow(x_train[0])
plt.show()
# 3. 数据预处理
img_x, img_y = 28, 28
x_train = x_train.reshape(x_train.shape[0], img_x, img_y, 1)#使用 Keras 时必须显式声明输入图像深度的尺寸，将数据集从形状(n,rows,cols)转换为形状(n,rows,cols,channels)
x_test = x_test.reshape(x_test.shape[0], img_x, img_y, 1)
x_train = x_train.astype('float32')#数据标准化
```

```
x_test = x_test.astype('float32')
x_train /= 255
x_test /= 255
y_train = to_categorical(y_train, 10)#将标记值(y_train, y_test)转换为 One-Hot Encode 的形式
y_test = to_categorical(y_test, 10)
# 4. 定义模型结构
model = Sequential()
model.add(Conv2D(32, kernel_size=(5,5), padding='same',activation='relu', input_shape=(img_x,
img_y, 1)))
model.add(MaxPool2D(pool_size=(2,2), strides=(2,2)))
model.add(Conv2D(64, kernel_size=(5,5), padding='same', activation='relu'))
model.add(MaxPool2D(pool_size=(2,2), strides=(2,2)))
model.add(Flatten())
model.add(Dense(1000, activation='relu'))
model.add(Dense(10, activation='softmax'))
# 5. 编译，声明了损失函数和优化器（SGD、Adam 等）
model.compile(optimizer='adam',
              loss='categorical_crossentropy',
              metrics=['accuracy'])
# 6. 训练
model.fit(x_train, y_train, batch_size=128, epochs=10)
# 7. 评估模型
score = model.evaluate(x_test, y_test)
print('acc', score[1])
```

CNN 训练运行结果如下，经过 10 个 Epoch，精度达到了 99.7%以上。

```
Epoch 1/10
60000/60000 [==============================] - 67s 1ms/step - loss: 0.1507 - acc: 0.9535
Epoch 2/10
60000/60000 [==============================] - 72s 1ms/step - loss: 0.0404 - acc: 0.9877
Epoch 3/10
60000/60000 [==============================] - 72s 1ms/step - loss: 0.0278 - acc: 0.9917
Epoch 4/10
60000/60000 [==============================] - 71s 1ms/step - loss: 0.0203 - acc: 0.9935
Epoch 5/10
60000/60000 [==============================] - 71s 1ms/step - loss: 0.0149 - acc: 0.9954
Epoch 6/10
60000/60000 [==============================] - 71s 1ms/step - loss: 0.0117 - acc: 0.9965
Epoch 7/10
60000/60000 [==============================] - 70s 1ms/step - loss: 0.0098 - acc: 0.9967
Epoch 8/10
60000/60000 [==============================] - 72s 1ms/step - loss: 0.0085 - acc: 0.9971
Epoch 9/10
60000/60000 [==============================] - 72s 1ms/step - loss: 0.0101 - acc: 0.9967
Epoch 10/10
60000/60000 [==============================] - 71s 1ms/step - loss: 0.0073 - acc: 0.9977
```

习　　题

1. 卷积就是输入矩阵与卷积核（卷积核也是矩阵）进行对应元素相乘并求和，卷积层的作用实质上是(　　　　);池化层的目的是(　　　　),一般有(　　　　)和(　　　　)两种方法。池化层一般放在卷积层后面，所以池化层池化的是卷积层的输出。

2. 编程分别采用如下 8 个卷积核对图像进行卷积处理，观察图像结果，分析各卷积核的作用（卷积操作采取步长 1，无填充）

$$\begin{bmatrix}1 & 0 & -1\\1 & 0 & -1\\1 & 0 & -1\end{bmatrix}\quad\begin{bmatrix}1 & 1 & 1\\0 & 0 & 0\\-1 & -1 & -1\end{bmatrix}\quad\begin{bmatrix}1 & 0 & -1\\2 & 0 & -2\\1 & 0 & -1\end{bmatrix}\quad\begin{bmatrix}1 & 2 & 1\\0 & 0 & 0\\-1 & -2 & -1\end{bmatrix}$$

$$\begin{bmatrix}3 & 0 & -3\\10 & 0 & -10\\3 & 0 & -3\end{bmatrix}\quad\frac{1}{20}\begin{bmatrix}2 & 1 & 2\\1 & 8 & 1\\2 & 1 & 2\end{bmatrix}\quad\frac{1}{25}\begin{bmatrix}1 & 1 & 1 & 1 & 1\\1 & 1 & 1 & 1 & 1\\1 & 1 & 1 & 1 & 1\\1 & 1 & 1 & 1 & 1\\1 & 1 & 1 & 1 & 1\end{bmatrix}\quad\frac{1}{16}\begin{bmatrix}1 & 2 & 1\\2 & 4 & 2\\1 & 2 & 1\end{bmatrix}$$

3. 采用本章介绍的某卷积神经网络（或自行设计一卷积神经网络），利用 Keras 编程实现猫狗图像识别。

参考文献

[1] 尹勇. 深度学习（人工神经网络的研究的概念）[EB/OL]. 2019.

[2] Y. Lecun, L. Bottou, Y. Bengio et al. Gradient-Based Learning Applied to Document Recognition[J], PROCEEDINGS OF THE IEEE，86（11）：1998.

[3] 知识在于分享. MNIST 数据集介绍[EB/OL]. 2018.

[4] 战争热诚. Keras 深度学习之卷积神经网络（CNN）[EB/OL].

第 13 章 循环神经网络

13.1 RNN

RNN（Recurrent Neural Network，循环神经网络）是一类用于处理序列数据的神经网络，已经在众多自然语言处理（Natural Language Processing）中取得了巨大成功及广泛应用。循环神经网络与全神经网络如图 13-1 所示。

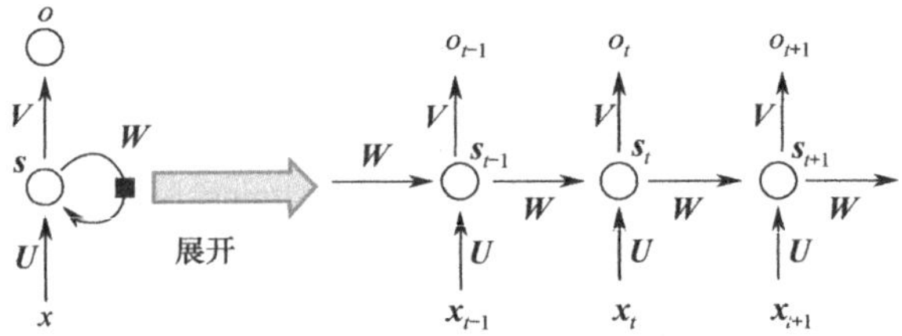

图 13-1　循环神经网络与全神经网络

RNN 包含输入单元（Input units），输入集标记为 $\{\boldsymbol{x}_0,\boldsymbol{x}_1,\cdots,\boldsymbol{x}_t,\boldsymbol{x}_{t+1},\cdots\}$；输出单元（Output units）的输出集则被标记为 $\{\boldsymbol{o}_0,\boldsymbol{o}_1,\cdots,\boldsymbol{o}_t,\boldsymbol{o}_{t+1},\cdots\}$；隐藏单元（Hidden units）的输出集标记为 $\{\boldsymbol{s}_0,\boldsymbol{s}_1,\cdots,\boldsymbol{s}_t,\boldsymbol{s}_{t+1},\cdots\}$。

在图 13-1 中，有一条单向流动的信息流是从输入单元到达隐藏单元的，与此同时另一条单向流动的信息流从隐藏单元到达输出单元。在某些情况下，RNN 会打破后者的限制，引导信息从输出单元返回隐藏单元，这些被称为“Back Projections”，并且隐含层的输入还包括上一隐含层的状态，即隐含层内的节点可以自连也可以互连。RNN 的关键之处在于隐含层，隐含层能够捕捉序列的信息。

例如，对一个包含 5 个单词的语句，展开的网络便是一个五层的神经网络，每一层代表一个单词。对于该网络的计算过程如下：

（1）$\boldsymbol{x}_t$ 为第 t 步（t=1，2，3…）的输入，如 $\boldsymbol{x}_1$ 为第二个词的 one-hot 向量（根据图 13-1，$\boldsymbol{x}_0$ 为第一个词）；

（2）$\boldsymbol{s}_t$ 为隐含层的第 t 步的状态，它是网络的记忆单元。$\boldsymbol{s}_t$ 根据当前输入层的输出与上一步隐含层的状态进行计算。$\boldsymbol{s}_t = f(\boldsymbol{U}\boldsymbol{x}_t + \boldsymbol{W}\boldsymbol{s}_{t-1})$，其中 f 一般是非线性的激活函数，如tanh或ReLU。在计算 $\boldsymbol{s}_0$ 时，即第一个单词的隐含层状态，需要用到 $\boldsymbol{s}_{-1}$，但其并不存在，故在实现中一般置为零向量。

（3）$\boldsymbol{o}_t$ 为第 t 步的输出，如下个单词的向量表示，$\boldsymbol{o}_t = \text{Softmax}(\boldsymbol{V}\boldsymbol{s}_t)$。

可以看出在 t 时刻接收到输入 $\boldsymbol{x}_t$ 之后，隐含层的值是 $\boldsymbol{s}_t$，输出值是 $\boldsymbol{o}_t$。$\boldsymbol{s}_t$ 的值不仅仅取决于 $\boldsymbol{x}_t$，还取决于 $\boldsymbol{s}_{t-1}$。我们可以用下面的公式来表示循环神经网络的计算方法：

$$\boldsymbol{o}_t = g(\boldsymbol{V}\boldsymbol{s}_t) \tag{13-1}$$

$$\boldsymbol{s}_t = f(\boldsymbol{U}\boldsymbol{x}_t + \boldsymbol{W}\boldsymbol{s}_{t-1}) \tag{13-2}$$

式（13-1）是输出层的计算公式，输出层是一个全连接层，也就是它的每个节点都和隐含层的每个节点相连。$\boldsymbol{V}$ 是输出层的权重矩阵，g 是激活函数。式（13-2）是隐含层的计算公式，它是循环层。$\boldsymbol{U}$ 是输入 x 的权重矩阵，$\boldsymbol{W}$ 是上一次的值 $\boldsymbol{s}_{t-1}$ 的权重矩阵，f 是激活函数。

从上面的公式我们可以看出，循环层和全连接层的区别就是循环层多了一个权重矩阵 $\boldsymbol{W}$。

如果反复把式（13-2）代入式（13-1），则将会得到：

$$\begin{aligned}\boldsymbol{o}_t &= g(\boldsymbol{V}\boldsymbol{s}_t)\\ &= g(\boldsymbol{V}f(\boldsymbol{U}\boldsymbol{x}_t + \boldsymbol{W}\boldsymbol{s}_{t-1}))\\ &= g(\boldsymbol{V}f(\boldsymbol{U}\boldsymbol{x}_t + \boldsymbol{W}f\boldsymbol{U}\boldsymbol{x}_{t-1} + \boldsymbol{W}\boldsymbol{s}_{t-2}))\\ &= g(\boldsymbol{V}f(\boldsymbol{U}\boldsymbol{x}_t + \boldsymbol{W}f\boldsymbol{U}\boldsymbol{x}_{t-1} + \boldsymbol{W}f\boldsymbol{U}\boldsymbol{x}_{t-2} + \boldsymbol{W}\boldsymbol{s}_{t-3}))\\ &= g(\boldsymbol{V}f(\boldsymbol{U}\boldsymbol{x}_t + \boldsymbol{W}f\boldsymbol{U}\boldsymbol{x}_{t-1} + \boldsymbol{W}f(\boldsymbol{U}\boldsymbol{x}_{t-2} + \boldsymbol{W}f(\boldsymbol{U}\boldsymbol{x}_{t-3} + \cdots))))\end{aligned} \tag{13-3}$$

从上面可以看出，循环神经网络的输出值 $\boldsymbol{o}_t$ 是受前面历次输入值 $\boldsymbol{x}_t, \boldsymbol{x}_{t-1}, \boldsymbol{x}_{t-2}, \cdots$ 的影响，这就是循环神经网络可以往前看任意多个输入值的原因。

如果将 RNN 进行网络展开，那么参数 $\boldsymbol{W}$、$\boldsymbol{U}$、$\boldsymbol{V}$ 是共享的，并且在使用梯度下降算法中，每一步的输出不仅依赖当前步的网络，还依赖前面若干步网络的状态。例如，在 t=4 时，我们还需要向后传递三步，后面的三步都需要加上各种的梯度，该学习算法称为 Backpropagation Through Time（BPTT）。BPTT 算法是针对循环层的训练算法，它的基本原理和 BP 算法是一样的，也包含同样的三个步骤：

（1）前向计算每个神经元的输出值；

（2）反向计算每个神经元的误差项值 δ_j，它是误差函数 E 对神经元 j 的加权输入的 net_j 偏导数；

（3）计算每个权重的梯度，用随机梯度下降算法更新权重。

使用前面的式（13-2）对循环层进行前向计算：

$$\boldsymbol{s}_t = f(\boldsymbol{U}\boldsymbol{x}_t + \boldsymbol{W}\boldsymbol{s}_{t-1}) \tag{13-4}$$

对式（13-4）展开可得

$$\begin{bmatrix} s_1^t \\ s_2^t \\ \vdots \\ s_n^t \end{bmatrix} = f\left(\begin{bmatrix} u_{11} & u_{12} & \cdots & u_{1m} \\ u_{21} & u_{22} & \cdots & u_{2m} \\ \vdots & \vdots & & \vdots \\ u_{n1} & u_{n2} & \cdots & u_{nm} \end{bmatrix}\begin{bmatrix} x_1 \\ x_2 \\ \vdots \\ x_n \end{bmatrix} + \begin{bmatrix} w_{11} & w_{12} & \cdots & w_{1m} \\ w_{21} & w_{22} & \cdots & w_{2m} \\ \vdots & \vdots & & \vdots \\ w_{n1} & w_{n2} & \cdots & w_{nm} \end{bmatrix}\begin{bmatrix} s_1^{t-1} \\ s_2^{t-1} \\ \vdots \\ s_n^{t-1} \end{bmatrix}\right)$$

式中，如果输入向量 $\boldsymbol{x}$ 是 m 维，输出向量 $\boldsymbol{s}$ 是 n 维，则矩阵 $\boldsymbol{U}$ 是 $n \times m$ 维，矩阵 $\boldsymbol{W}$ 是 $n \times n$ 维。

BTPP 算法将第 $\boldsymbol{l}$ 层 t 时刻的误差项值 δ_t^l 沿两个方向传播（见图 13-2），一个方向是其传递到上一层网络，得到 δ_t^{l-1}，这部分只和权重矩阵 $\boldsymbol{U}$ 有关；另一个方向是将其沿时间线传递到初始时刻 t_1，得到 δ_1^l，这部分只和权重矩阵 $\boldsymbol{W}$ 有关。

用 net_t 表示神经元在 t 时刻的加权输入

$$\text{net}_t = \boldsymbol{U}\boldsymbol{x}_t + \boldsymbol{W}\boldsymbol{s}_{t-1}, \quad \boldsymbol{s}_{t-1} = f(\text{net}_{t-1})$$

所以

$$\frac{\partial \text{net}_t}{\partial \text{net}_{t-1}} = \frac{\partial \text{net}_t}{\partial \boldsymbol{s}_{t-1}} \times \frac{\partial \boldsymbol{s}_{t-1}}{\partial \text{net}_{t-1}} \tag{13-5}$$

即

$$\frac{\partial \text{net}_t}{\partial \boldsymbol{s}_{t-1}} = \begin{bmatrix} \frac{\partial \text{net}_1^t}{\partial s_1^{t-1}} & \frac{\partial \text{net}_1^t}{\partial s_2^{t-1}} & \cdots & \frac{\partial \text{net}_1^t}{\partial s_n^{t-1}} \\ \frac{\partial \text{net}_2^t}{\partial s_1^{t-1}} & \frac{\partial \text{net}_2^t}{\partial s_2^{t-1}} & \cdots & \frac{\partial \text{net}_2^t}{\partial s_n^{t-1}} \\ \vdots & \vdots & & \vdots \\ \frac{\partial \text{net}_n^t}{\partial s_1^{t-1}} & \frac{\partial \text{net}_n^t}{\partial s_2^{t-1}} & \cdots & \frac{\partial \text{net}_n^t}{\partial s_n^{t-1}} \end{bmatrix} = \begin{bmatrix} w_{11} & w_{12} & \cdots & w_{1n} \\ w_{21} & w_{22} & \cdots & w_{2n} \\ \vdots & \vdots & & \vdots \\ w_{n1} & w_{n1} & \cdots & w_{nn} \end{bmatrix} = \boldsymbol{W}$$

$$\frac{\partial \boldsymbol{s}_{t-1}}{\partial \text{net}_{t-1}} = \begin{bmatrix} \frac{\partial s_1^{t-1}}{\partial \text{net}_1^{t-1}} & \frac{\partial s_1^{t-1}}{\partial \text{net}_2^{t-1}} & \cdots & \frac{\partial s_1^{t-1}}{\partial \text{net}_n^{t-1}} \\ \frac{\partial s_2^{t-1}}{\partial \text{net}_1^{t-1}} & \frac{\partial s_2^{t-1}}{\partial \text{net}_2^{t-1}} & \cdots & \frac{\partial s_2^{t-1}}{\partial \text{net}_n^{t-1}} \\ \vdots & \vdots & & \vdots \\ \frac{\partial s_n^{t-1}}{\partial \text{net}_1^{t-1}} & \frac{\partial s_n^{t-1}}{\partial \text{net}_2^{t-1}} & \cdots & \frac{\partial s_n^{t-1}}{\partial \text{net}_n^{t-1}} \end{bmatrix}$$

$$= \begin{bmatrix} f'(\text{net}_1^{t-1}) & 0 & \cdots & 0 \\ 0 & f'(\text{net}_2^{t-1}) & \cdots & 0 \\ \vdots & \vdots & & \vdots \\ 0 & 0 & \cdots & f'(\text{net}_n^{t-1}) \end{bmatrix}$$

$$= \text{diag}[f'(\text{net}_{t-1})]$$

所以式（13-5）可简化为

$$\frac{\partial \text{net}_t}{\partial \text{net}_{t-1}}=\frac{\partial \text{net}_t}{\partial \boldsymbol{s}_{t-1}}\times\frac{\partial \boldsymbol{s}_{t-1}}{\partial \text{net}_{t-1}}=\boldsymbol{W}\text{diag}[f'(\text{net}_{t-1})]$$
$$=\begin{bmatrix} w_{11}f'(\text{net}_1^{t-1}) & w_{12}f'(\text{net}_2^{t-1}) & \cdots & w_{1n}f'(\text{net}_n^{t-1}) \\ w_{21}f(\text{net}_1^{t-1}) & w_{22}f'(\text{net}_2^{t-1}) & \cdots & w_{2n}f(\text{net}_n^{t-1}) \\ \vdots & \vdots & & \vdots \\ w_{n1}f'(\text{net}_1^{t-1}) & w_{n2}f(\text{net}_2^{t-1}) & \cdots & w_{nn}f(\text{net}_n^{t-1}) \end{bmatrix}$$

此时，任意时刻 k 的误差项 δ_k：

$$\delta_k^{\mathrm{T}}=\frac{\partial E}{\partial \text{net}_k}=\frac{\partial E}{\partial \text{net}_t}\times\frac{\partial \text{net}_t}{\partial \text{net}_k}=\frac{\partial E}{\partial \text{net}_t}\times\frac{\partial \text{net}_t}{\partial \text{net}_{t-1}}\times\frac{\partial \text{net}_{t-1}}{\partial \text{net}_{t-2}}\times\cdots\times\frac{\partial \text{net}_{k+1}}{\partial \text{net}_k}$$
$$=\boldsymbol{W}\text{diag}[f'(\text{net}_{t-1})]\boldsymbol{W}\text{diag}[f'(\text{net}_{t-2})]\cdots\boldsymbol{W}\text{diag}[f'(\text{net}_k)]\delta_t^l$$
$$=\delta_t^T\prod_{i=k}^{t-1}\boldsymbol{W}\text{diag}[f'(\text{net}_i)]$$

此时，计算每个权重的梯度，误差函数 E 对权重矩阵 $\boldsymbol{W}$ 的梯度 $\frac{\partial E}{\partial \boldsymbol{W}}$ 为

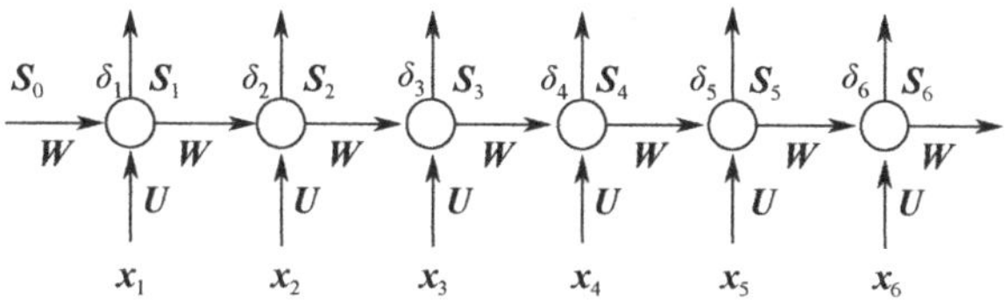

图 13-2　t 时刻循环层的输出值及误差项

全连接网络的权重梯度计算算法：只要知道了任意一个时刻的误差项 δ_t，以及上一个时刻循环层的输出值 $\boldsymbol{s}_{t-1}$，就可以按照下面的公式求出权重矩阵在 t 时刻的梯度

$$\nabla w_t E=\begin{bmatrix} \delta_1^t s_1^{t-1} & \delta_1^t s_2^{t-1} & \cdots & \delta_1^t s_n^{t-1} \\ \delta_2^t s_1^{t-1} & \delta_2^t s_2^{t-1} & \cdots & \delta_2^t s_n^{t-1} \\ \vdots & \vdots & & \vdots \\ \delta_n^t s_1^{t-1} & \delta_n^t s_2^{t-1} & \cdots & \delta_n^t s_n^{t-1} \end{bmatrix}$$

式中，δ_i^t 表示 t 时刻误差项向量的第 i 个分量；s_i^{t-1} 表示 t-1 时刻循环层第 i 个神经元的输出值。同理可以得到误差函数在 t 时刻对权重矩阵 $\boldsymbol{U}$ 的梯度，计算方法为

$$\nabla_{\boldsymbol{U}} E=\begin{bmatrix} \delta_1^t x_1^t & \delta_1^t x_2^t & \cdots & \delta_1^t x_m^t \\ \delta_2^t x_1^t & \delta_2^t x_2^t & \cdots & \delta_2^t x_m^t \\ \vdots & \vdots & & \vdots \\ \delta_n^t x_1^t & \delta_n^t x_2^t & \cdots & \delta_n^t x_n^t \end{bmatrix}$$

最终的梯度为

$$\nabla_{\boldsymbol{U}} E=\sum_{i=1}^{t}\nabla_{\boldsymbol{U}_i} E$$

13.2 LSTM

实践中前面介绍 RNN 并不能很好地处理较长的序列。一个主要的原因是，RNN 在训练中很容易发生梯度爆炸和梯度消失，这导致训练时梯度不能在较长序列中一直传递下去，从而使 RNN 无法捕捉到长距离的影响。长短时记忆网络 LSTM（Long Short Term Memory Network）成功地解决了原始循环神经网络的缺陷，成为当前最流行的 RNN，在语音识别、图片描述、自然语言处理等许多领域中成功应用。

原始 RNN 的隐含层只有一个状态 h，它对于短期的输入非常敏感。那么，假如我们再增加一个状态 c 称为单元状态（cell state），让它来保存长期的状态，如图 13-3 所示。

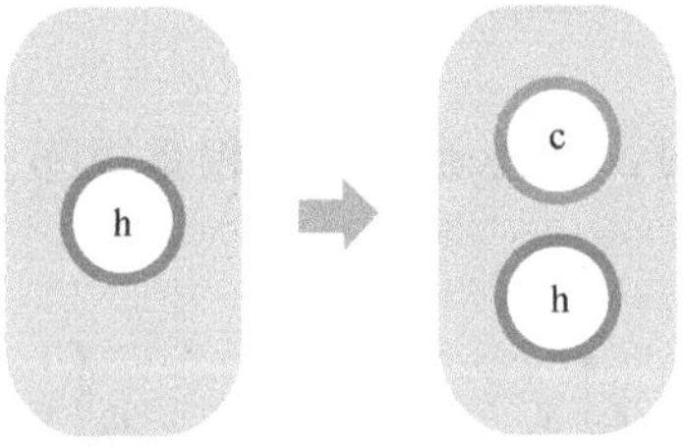

图 13-3　原始 RNN 与 LSTM

我们把图 13-3 按照时间维度展开，得到图 13-4。

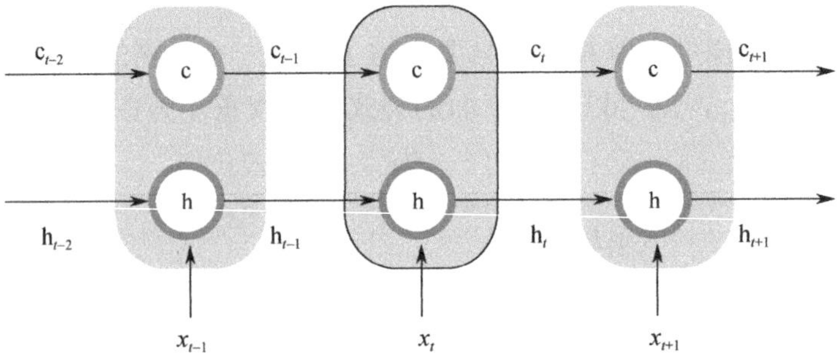

图 13-4　t 时刻的 LSTM 状态

可以看出，在 t 时刻 LSTM 的输入有三个：当前时刻网络的输入值 x_t，上一时刻 LSTM 的输出值 h_{t-1} 及上一时刻的单元状态 c_{t-1}；LSTM 的输出有两个：当前时刻 LSTM 输出值 h_t 和当前时刻的单元状态 c_t。LSTM 的关键就是怎样控制长期状态 c。LSTM 的思路是使用三个控制开关，第一个开关负责控制继续保存长期状态 c；第二个开关负责控制把即时状态输入到长期状态 c；第三个开关负责控制是否把长期状态 c 作为当前的 LSTM 的输出。

前面描述的开关是怎样在算法中实现的呢？这就用到了门（gate）的概念。门实际上就是一层全连接层，它的输入是一个向量，输出是一个 0～1 的实数向量。假设 $\boldsymbol{W}$ 是门的权重向量，b 是偏置项，那么门可以表示：

$$g(x) = \sigma(Wx + b)$$

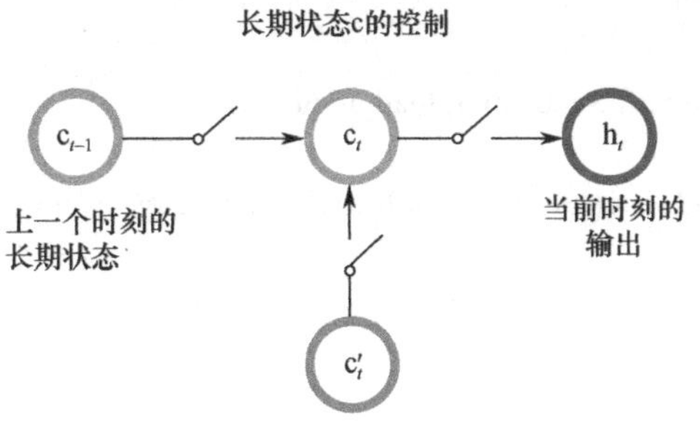

图 13-5 LSTM 状态 c 控制

门的使用，就是用门的输出向量按元素乘以需要控制的那个向量。因为门的输出是 0～1 的实数向量，那么当门输出为 0 时，任何向量与之相乘都会得到零向量，这就相当于什么都不能通过；当输出为 1 时，任何向量与之相乘都不会有任何改变。因为σ（Sigmoid 函数）的值域是（0,1），所以门的状态都是半开半闭的。

LSTM 用两个门来控制单元状态 c 的内容，一个是遗忘门（forget gate），它决定了上一时刻的单元状态 c_{t-1} 有多少保存到当前时刻 c_t；另一个是输入门（input gate），它决定了当前时刻网络的输入 x_t 有多少保存到单元状态 c_t。LSTM 用输出门（output gate）来控制单元状态 c_t 有多少输出到 LSTM 的当前输出值 h_t。

先来看一下遗忘门

$$f_t = \sigma(\boldsymbol{W}_f \times [h_{t-1}, x_t] + b_f) \tag{13-6}$$

式中，$\boldsymbol{W}_f$ 是遗忘门的权重矩阵，$[h_{t-1}, x_t]$ 表示把两个向量连接成一个更长的向量，b_f 是遗忘门的偏置项，σ 是 Sigmoid 函数。如果输入的维度是 d_x，隐含层的维度是 $h_{t-1}d_h$，单元状态的维度是 d_c（通常 $d_c = d_h$），遗忘门的权重矩阵 $\boldsymbol{W}_f$ 维度是 $d_c \times (d_h + d_x)$。事实上，权重矩阵 $\boldsymbol{W}_f$ 都是两个矩阵拼接而成的：一个是 $\boldsymbol{W}_{fh}$，它对应着输入项，其维度为 $d_c \times d_h$；一个是 $\boldsymbol{W}_{fx}$，它对应着输入项，其维度为 $d_c \times d_x$。$\boldsymbol{W}_f$ 可以写为

$$\begin{bmatrix} \boldsymbol{W}_f \end{bmatrix} \begin{bmatrix} h_{t-1} \\ x_t \end{bmatrix} = \begin{bmatrix} \boldsymbol{W}_{fh} & \boldsymbol{W}_{fx} \end{bmatrix} \begin{bmatrix} h_{t-1} \\ x_t \end{bmatrix} = \boldsymbol{W}_{fh} h_{t-1} + \boldsymbol{W}_{fx} x_t$$

13.3 循环神经网络案例

1949—1960 年，每年 12 个月的航班乘客数据一共 144 个。我们使用它来进行 LSTM 时间序列预测的实验（第一列为时间，第二列为乘客人数）。

在这里我们设置时序数据的前 65%为训练数据，后 35%为测试数据，代码如下。

```
import numpy
import matplotlib.pyplot as plt
from keras.models import Sequential
from keras.layers import Dense
```

```
from keras.layers import LSTM
import  pandas as pd
import  os
from keras.models import Sequential, load_mod
#加载数据
dataframe = pd.read_csv('international-airline-passengers.csv', usecols=[1], engine='python',
skipfooter=3)
dataset = dataframe.values
#将整型变为 float
dataset = dataset.astype('float32')
#归一化，在下一步会讲解
scaler = MinMaxScaler(feature_range=(0, 1))
dataset = scaler.fit_transform(dataset)
train_size = int(len(dataset) * 0.65)
trainlist = dataset[:train_size]
testlist = datasct[train_size:]
#对数据进行处理
scaler = MinMaxScaler(feature_range=(0, 1))
dataset = scaler.fit_transform(dataset)

def create_dataset(dataset, look_back):
#这里的 look_back 与 timestep 相同
    dataX, dataY = [], []
    for i in range(len(dataset)-look_back-1):
        a = dataset[i:(i+look_back)]
        dataX.append(a)
        dataY.append(dataset[i + look_back])
    return numpy.array(dataX),numpy.array(dataY)
#训练数据太少, look_back 并不能过大
look_back = 1
trainX,trainY = create_dataset(trainlist,look_back)
testX,testY = create_dataset(testlist,look_back)
#LSTM 模型的输入为 [samples, timesteps, features]
#这里的 timesteps 为步数,features 为维度，这里我们的数据是 1 维的
trainX = numpy.reshape(trainX, (trainX.shape[0], trainX.shape[1], 1))
testX = numpy.reshape(testX, (testX.shape[0], testX.shape[1] ,1 ))

# create and fit the LSTM network
model = Sequential()
model.add(LSTM(4, input_shape=(None,1)))
model.add(Dense(1))
model.compile(loss='mean_squared_error', optimizer='adam')
model.fit(trainX, trainY, epochs=100, batch_size=1, verbose=2)
model.save(os.path.join( " DATA " , " Test "  +  " .h5 " ))
#进行预测
trainPredict = model.predict(trainX)
```

```
testPredict = model.predict(testX)
#反归一化
trainPredict = scaler.inverse_transform(trainPredict)
trainY = scaler.inverse_transform(trainY)
testPredict = scaler.inverse_transform(testPredict)
testY = scaler.inverse_transform(testY)
#查看结果
plt.plot(trainY)
plt.plot(trainPredict[1:])
plt.show()
plt.plot(testY)
plt.plot(testPredict[1:])
plt.show()
```

【扩展阅读】

1. 自然语言处理

NLP 作为人工智能技术领域中重要的分支，随着其技术应用范围不断扩大，在数据处理领域占有越来越重要的地位。有一个不可否认的事实，当前从事互联网的人们已经制造出了海量的数据，未来还将继续持续，其中包括结构化数据、半结构化数据和非结构化数据。对于结构化数据而言，在大数据、云计算技术“上下齐心”的大力整合下，其技术基本趋向成熟和稳定，如关系型数据库及基于 Hadoop 的 HDFS 分布式文件系统、Hive 数据仓库和非关系型数据库 Hbase，以及 Elasticsearch 集群等数据存储的关系数据库或者 NoSQL，可以用来管理和存储数据；基于 MapReduce、Spark、Storm 和 Flink 等大数据处理框架可以分别处理离线和实时数据等。而半结构化、非结构化的数据，除了以 ELK 为代表的日志处理流程，过去在其他限定领域基于规则和知识库也取得了一定成果，因其自身的复杂性，未来更多领域应用都具有很大的困难和挑战。

正是基于上面对中国互联网发展的总结，对当前数据领域所面临的挑战及资本市场对人工智能的认可分析，未来数据领域的重点是自然语言处理技术及其在智能问答、情感分析、语义理解、知识图谱等应用方面的突破。对于我们国内中文来说，因为要将更好地把前面所说的应用在中文处理上，显得更为重要和急迫，所以未来数据领域的珠穆朗玛峰是中文自然语言处理。

这里重点介绍一下语料的预处理，在一个完整的中文自然语言处理工程应用中，语料预处理大概会占到整个 50%～70%的工作量，所以开发人员大部分时间就在进行语料预处理。下面通过数据清洗、分词、词性标注、去停用词四个方面来完成语料的预处理工作。

1）数据清洗

数据清洗就是在语料中找到我们感兴趣的东西，把不感兴趣的视为噪声的内容清洗删除，包括对原始文本提取标题、摘要、正文等信息，对于爬取的网页内容，去除广告、标签、HTML、JS 等代码和注释等。常见的数据清洗方式：人工去重、对齐、删除和标注等，或者规则提取内容、正则表达式匹配、根据词性和命名实体提取、编写脚本或者源代码批处理等。

2）分词

中文语料数据为一批短文本或者长文本，如句子、文章摘要、段落或者整篇文章组成的一个集合。一般句子、段落之间的字、词语是连续的，有一定含义。而进行文本挖掘分析时，我们希望文本处理的最小单位粒度是词或者词语，所以这个时候就需要分词来将文本全部进行分词。

常见的分词算法：基于字符串匹配的分词方法、基于理解的分词方法、基于统计的分词方法和基于规则的分词方法，每种方法下面对应许多具体的算法。

当前中文分词算法的主要难点有歧义识别和新词识别，如“羽毛球拍卖完了”，这个可以切分成“羽毛 球拍 卖 完 了”，也可切分成“羽毛球 拍卖 完 了”，如果不依赖上下文其他的句子，则恐怕很难知道如何去理解。

3）词性标注

词性标注就是给每个词或者词语打词类标签，如形容词、动词、名词等。这样做可以让文本在后面的处理中融入更多有用的语言信息。词性标注是一个经典的序列标注问题，不过对于有些中文自然语言处理来说，词性标注不是非必需的。例如，常见的文本分类就不用关心词性问题，但是类似情感分析、知识推理却是需要的。

常见的词性标注方法可以分为基于规则和基于统计的方法。其中基于统计的方法，如基于最大熵的词性标注、基于统计最大概率输出词性和基于 HMM 的词性标注。

4）去停用词

停用词一般指对文本特征没有任何贡献作用的字词，如标点符号、语气、人称等一些词。所以在一般性的文本处理中，分词之后，接下来一步就是去停用词。但是对于中文来说，去停用词操作不是一成不变的，停用词词典是根据具体场景来决定的。例如，在情感分析中，语气词、感叹号是应该保留的，因为它们对表示语气程度、感情色彩有一定的贡献和意义。

2. 时间序列问题处理方法

时间序列是以恒定的时间间隔收集的数据点的集合。对这些进行分析，可以确定长期趋势，以预测未来或进行其他形式的分析。是什么使得时间序列与常规的回归问题不同呢？主要有以下两点：

时间序列是时间依赖的（time dependent）。在这种情况下线性回归模型“观察独立的”这个基本假设不成立。

随着增长或减少的趋势，大多数时间序列具有某种形式的周期性趋势，即特定时间段有特有的变化规律。例如，如果分析羊毛外套的销量随时间的变化，我们会发现在每一年的冬季该销量最高，其余季节较低。由于时间序列的固有属性，建模前需要有一些与其他数据分析不同的预处理步骤。

在统计学中，如果时间序列的统计特性如均值、方差随时间保持不变，则称该时间序列是平稳时间序列（stationary series）。而非平稳序列（non-stationary series）是指包含趋势性、季节性或周期性等特性的序列，它可能只含有其中的一种成分，也可能是几种成分的组合。为什么需要检验一个时间序列是否平稳？因为这是大多数时间序列模型的一个前提条件。直观地说，如果一个时间序列随着时间的推移有一个特定的行为，那么我们利用该行为去对未来进行预测。此外，与非平稳序列相比，平稳序列相关的理论更成熟，更易于实施。平稳性是需要有严格条件的。然而，为了实际的目的，我们可以假设序列是平稳的，如果它随着时间的推移具有稳定的统计特性，如同一均值、恒定方差，不依赖于时间的自动协方差。

习　　题

根据给定的数据集，按如下要求完成各项训练任务：

1. 根据 2015—2019 年电力消耗数据，预测 2020 年 1 月—9 月德国电力消耗情况，并根据 2020 年实际数据给出预测结果偏差百分比。

2. 对预测结果可视化处理。

数据集为德国 2015—2020 年的能源生产及消耗数据集，来源于“Open Power System Data”。该数据集包括德国全国范围内的电力消耗，风能发电和太阳能发电总量等，单位为 GWh。各项数据含义如下：

Utc_timestamp	日期
Consumption	电力消耗
Wind	风能发电量
Solar	太阳能发电量

参考文献

[1] Zhao W S. RNN 到 LSTM 详解[EB/OL]. 2019.

[2] scikit-learn 官方网站. sklearn.feature_extraction: Feature Extraction[EB/OL]. 2019.

[3] 数据酷客. 德国能源数据时间序列分析[EB/OL]. 2019.

第 14 章 生成对抗网络

生成对抗网络（Generative Adversarial Network，GAN）是 Goodfellow 在 2014 年提出的一种用机器学习的思路来解决数据生成问题的通用框架，这种模型能够根据样本数据的概率分布生成新的服从某种概率分布的随机数据。生成对抗网络有很多实际应用，可用于产生或创造符合分布要求的真实数据；可用于生成强化学习的不同状态下的样本数据；可用于作为半监督学习的训练数据集；可用于多模的输出问题；还可用于测试表示和操作高维概率分布问题等。

14.1 生成对抗网络结构

生成对抗网络中，网络结构分别由两部分模型组成，分别是一个生成模型（generative model）和一个判别模型（discriminative model）。其中，生成模型根据真实样本数据的概率分布，产生与符合样本数据分布的假样本，而判别模型负责辨别一个样本是来自真实样本数据还是来自生成模型产生的假样本数据，同时指导生成模型的训练。判别模型的训练目标是最大化判别准确率，提高判别样本来源的准确性，生成模型的训练目标是生成与真实数据最相似的样本数据，使判别模型的准确率最小化。网络训练时，每次迭代分为两个阶段，首先固定判别模型，优化生成模型，提高生成数据被判别为真实数据的概率；再固定生成模型，优化判别模型，提高判别模型的判断准确性。这对矛盾的模型通过不断竞争，交替优化，分别提高模型的生成能力和判别能力，直到判别模型无法区别生成模型产生的假样本，这样就达到了生成对抗网络的目标，即学习到一个可以产生与真实样本数据同分布的数据的生成模型。

生成对抗网络中，生成模型和判别模型一般会选择多层神经网络来实现。用随机噪声输入生成模型，输出生成的样本数据，将样本数据与真实数据一起输入判别模型，判定样本来源，当判别模型准确率为 0.5 时，认为生成模型的样本与真实样本没有差别，判别模型无法准确判断样本来源，系统达到平衡，训练结束。此时可以用生成模型生成想要的数据，并通过调整输入生成模型的随机噪声生成不同的数据。

14.1.1　生成对抗网络模型原理

1. 模型结构

在生成对抗网络中，要同时训练一个生成模型 G 和一个判别模型 D。两个模型可采用全连接神经网络、卷积神经网络、循环神经网络或其他机器学习模型结构。生成模型 G 从一个预先定义好的噪声分布 $p_z(z)$ 中随机抽取一个噪声数据 z 作为输入，然后产生一个与训练样本相似的样本数据 $G(z;\theta_g)$，其中 θ_g 包含了生成模型的参数，生成模型要从训练样本学习到数据的概率分布 $p_z(z)$，并将随机噪声数据映射到真实样本数据空间。判别模型 $D(x;\theta_d)$ 把真实样本和假样本分别作为正例和负例输入，一般采用解决分类问题的模型结构，进行二分类的判别，其中 x 是模型输入，θ_d 包含判别模型的参数，模型输出是[0,1]区间的标量，用概率值表示数据来源的分类结果。

2. 模型原理

生成模型的训练目标是生成与真实样本相似的数据，让判别模型将生成的样本判定为真实样本；判别模型的训练目标是最大程度区分真实样本和生成样本，使判别结果准确。生成模型和判别模型的训练是交替进行的，在训练生成模型时，固定判别模型。

定义最小化的目标函数为

$$\log\left(1-D\left(G\left(z\right)\right)\right) \tag{14-1}$$

通过优化参数 θ_g 来最小化损失函数；生成样本 $G(z)$与真实样本越接近，$D(G(z))$越接近 1，目标函数值越小，此时被判别模型判断为真实样本的概率就越大。在训练判别模型时，固定生成模型，通过优化参数 θ_d，对于生成模型生成的样本，尽量判别为 0，即最大化 $\log\left(1-D\left(G\left(z\right)\right)\right)$；对于真实样本数据，尽量判别为 1，即最小化损失函数 $\log\left(1-D\left(x\right)\right)$。假定真实数据的分布函数是 $p_{\text{data}}(x)$，生成模型产生的样本数据的分布函数是 $p_g(x)$，那么我们期望最终得到的生成模型可以使得 $p_g(x)=p_{\text{data}}(x)$，即生成样本数据与真实样本数据几乎没有区别。其优化过程为

$$\min_G \max_D V(G,D)=E_{x\sim p_{\text{data}}(x)}\left[\log D\left(x\right)\right]+E_{z\sim p_z(z)}\left[\log\left(1-D\left(G\left(z\right)\right)\right)\right] \tag{14-2}$$

对于式(14-2)中的优化计算，其中 E 表示取数学期望。首先，对于从真实数据分布 $p_{\text{data}}(x)$ 中随机抽取的样本 x，判别模型 $D(x;\theta_d)$应该判定该数据为真实，即 $D(x;\theta_d)=1$，所以应当优化参数 θ_d 来找到可以极大化 $E_{x\sim p_{\text{data}}(x)}\left[\log D\left(x\right)\right]$ 的判别模型 D，对于从噪声分布 $p_z(z)$ 中随机抽取的一个噪声数据 z，生成模型会产生一个生成样本 $G(z;\theta_g)$，对于这个生成样本，判别模式 $D\left(G\left(z;\theta_g\right);\theta_d\right)$应判定为生成数据，即 $D\left(G\left(z;\theta_g\right);\theta_d\right)=0$，所以应当优化参数 θ_d 来

找到可以极大化 $E_{z\sim p_z(z)}\left[\log\left(1-D\left(G[z]\right)\right)\right]$ 的判别模型 D。综合上述两点，对于判别模型 D 的目标是要极大化下面的函数，从而提高判别真实样本和生成样本的准确率。

$$\max_D V(G,D)=E_{x\sim p_{\text{data}}(x)}\left[\log D(x)\right]+E_{z\sim p_z(z)}\left[\log\left(1-D\left(G(z)\right)\right)\right] \tag{14-3}$$

对于生成模型 G 的优化目标与判别模型恰恰相反，需要达到以假乱真的目的，目标函数是极小化上面的目标，骗过判别模型，这样就有了一个极小化极大价值函数 $V(G,D)$ 的博弈过程。

$$\min_G \max_D V(G,D)=E_{x\sim p_{\text{data}}(x)}\left[\log D(x)\right]+E_{z\sim p_z(z)}\left[\log\left(1-D\left(G(z)\right)\right)\right] \tag{14-4}$$

生成对抗网络的工作原理图如图 14-1 所示。

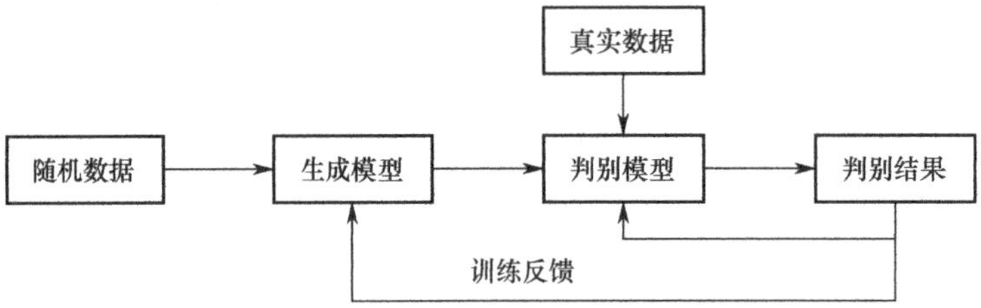

图 14-1　生成对抗网络的工作原理图

14.1.2　生成对抗网络优化原理

在信息论中，常用交叉熵来判别信号分布的相似性。假定 p 和 q 是相同事件测度的两个概率分布，其中 p 为真实样本分布，q 为生成样本分布，定义交叉熵为

$$H(p,q)=-\sum_i p_i \log q_i \tag{14-5}$$

由式（14-5）看出，两个分布 p 和 q 越相似，$H(p,q)$ 就越小。假设判别模型 D 是一个二分类器，设 y_1 为真实样本数据的分布，那么生成样本数据的分布就是 $(1-y_1)$，再假定 $D(x_1)$ 为判别样本是真实样本的概率，那么判别样本为生成样本的概率就是 $(1-D(x_1))$。这样，就可以根据交叉熵的定义写出优化目标函数：

$$H\left((x_1,y_1),D\right)=-y_1\log D(x_1)-(1-y_1)\log\left(1-D(x_1)\right) \tag{14-6}$$

将式（14-6）推广为 N 个样本后，可得下式：

$$H\left(\left(x_i,y_i\right)_{i=1}^N,D\right)=-\sum_{i=1}^N y_i\log D(x_i)-\sum_{i=1}^N(1-y_i)\log\left(1-D(x_i)\right) \tag{14-7}$$

在生成对抗网络中，样本点 x_i 要么来自真实样本分布 $P_{\text{data}}(x)$，要么来自生成模型生成的样本分布 $G(z)$。对于 $x_i\sim P_{\text{data}}(x)$，我们希望判别它为真实样本分布 y_i；对于 $x_i\sim G(z)$，我们希望判别它为生成样本分布 $(1-y_i)$。在理想的状况下，生成模型的生成数据已经可以以假乱真，即达到 y_i=1/2。将式（14-7）加数学期望，并令 y_i=1/2 就可以得到：

$$H\left(\left(x_i,y_i\right)_{i=1}^\infty,D\right)=-\frac{1}{2}E_{x\sim p_{\text{data}}(x)}\left[\log D(x)\right]-\frac{1}{2}E_{z\sim p_z(z)}\left[\log\left(1-D\left(G(z)\right)\right)\right] \tag{14-8}$$

需要找到一个最优的 D 来极小化目标函数 $H\left(\left(x_i,y_i\right)_{i=1}^{\infty},D\right)$，等价于极大化下式：

$$\max_D V\left(G,D\right)=E_{x\sim p_{\text{data}}(x)}\left[\log D\left(x\right)\right]+E_{z\sim p_z(z)}\left[\log\left(1-D\left(G\left(z\right)\right)\right)\right] \tag{14-9}$$

而生成模型的目标与判别函数相反，这样就有了下面的极小化极大目标函数：

$$\min_G\max_D V\left(G,D\right)=E_{x\sim p_{\text{data}}(x)}\left[\log D\left(x\right)\right]+E_{z\sim p_z(z)}\left[\log\left(1-D\left(G\left(z\right)\right)\right)\right] \tag{14-10}$$

由此可以看出，$V(G,D)$相当于表示真实样本和生成样本的差异程度，$\max_D V\left(G,D\right)$就是在固定 G 的前提下找到能够最大化判别出样本来源的 D，然后在固定 D 的前提下找 G，使得 G 生成的样本能够最小化与真实样本的差异。

14.1.3　模型训练

在生成对抗网络的训练过程中，对判别模型和生成模型的优化是交替进行的，直到达到最终平衡，在每一次迭代中，首先训练判别模型：

（1）从真实数据分布 $P_{\text{data}}\left(x\right)$ 中随机抽取 m 个样本 $\left\{x_1,x_2,\cdots,x_m\right\}$；

（2）从噪声数据分布 $P_z\left(z\right)$ 中随机抽取 m 个噪声数据样本；

（3）将 m 个噪声样本输入生成函数 G 产生 m 个生成样本 $\left\{\tilde{x}_1,\tilde{x}_2,\cdots,\tilde{x}_m\right\}$；

在价值函数 $V(G,D)$中以均值代替期望，计算近似函数：

$$\tilde{V}\left(\theta_d\right)=\frac{1}{m}\sum_{i=1}^{m}\log D\left(x_i;\theta_d\right)+\frac{1}{m}\sum_{i=1}^{m}\log\left(1-D\left(\tilde{x}_i;\theta_d\right)\right) \tag{14-11}$$

（4）对于极大化目标 $\tilde{V}\left(\theta_d\right)$，用随机梯度上升法更新判别函数的参数：

$$\theta_d\leftarrow\theta_d+\eta\nabla\tilde{V}(\theta_d) \tag{14-12}$$

再训练生成模型：

（1）从噪声数据分布 $P_z\left(z\right)$ 中随机抽取另外 m 个噪声样本 $\left\{z_1,z_2,\cdots,z_m\right\}$；

（2）在价值函数 $V(G,D)$中以均值代替期望，略去与 θ_g 无关的价值函数第一项，计算近似函数：

$$\tilde{V}\left(\theta_g\right)\leftrightarrow\frac{1}{m}\sum_{i=1}^{m}\log\left(1-D\left(G\left(z_i;\theta_g\right)\right)\right) \tag{14-13}$$

对于极小化目标 $\tilde{V}\left(\theta_g\right)$，用随机梯度下降法更新生成模型参数：

$$\theta_g\leftarrow\theta_g-\eta\nabla\tilde{V}\left(\theta_g\right) \tag{14-14}$$

式中，η 是学习率。生成对抗网络是同时训练生成模型和判别模型两个神经网络，但两个网络训练次数不同，一般对判别模型的训练进行 k 次，用生成的数据和真实样本数据计算损失函数；对生成模型进行一次训练，用判别模型计算损失函数和梯度值。一方面可以避免在优化判别模型的时候出现过拟合；另一方面避免生成模型因更新次数过多而导致收敛缓慢的问题。

使用生成对抗网络可以生成图像和声音等各类数据。对于生成对抗网络初始状态的生成模型和判别模型都比较弱，主要通过交替训练来逐步共同提高。训练过程应尽量避免出现一个模型很强而另一个模型很弱的情形，会导致训练的优化方向出问题。在多数情况下，生成模型会比较弱，而判别模型会比较强。所以可以考虑对生成模型进行一定程度的预训练以得到一个相对好一点的初始状态，然后可以有意地选取一些相对弱的判别模型来防止其快速收敛变强。

14.1.4 对抗网络的改进模型

对于简单的数据生成和分类任务，采用传统经典的全连接神经网络就能取得较好的结果，如手写数字识别。而对于较复杂的图像生成或分类任务，需要用较为复杂的网络模型结构，以便得到清晰的生成数据图像，常选择各种卷积神经网络来构建生成模型和判别模型。下面介绍生成对抗网络的几种常见的扩展模型。

1. 深度卷积生成对抗网络

在深度卷积生成对抗网络（Deep Convolutional GAN，DCGAN）中，生成模型和判别模型都是深度卷积神经网络，以解决生成尺寸较大的图像时清晰度不足的问题。在训练过程中，卷积计算和采样方式都有一些创新，以提升生成模型的表现能力，以均匀分布的随机噪声向量输入到深度卷积神经网络生成模型，通过转置实现的反卷积网络映射为二维的输出图像，网络没有池化层和全连接层，生成模型和判别模型结构相反，可以生成较为真实的图片效果。

另外，在一些计算方式上的创新，在深度卷积生成对抗网络的训练中，采用了带步长的卷积（strided convolution）和小步长卷积（fractionally-strided convolution），并学习空间下采样和上采样算子来更好地学习高维图像空间到低维特征表示空间之间的变换。

2. 信息生成对抗网络

信息生成对抗网络（Information-theoretic GAN，InfoGAN），将生成模型生成的数据引入隐变量以对生成的样本加入语义控制信息，试图让对抗网络学到一些有意义、可解释的特征表达方式，如人脸识别中眼睛颜色、人物发型等特征，在手写数字识别数据集上，这种改进结构可以学会数字书写风格和数字形状。

改进系统由三个网络构成，包括一个生成网络和两个判别网络。生成网络的输入数据为随机噪声 z 和隐含变量 c，生成数据的映射为

$$x = G(z,c) \tag{14-15}$$

将真实数据和生成数据一起输入到第一个判别模型，用于区分样本数据的来源

$$y_1 = D_1(x) \tag{14-16}$$

再输入到第二个判别模型

$$y_2 = D_2(x) \tag{14-17}$$

用于区分样本数据的类别。这种学习是完全无监督进行的，除了最后一层，两个判别模型的网络参数共享。

3. 条件生成对抗网络

条件生成对抗网络（Conditional GAN，CGAN）为 GAN 增加了限制条件，对生成模型的输入数据加入了随机噪声数据之外的人工控制变量，通过控制变量生成不同类型数据，从而增加对抗网络的准确率。在 GAN 中，生成模型以一个噪声向量作为输入来生成假样本数据，导致其自由度非常大，从而很难收敛并产生高质量的假样本数据。条件生成对抗网络通过对生成模型和判别模型添加限制条件去解决上述难题。假设限制条件信息用 $\boldsymbol{y}$ 来表示，类似于一种类别标签或者分类信息，引入限制条件后，生成模型变成了有监督学习方式，将变量 $\boldsymbol{y}$ 用额外的输入层分别加入生成模型和判别模型进行训练，其价值函数 $V(G,D)$ 可以改写成如下形式：

$$\min_G \max_D V(G,D) = E_{x\sim p_{\text{data}}(x)}\left[\log D\left(\boldsymbol{x}|\boldsymbol{y}\right)\right] + E_{z\sim p_z(z)}\left[\log\left(1-D\left(G\left(\boldsymbol{z}|\boldsymbol{y}\right)\right)\right)\right] \quad (14\text{-}18)$$

式中，将生成模型和判别模型的输入变量在原有变量基础上加入限制向量 $\boldsymbol{y}$，变成了条件分布的随机变量，由类别得到生成数据。

4. 循环生成对抗网络

在循环生成对抗网络（Recurrent GAN，RGAN）中，生成模型采用循环神经网络结构，对图像进行层级的细化调整，最终生成高质量的输出图像数据。

将随机噪声序列 $z_1,z_2,\cdots,z_i,\cdots,z_T$ 作为生成模型输入向量，对应模型的输出 $\Delta C_1,\Delta C_2,\cdots,\Delta C_i,\cdots\Delta C_T$ 表示生成的图像序列，ΔC_i 表示 i 时刻生成的图像。定义 $\boldsymbol{h}_{C,i}$ 为序列中 i–1 时刻的图像 ΔC_{i-1} 的编码向量

$$\boldsymbol{h}_{C,i}=g(\Delta C_{i-1}) \quad (14\text{-}19)$$

模型根据输入向量通过神经网络映射成状态初始向量

$$\boldsymbol{h}_{z,0} = \tanh(\boldsymbol{W}z + b) \quad (14\text{-}20)$$

再将初始向量和生成的图像编码向量串联作为模型输入，得到 i 时刻的图像输出

$$\Delta C_i = f([\boldsymbol{h}_{z,i}, \boldsymbol{h}_{C,i}]) \quad (14\text{-}21)$$

最后将各个时刻输出的图像求和，并通过激活函数变换，得到最终的图像 C

$$C = \sigma\left(\sum_{i=1}^{T}\Delta C_i\right) \quad (14\text{-}22)$$

通过逐步对图像细化调整，得到最终较高质量的生成数据。

14.2　生成对抗网络的构建

在搜索查询的场景中，需要解决用户输入的查询词和内容设置的关键词匹配问题，才能使用户得到正确的查询结果。通常的做法是对查询词和关键词转换成词向量进行智能匹配。在生成对抗网络的基础上，将查询词作为生成模型的输入，训练一个条件生成对抗网络，使得生成模型可以根据查询词自动输出匹配关键词。

14.2.1 生成模型的构建

查询词和关键词都是包含多个单词的文本序列，常用循环神经网络的序列到序列模型，将查询词作为输入序列，关键词作为输出序列，并以此来作为查询词和关键词的匹配模型。考虑到经典的生成对抗网络中的生成模型一般以一个随机噪声向量作为输入，我们将查询词作为模型限制条件信息，采用条件生成对抗网络结构。

假定输入查询词为 p，其中包含 N 个单词分别为 $p_1,p_2,\cdots,p_i,\cdots,p_N$，关键词 q 包含 N' 个单词分别为 $q_1,q_2,\cdots q_i,\cdots,q_{N'}$，将这些单词用词向量的方式来表示并采用递归神经网络结构形成一个编码向量。

$$\boldsymbol{h}_i=\sigma_h(\boldsymbol{W}_h q_i+\boldsymbol{U}_h\boldsymbol{h}_{i-1}) \tag{14-23}$$

式中，$\boldsymbol{h}_i$ 是递归神经网络的隐含层向量，$\boldsymbol{W}_h$ 和 $\boldsymbol{U}_h$ 是模型的参数矩阵，$\sigma_h(\cdot)$ 表示激活函数。假设生成模型的随机输入噪声数据是 z，把查询词 p 作为条件生成对抗网络中的限制条件信息，并用平行网络结构来把噪声数据 z 和查询词 p 的编码向量 $\boldsymbol{h}_i$ 混合编码成为新的向量 $\boldsymbol{s}_i$。

$$\boldsymbol{s}_i=\sigma_z(\boldsymbol{U}_h\boldsymbol{h}_i+\boldsymbol{U}_z z) \tag{14-24}$$

式中，$\boldsymbol{U}_z$ 是参数矩阵，$\sigma_z(\cdot)$ 是激活函数。

生成模型的解码过程也采用递归神经网络结构，根据标准的语言模型对向量 $\boldsymbol{s}_i$ 进行解码，解码的过程即计算关键词生成的条件概率 $P(q_1,q_2,\cdots,q_{N'}|z,p_1,p_2,\cdots,p_N)$。令在 i 时刻的隐藏状态是 $\boldsymbol{s}_i$，初始状态 $s_0=s$，则

$$P(q_1,q_2,\cdots,q_{N'}|z,p_1,p_2,\cdots,p_N)=\prod_{i=1}^{N'}P(q_i|s_{i-1},q_1,q_2,\cdots,q_{i-1}) \tag{14-25}$$

将式（14-25）简化为一阶语言模型，则生成模型的关键词输出表达形式:

$$\begin{aligned}q=G(z|p)&\propto P(q_1,q_2,\cdots,q_{N'}|z,p_1,p_2,\cdots,p_N)\\&=\prod_{i=1}^{N'}P(q_i|\boldsymbol{s}_{i-1},q_1,q_2,\cdots,q_{i-1})=\prod_{i=1}^{N'}P(q_i|\boldsymbol{s}_{i-1},q_{i-1})\\\boldsymbol{s}_i&=g(\boldsymbol{s}_{i-1},q_i,\boldsymbol{c}_i)\end{aligned} \tag{14-26}$$

式中，g 表示采用如 LSTM、GRU 等的递归神经网络运算结构，$\boldsymbol{c}_i$ 表示增强递归神经网络注意力机制的向量。

查询词到关键词的序列到序列生成模型原理图如图 14-2 所示。

14.2.2 判别模型的构建

首先定义判别模型判断的依据，如果用户对输出结果是正向操作，如单击鼠标，则认为输入是真实数据。如果用户对输出结果是负向操作，不单击鼠标或者返回，则认为输入的是生成数据。在这种情况下，对于给定的查询词 p 和关键词 q，判别模型可以判断与 q 相关联的内容被展现在 p 的查询结果页面的时候，用户的相关操作，以此训练和优化判别模型。平行递归神经网络结构的判别模型如图 14-3 所示。

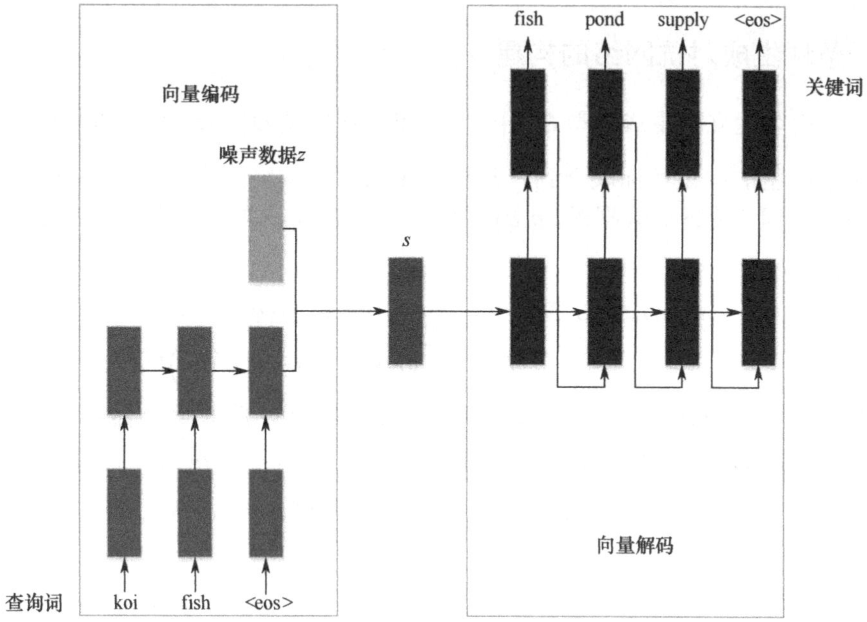

图 14-2　查询词到关键词的序列到序列生成模型原理图

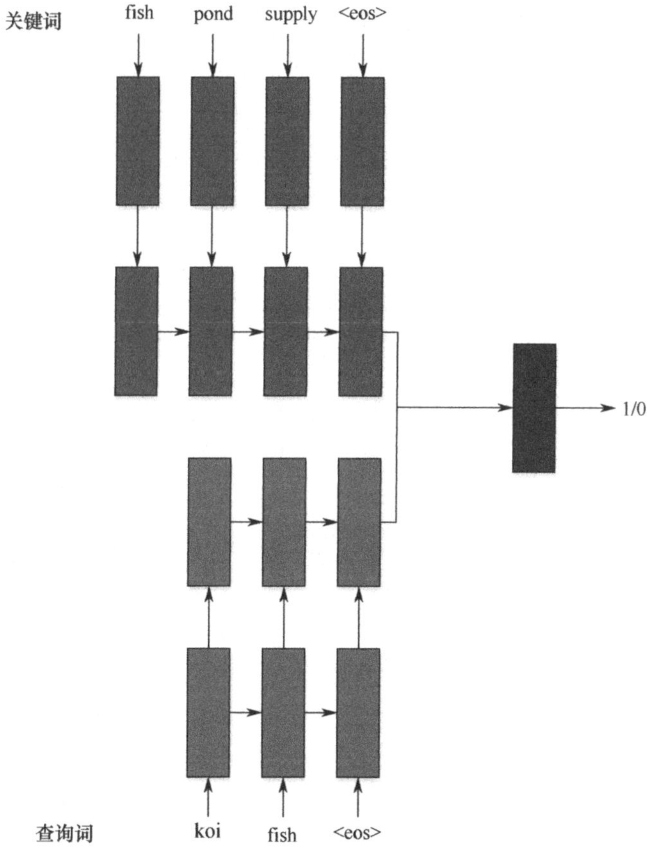

图 14-3　平行递归神经网络结构的判别模型

14.2.3 条件生成对抗网络的构建

对于以上内容建立的生成模型 $G(z\mid p;\theta_g)$ 和判别模型 $D(q\mid p;\theta_d)$，其中 θ_g 和 θ_d 都是模型参数，两个模型的优化目标联合到一起构成生成对抗网络的目标函数，该目标函数用于区分真实的查询词、关键词数据对 (p,q) 和生成的查询词、关键词数据对 (p,q)。生成对抗网络的目标函数为

$$\min_G \max_D V(G,D)=E_{(p,q)\sim p_{\text{data}}(p,q)}\left[\log D(q\mid p)\right]+E_{z\sim p_z(z)}\left[\log\left(1-D\left(G(z\mid p)\mid p\right)\right)\right] \tag{14-27}$$

但是有些真实的 (p,q)，用户也没有正向的点击动作，此时该目标函数无法区分有点击动作的真实 (p,q) 对和没有点击动作的真实 (p,q) 对。为了解决这一问题，定义 $\hat{q}$ 表示用户提交查询词 p 之后，没有发生点击动作的真实 $(p,\hat{q})$ 对，并添加一个优化目标到目标函数中，最终表示目标函数为如下形式：

$$\min_G \max_D V(G,D)=E_{(p,q)\sim p_{\text{data}}(p,q)}\left[\log D(q\mid p)\right]+E_{z\sim p_z(z)}\left[\log\left(1-D\left(G(z\mid p)\mid p\right)\right)\right]+E_{(p,q)\sim p_{\text{data}}(p,q)}\left[\log\left(1-D(\hat{q}\mid p)\right)\right] \tag{14-28}$$

由此可见，判别模型只有当生成模型输出有点击动作的真实关键词的时候，判别模型才会判定为 1。对于生成模型输出的假关键词，与生成模型输出的没有发生用户点击动作的真实的关键词，判别模型也会判定为 0。这样，当条件生成对抗网络训练收敛的时候，其中的生成模型就可以在给定查询词为 p 的条件下产生有用户点击动作的真实关键词 q，此时即可以直接把这个生成模型用于备选关键词选择。图 14-4 所示为条件生成对抗网络结构。

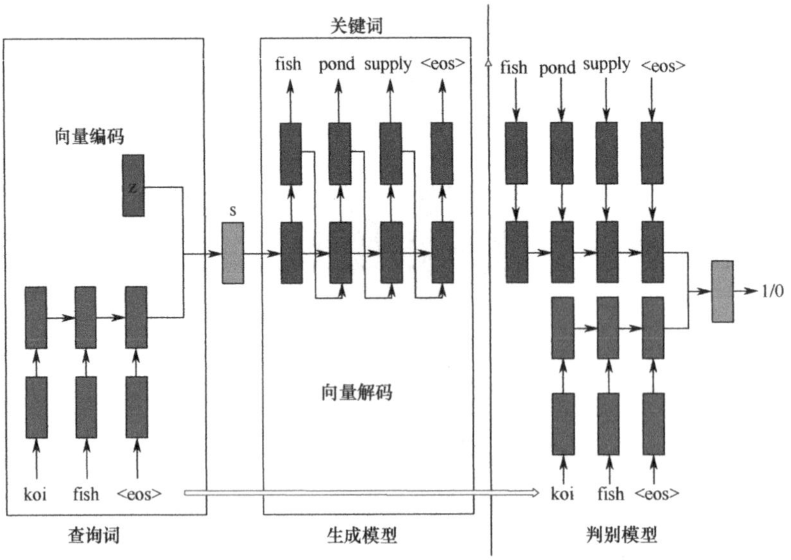

图 14-4　条件生成对抗网络结构

14.3 生成对抗网络案例

14.3.1 生成模型

以深度卷积生成对抗网络为例，生成模型使用卷积网络作为特征提取，代替深度神经网络的全连接结构，为了保证生成数据的质量，将卷积网络中的池化层去掉，用反卷积层代替，激活函数使用 ReLU。在模型中使用 BatchNormlization 层对生成模型的提取特征进行归一化处理，以提高生成模型的收敛速度。

基于 Keras 构建深度卷积生成对抗网络的生成模型：

```
def build_generator(inputs, image_size):
    image_resize = image_size
    kernel_size = 5
    layer_filters = [128, 64, 32, 1]
    x = Dense(image_resize * image_resize * layer_filters[0])(inputs)
    x = Reshape((image_resize, image_resize, layer_filters[0]))(x)
    for filters in layer_filters:
        if filters > layer_filters[-2]:
            strides = 2
        else:
            strides = 1
        x = BatchNormalization()(x)
        x = Activation('relu')(x)
        x = Conv2DTranspose(filters=filters,
                            kernel_size=kernel_size,
                            strides=strides,
                            padding='same')(x)
    x = Activation('sigmoid')(x)
    generator = Model(inputs, x, name='generator')
    return generator
```

14.3.2 判别模型

判别模型的作用是区分样本数据的来源，即真实数据还是由生成模型生成的，其本质为一个二分类器。判别模型的结构过于复杂和强大时，会影响生成模型的训练和优化，使判别模型的误差接近为 0，整个生成对抗网络将停止训练，适当简化判别模型可避免整个网络的训练停滞。采用卷积层对输入图像数据进行采样，再利用 LeakyReLU 层激活，代码如下：

```
def build_discriminator(inputs):
    kernel_size = 5
    layer_filters = [32, 64, 128, 256]
    x = inputs
    for filters in layer_filters:
        if filters == layer_filters[-1]:
```

```
            strides = 1
        else:
            strides = 2
        x = LeakyReLU(alpha=0.2)(x)
        x = Conv2D(filters=filters,
                   kernel_size=kernel_size,
                   strides=strides,
                   padding='same')(x)
    x = Flatten()(x)
    x = Dense(1)(x)
    x = Activation('sigmoid')(x)
    discriminator = Model(inputs, x, name='discriminator')
    return discriminator
```

14.3.3 模型训练

生成模型和判别模型建立完成后，生成对抗网络的整个结构基本构建完成。将两个模型进行组合，即可训练整个对抗网络。训练时，通过生成模型产生生成数据，并设立标签为 1，真实数据设立标签为 0，与生成数据混合一起输入到判别模型进行判断。判别模型更新后，将判别模型的权重冻结保持不变，再训练生成模型。两个模型交替训练，生成能力和判别能力分别得到提升。模型的构建及交替训练过程代码如下：

```
def train(models, x_train, params):
    generator, discriminator, adversarial = models                    # the GAN component models
    batch_size, latent_size, train_steps, model_name = params     # network parameters
    save_interval = 500        # the generator image is saved every 500 steps
    noise_input = np.random.uniform(-1.0, 1.0, size=[16, latent_size])     # noise vector
train_size = x_train.shape[0]        # number of elements in train dataset
    for i in range(train_steps):
        rand_indexes = np.random.randint(0, train_size, size=batch_size)
        real_images = x_train[rand_indexes]
        noise = np.random.uniform(-1.0,1.0,size=[batch_size, latent_size])
        fake_images = generator.predict(noise)
        x = np.concatenate((real_images, fake_images))        # real + fake images = 1 batch of
train data
        y = np.ones([2 * batch_size, 1])            # label real and fake images，  real images label is 1.0
        y[batch_size:, :] = 0.0           # fake images label is 0.0
        loss, acc = discriminator.train_on_batch(x, y)     # train discriminator network, log the
loss， accuracy
        log = "%d: [discriminator loss: %f, acc: %f]" % (i, loss, acc)
        noise = np.random.uniform(-1.0,1.0,size=[batch_size, latent_size])
        y = np.ones([batch_size, 1])              # label fake images as real or 1.0
        loss, acc = adversarial.train_on_batch(noise, y)
        log = "%s [adversarial loss: %f, acc: %f]" % (log, loss, acc)
        print(log)
        if (i + 1) % save_interval == 0:
            plot_images(generator,
                        noise_input=noise_input,
                        show=False,
                        step=(i + 1),
```

```
                                model_name=model_name)
        generator.save(model_name + ".h5")
    def plot_images(generator,noise_input,show=False,step=0,model_name="gan"):
        os.makedirs(model_name, exist_ok=True)
        filename = os.path.join(model_name, "%05d.png" % step)
        images = generator.predict(noise_input)
        plt.figure(figsize=(2.2, 2.2))
        num_images = images.shape[0]
        image_size = images.shape[1]
        rows = int(math.sqrt(noise_input.shape[0]))
        for i in range(num_images):
            plt.subplot(rows, rows, i + 1)
            image = np.reshape(images[i], [image_size, image_size])
            plt.imshow(image, cmap='gray')
            plt.axis('off')
        plt.savefig(filename)
        if show:
            plt.show()
        else:
            plt.close('all')
    def build_and_train_models():
        (x_train, _), (_, _) = mnist.load_data()
        image_size = x_train.shape[1]
        x_train = np.reshape(x_train, [-1, image_size, image_size, 1])
        x_train = x_train.astype('float32') / 255
        model_name = "dcgan_mnist"
        latent_size = 100
        batch_size = 64
        train_steps = 40000
        lr = 2e-4
        decay = 6e-8
        input_shape = (image_size, image_size, 1)
        inputs = Input(shape=input_shape, name='discriminator_input')
        discriminator = build_discriminator(inputs)
        optimizer = RMSprop(lr=lr, decay=decay)
        discriminator.compile(loss='binary_crossentropy',optimizer=optimizer,metrics=['accuracy'])
        discriminator.summary()
        input_shape = (latent_size,)
        inputs = Input(shape=input_shape, name='z_input')
        generator = build_generator(inputs, image_size)
        generator.summary()
        optimizer = RMSprop(lr=lr * 0.5, decay=decay * 0.5)
        discriminator.trainable = False
        adversarial = Model(inputs,discriminator(generator(inputs)),name=model_name)
        adversarial.compile(loss='binary_crossentropy',optimizer=optimizer,metrics=['accuracy'])
        adversarial.summary()
        models = (generator, discriminator, adversarial)
        params = (batch_size, latent_size, train_steps, model_name)
        train(models, x_train, params)
    def test_generator(generator):
        noise_input = np.random.uniform(-1.0, 1.0, size=[16, 100])
        plot_images(generator,
```

```
                    noise_input=noise_input,
                    show=True,
                    model_name="test_outputs")
if __name__ == '__main__':
    parser = argparse.ArgumentParser()
    help_ = "Load generator h5 model with trained weights"
    parser.add_argument("-g", "--generator", help=help_)
    args = parser.parse_args()
    build_and_train_models()
```

习　　题

1. 如何生成正态分布的随机数？
2. GAN 的训练目标函数与 Logistic 回归有何不同？
3. 简述 DCGAN 的原理。
4. 写出 GAN 的训练目标函数。

参考文献

[1] 雷明. 机器学习原理、算法与应用[M]. 北京：清华大学出版社，2019.

[2] Goodfellow Ian, Pouget-Abadie J, Mirza M, et al. Generative Adversarial Nets[J]. Advances in Neural Information Processing Syestems, 2014: 2672-2680.

[3] Mirza M, Osindero S. Conditional Generative Adversarial Nets[J]. Computer Science, 2014: 2672-2680.

[4] Radford A, Metz L, Chintala S. Unsupervised Representation Learning with Deep Convolutional Generative Adversarial Networks[J]. Arxiv Preprint: 1511.06434, 2015.

[5] Denton E L, Chintala S, Fergus R. Deep Generative Image Models Using a Laplacian Pyramid of Adversarial Networks[J]. Advances in Neural Information Processing Systems, 2015.

[6] S Reed, Zeynep Akata, Xinchen Yan, et al. Generative Adversarial Text to Image Synthesis[J]. International Conference on Machine Learning, 2016.

[7] Im D J, Kim C D, Jiang H, et al. Generating Images with Recurrent Adversarial Networks[J]. Arxiv Preprint: 1602.05110, 2016.

[8] Christian Ledig, Lucas Theis, Ferenc Huszar, et al. Photo-Realistic Single Image Super-Resolution Using a Generative Adversarial Network. Computer Vision and Pattern Recognition, 2016.

[9] Wang X, Gupta A. Generative Image Modeling Using Style and Structure Adversarial Networks[J]. Arxiv Preprint: 1603.05631, 2016.

[10] Chen X, Duan Y, Houthooft R, et al. InfoGAN: Interpretable Repressentation Learning by Information Maximizing Generative Adversarial Nets[J], Arxiv Preprint: 1606.03657, 2016.

[11] 鲁睿元，祝继华. Keras 深度学习[M]. 北京：中国水利水电出版社，2019.

第 15 章

强化学习

强化学习是一种与监督学习和无监督学习目标不同的特殊的机器学习算法，没有标签作为监督信号，要解决的问题是算法在由若干参数构成的系统中执行怎样的动作可以得到期望的结果。这种模型常用于抽象很多控制和决策问题，在控制和决策过程中，算法的每步计算结果都具有随机性，系统根据计算结果给定一个反馈评分，并且由最终的控制效果或决策结论评价算法的计算过程。

15.1 问题概述

在强化学习中，一般用智能体（agent）表示一个具有判断、执行、做出动作能力的实体，如机器人、游戏角色、无人车、过程优化控制等，机器人要上台阶，则机器人通过摄像头或者传感器采集到的周围物体信息都称为环境（enviroment），游戏角色做出不同动作，看到的屏幕图像也是环境信息，当机器人做出的动作有利于上台阶，或是游戏角色的动作有助于赢得游戏，我们给予一个正向的反馈或者奖励（reward），反之给予一个负向的反馈或者直接结束。强化学习研究的内容就是通过智能体和环境之间的交互学习，选择执行动作达到目标或得到某种技能。

监督学习和强化学习都是在训练过程中通过经验数据或先验信息调整动作行为，但监督学习的先验信息为带标注的训练样本，通过训练样本得到从示例输入到标签输出的映射，对于给定输入，能够得到唯一确定的输出，先验信息内容和学习目标明确。强化学习的先验信息没有具体标签，需要智能体根据环境反馈得到最优结果，目标也没有那么明确，当前状态下获得最大回报的动作选择可能有很多种。从输出的时效性上看，监督学习希望每个时刻的输入都有匹配的输出结果，输入/输出成为序列到序列的匹配映射，效果较为理想。而强化学习更看重动作序列的整体回报，目的是使智能体的一系列动作满足任务要求，根据一段时间内智能体相关动作的累计回报确定最优策略。

强化学习在解决这类控制或决策问题时，建立当前时刻环境状态信息 s 与执行动作 a 之间的映射函数 π，一个状态对应一个动作，或者一个状态对应选择不同动作的概率，这种映射关系称为策略（policy）：

$$a=\pi(s) \tag{15-1}$$

环境状态信息 s 与执行动作 a 分别来自状态集合和动作集合，可以是离散的，如前进、后退、左转等，可选动作和状态集合是有限集合；也可以是连续的，如前进 10 米，左转 40°等，可选动作和状态集合是无限集合。强化学习系统通过对算法执行的动作给予奖励或惩罚来评价和更新算法模型，从而得出达到预期目标的最优动作执行过程，即最佳策略。

智能体执行动作后环境状态的改变可以抽象为马尔可夫决策过程（Markov Decision Process, MDP），其特点是系统下一时刻的状态由当前时刻的状态决定，与之前更早时刻的状态无关。将 MDP 过程表示为一个五元组集合：

$$\{S,A,P_a,R_a,\gamma\} \tag{15-2}$$

式中，S 表示状态集合，A 表示动作集合，P_a 表示环境状态转移概率，R_a 表示执行动作的奖励函数，γ 表示折扣因子。在 t 时刻智能体处于状态 s_t，执行动作 a_t 后，下一时刻的环境状态为 s_{t+1}，下一时刻的状态由当前状态和当前采取的动作共同决定，其状态转移概率为

$$P_a(s,s')=p(s_{t+1}=s'|s_t=s,a_t=a) \tag{15-3}$$

式中，s、s' 来自状态集合 S，a 来自动作集合 A，p 表示当前状态 s 时执行动作 a 后下一时刻进入状态 s' 的条件概率，这个状态转移过程类似于马尔可夫模型。

执行动作 a 后，智能体得到一个奖励回报：

$$R_a(s,s') \tag{15-4}$$

在每个时刻 t，智能体依据策略 π 函数，P 从动作集合中选择动作 a_t 执行后进入下一时刻 $t+1$ 的状态 s_{t+1}，同时得到相应奖励回报值 r_{t+1}，智能体此时再选择动作 a_{t+1} 继续执行，反复执行，强化学习执行过程如图 15-1 所示。

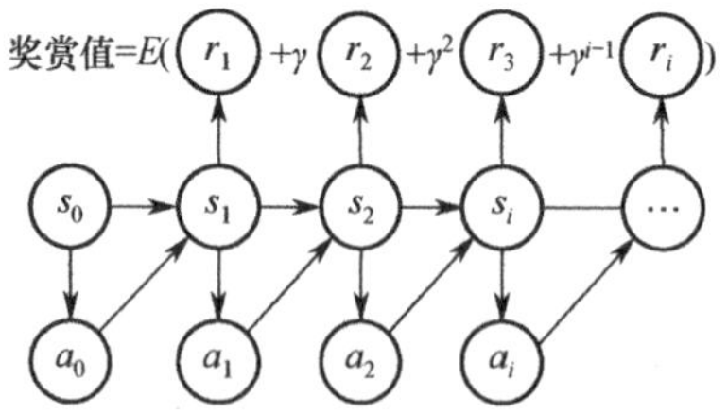

图 15-1　强化学习执行过程

执行动作的策略是问题的核心，如果对于特定的状态 s 要选择对应的执行动作 a，称为确定性策略，此时每种状态下智能体要执行的动作是固定且唯一的。如果在同一状态下有多个可选择执行的动作，策略函数给出每种动作执行的概率：

$$\pi(a|s)=p(a|s) \tag{15-5}$$

智能体按照概率从中选择一个动作执行，这种情况称为随机性策略。

智能体选择策略的依据是按照这个策略执行后，每个时刻得到累积的奖励回报值最大，即未来预期回报最大。当前动作的选择对未来的状态都有影响，而未来又具有随机不确定性，所以定义按照某策略执行动作的累积奖励回报为

$$G=\sum_{t=0}^{+\infty}\gamma^{t}R_{t+1} \tag{15-6}$$

式中，γ 为折扣因子，取值 $[0,1]$，R_{t+1} 为时刻 t 执行动作 a 后得到的奖励回报，这里用折扣因子对奖励的衰减表示未来状态的不确定性。假设状态转移概率和每个时刻得到的奖励回报是已知的，算法的目标是寻找使得累积奖励回报值最大对应的执行策略。

15.2 价值函数

类似于监督学习中定义损失函数评价预测函数优劣的作用，强化学习中也要对策略函数的好坏进行评价，为此定义状态价值函数的概念，反映动作执行后状态的好坏。当智能体执行一个动作后进入的下一个状态是确定的，则可直接用式（15-6）计算动作的累积奖励回报，如果执行动作后进入下一个状态是随机的，则要计算各种可能情况的数学期望，定义状态价值函数为 t 时刻 s 状态下，智能体按照策略 π 执行动作获得的累积回报 G_t 的数学期望，其计算公式为

$$\begin{aligned}V_{\pi}(s)&=E_{\pi}\left[G_t \middle| s_t=s\right]\\&=E_{\pi}\left[\sum_{k=0}^{+\infty}\gamma^{k}R_{t+k+1}\middle| s_t=s\right]\\&=E_{\pi}\left[R_{t+1}+\gamma\sum_{k=0}^{+\infty}\gamma^{k}R_{t+k+2}\middle| s_t=s\right]\\&=E_{\pi}\left[R_{t+1}+\gamma G_{t+1}\middle| s_t=s\right]\\&=\sum_{s'}p_a(s,s')\left[R_a(s,s')+\gamma E_{\pi}\left[G_{t+1}\middle| s_{t+1}=s'\right]\right]\\&=\sum_{s'}p_a(s,s')\left[R_a(s,s')+\gamma V_{\pi}(s')\right]\end{aligned} \tag{15-7}$$

$p_a(s,s')$ 表示从当前状态 s 转移到下一个状态 s' 的概率，转移后获得奖励回报 $R_a(s,s')$。从式（15-7）中可以看出，状态价值函数是一个递归过程，过程中函数的自变量是状态和策略函数，每个状态的价值函数依赖于从当前状态执行动作后到达后续状态的价值函数，需要计算下一时刻所有状态的数学期望，总的奖励回报为当前的回报和后续时刻回报的累积和，即 $V_{\pi}(s')$，状态价值函数可用来评价策略的优劣。

若在价值函数中包含动作 a，除指定初始状态 s 和策略 π 之外，还指定当前状态 s 下的执行动作 a，则称此函数为动作价值函数

$$Q_{\pi}(s,a)=\sum_{s'}p_a(s,s')\left[R_a(s,s')+\gamma V_{\pi}(s')\right] \tag{15-8}$$

动作价值函数给出了在状态 s 时执行动作 a，后续状态按照策略 π 执行得到的预期回

报。状态价值函数和动作价值函数的计算公式统称为贝尔曼方程。

对于有限状态和动作的马尔可夫决策过程，总有一个最优的执行策略，使得执行该策略得到的奖励回报最大，即最优状态函数的极值：

$$V^*(s) = \max V_\pi(s) \tag{15-9}$$

对应的最优动作价值函数定义为

$$Q^*(s,a) = \max Q_\pi(s,a) \tag{15-10}$$

强化学习的目标就是找到这个最优策略，使得每个状态时执行动作价值函数值最大的那个动作，即通过寻找最优动作价值函数得到最优策略函数。动作价值函数比状态价值函数更加直观地反映策略对每个动作的价值，所以在寻找最优策略算法中对动作价值函数的使用更多。目前主流的解决此问题的方法包括动态规划算法、蒙特卡罗算法和时序差分算法。

15.3 动态规划算法

动态规划算法的基本思想是要得到一个全局最优的解，则这个过程中每个步骤问题的解也要求最优。动态规划通过求解每个步骤问题的最优解得到全局的最优解。对于任意状态 s，要使得采用的策略 π 得到最大值的状态价值函数，则需要本次的执行动作 a 获得的奖励回报与下一状态 s' 的最优状态价值函数之和为最优。即由式（15-7）可得

$$V_\pi^*(s) = \sum_{s'} p_a(s,s')\left[R_a(s,s') + \gamma \max[V_\pi^*(s')]\right] \tag{15-11}$$

对于动作价值函数，类似可得

$$Q_\pi^*(s,a) = \sum_{s'} p_a(s,s')\left[R_a(s,s') + \gamma \max[Q_\pi^*(s',a')]\right] \tag{15-12}$$

动态规划算法在得到策略的状态价值函数后，采用分步骤迭代思路调整策略，对策略进行评估和改进，确保得到最优价值函数。基于动态规划的迭代算法包括策略迭代算法和价值迭代算法两种。

15.3.1 策略迭代算法

策略迭代算法包括策略评估和策略改进。对给定的策略，用动态规划算法计算其状态价值函数，用得到的回报值判断策略的优劣，称为策略评估。通过某种规则对当前策略进行调整，以得到更好的策略，称为策略改进。

从一个初始策略开始，先估计这个策略的状态价值函数，然后根据策略改进方案调整该策略，再计算调整后新策略的状态价值函数，如此反复不断改进这个策略直到收敛得到最优解，策略迭代过程如图 15-2 所示。

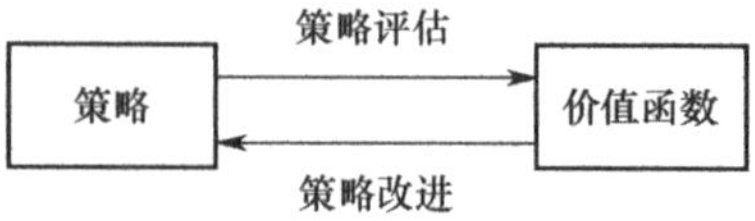

图 15-2 策略迭代过程

每种状态下有多种可能执行的动作，要对每个动作计算数学期望，且当前状态的价值函数依赖于后续状态，计算时要利用后续状态的价值函数依次更新当前状态的价值函数。对于所有的状态 s，初始化策略函数 $\pi(s)$ 和状态价值函数 $V(s)$，令第 k 次迭代时的值为 $V_k(s)$，$V_{k+1}(s)$ 为迭代更新后的值，则更新过程为

$$V_{k+1}(s)=\sum_a \pi(a|s)\sum_{s'} p_a(s,s')[R_a(s,s')+\gamma V_k(s')] \tag{15-13}$$

初始化两次迭代的价值函数差值为 $\Delta=0$，并设定阈值 θ 判断状态价值函数的估计值是否收敛，循环更新差值：

$$\Delta=\max(\Delta,|V_{k+1}(s)-V_k(s)|) \tag{15-14}$$

直到 $\Delta<\theta$，完成策略估计过程。

对于所有状态 s，获取策略所确定的动作为

$$a=\pi(s)$$

计算当前状态的最优动作为

$$\pi(s)=\arg\max_a \sum_{s'} p_a(s,s')[R_a(s,s')+\gamma V_\pi(s')] \tag{15-15}$$

每次选择能获得最好回报的动作，更新每个状态下的策略函数，从而完成策略改进直到收敛到最优策略。策略迭代算法中，策略评估的计算量较大，需要多次处理所有状态并不断更新状态价值函数。策略迭代算法需要使用状态转移概率 p，并遍历所有状态。

15.3.2 价值迭代算法

价值迭代算法不对某一个策略的状态价值函数进行计算，而是直接收敛到最优的价值函数。根据贝尔曼最优化定理，如果一个策略是最优策略，则整体最优的解其局部一定也是最优的。因此将最优策略分解为两部分：从状态 s 到 s' 选择了最优动作，在状态 s' 时选择的策略也是最优的。每次选择当前回报和未来回报之和最大的动作。

将所有状态的价值函数初始化为任意值，相邻两次迭代价值函数初始化差值为 $\Delta=0$，令第 k 次迭代时价值函数值为 $V_k(s)$，$V_{k+1}(s)$ 为迭代更新后的值，则更新过程为

$$V_{k+1}(s)=\max_a \sum_{s'} p_a(s,s')[R_a(s,s')+\gamma V_k(s')] \tag{15-16}$$

设置阈值 θ，当更新差值 $\Delta=\max(\Delta,|V_{k+1}(s)-V_k(s)|)<\theta$ 时，判定迭代终止，输出一个确定性的策略 π，每个状态下选择价值最大的动作为

$$\pi(s)=\arg\max_a \sum_{s'} p_a(s,s')[R_a(s,s')+\gamma V_\pi(s')] \tag{15-17}$$

价值迭代利用贝尔曼最优化方程更新状态价值函数，每次选择在当前状态下达到的最优值动作。策略迭代算法和价值迭代算法都依赖于环境模型，需要知道状态转移概率和回报函数，这两种算法都是有模型的强化学习算法。

15.4 蒙特卡罗算法

蒙特卡罗算法和时序差分算法是两种无模型的强化学习算法。对于无法建立精确环境

模型的问题，只能根据一些状态、动作、回报值序列样本估计计算价值函数和最优策略，无模型算法按照某种策略随机执行不同动作，观察得到回报，然后进行改进，通过随机试探进行学习。适用于无法得到准确状态转移模型和回报函数的应用场景。

本节介绍蒙特卡罗算法的基本原理。蒙特卡罗算法是通过使用大量的满足要求的随机数来近似求解难以直接计算的问题。在强化学习中，该方法根据样本得到的状态价值函数和动作价值函数的估计值，近似计算函数公式中的数学期望值。

15.4.1 状态价值函数估计

根据蒙特卡罗算法原理，在用于计算强化学习的价值函数时，根据图 15-1 的原理，将样本定义为从某一状态开始，按照某个策略执行一些动作后，得到奖励回报，并状态终止这样一个完整的状态和动作序列。对于所有状态，每执行一次得到一个蒙特卡罗算法的样本，算法从这些样本中学习，估算状态价值函数和动作价值函数。

具体实现时，根据某策略生成的算法样本为

$$s_0,a_0,R_1,s_1,a_1,R_2,\cdots,s_t,a_t,R_{t+1},\cdots \tag{15-18}$$

其中状态 s_t 的累计回报值为

$$G_t=R_{t+1}+\gamma R_{t+2}+\gamma^2 R_{t+3}+\cdots \tag{15-19}$$

算法对状态价值函数的估计值是所有样本中从该状态为起点的累计回报的均值。令样本数为 N，即求价值函数定义中数学期望的近似值

$$V_\pi(s)=E\left[G_t|s_t=s\right]\approx\frac{1}{N}\sum G_t=\bar{G} \tag{15-20}$$

得到价值函数的估计值后，用估计值与当前函数值的差分对状态函数更新，以保证函数值收敛，即

$$V(s)=V(s)+\alpha(\bar{G}-V(s)) \tag{15-21}$$

式中，α 为人为设置的学习步长。

在采集算法样本时，可能出现这样的情况：执行动作 a 从状态 s 离开后，经过一段时间又回到状态 s，对于这种情况的处理方法有两种，第一种是只使用第一次到达状态 s 时所计算的累计回报值，称为 First-Visit；第二种是对每次进入状态 s 时计算的累计回报取平均，称为 Every-Visit。

15.4.2 动作价值函数估计

对动作价值函数的估计方法与估计状态价值函数方法类似。对于给定策略，在状态 s 时，可能有多个可供选择的动作，因此需要确定选择执行哪个动作。选择的方式有三种：

（1）对所有可选动作进行等概率随机挑选，这种方式可能探索之前未尝试过的动作，从而有机会找到更好的目标策略。

（2）选择当前策略下最优的动作执行，这种方式需要利用之前迭代时得到的最优策略

信息，有利于随时验证当前策略是否有效。

（3）结合以上两种方式，以 ε 的概率选择当前策略下的最优动作执行，以 $1-\varepsilon$ 的概率从剩余动作中随机挑选执行，其中 $\varepsilon \in [0,1]$，是对上面两种方法的平衡。

15.4.3　蒙特卡罗控制

将动作价值函数估计与策略改进结合，称为蒙特卡罗控制。随机初始化策略函数 $\pi(s)$，初始化所有状态 s_n 和动作 a_n，其中 $n=1,2,\cdots i,\cdots N$，并从中随机选取一个状态和动作开始，根据策略生成样本。对样本中出现的所有状态动作 s_i、a_i 计算累计回报，即蒙特卡罗估计值 $G_n(s,a)$，状态动作对的价值函数为累积回报的平均值，即

$$Q(s,a)=\frac{1}{n}\sum_{i=1}^{n}G_i(s,a) \tag{15-22}$$

根据价值函数更新策略，将每种状态下的动作设置为使得动作价值函数最大的动作，迭代直到收敛，即

$$\pi(s)=\arg\max_{a} Q(s,a) \tag{15-23}$$

蒙特卡罗算法的核心思想是通过以往经验的平均值来估计动作价值函数的取值，需要完成整个采样过程，即只有当所有从初始状态开始的马尔科夫链均执行结束时，才能完成对动作价值函数的估计，虽然能解决无模型强化学习问题，但时间成本较高。

15.5　时序差分算法

时序差分算法是另外一种无模型算法。对于一些没有终止状态的问题，因无法设定样本而不能采用蒙特卡罗算法。可以将思路调整为执行一个动作之后就进行价值函数的估计，而不需要使用包括终止状态的完整样本，与蒙特卡罗算法一样，不依赖状态转移概率，直接通过生成的随机样本计算价值函数，这种方法称为时序差分算法（Temporal Difference Learning，TD 算法）。时序差分算法用贝尔曼方程估计价值函数，输入相应策略，输出该策略的状态价值函数，并依此构造更新项。

首先随机初始化所有状态的价值函数 $V(s)$，从任意初始状态 s 开始，按照策略 π 执行一个动作 a，得到立即回报 R 并转移到下一个状态 s'，算法用当前已知的回报值 R 与 s' 状态时的未来剩余时刻的价值函数估计值求和，更新本状态的价值函数，此时当前回报 R 为确定值，得到的更新项较状态为 s 时的状态价值函数准确。更新项为

$$R+\gamma V(s') \tag{15-24}$$

在从状态 s 转换为 s' 时，没有对状态转移概率的使用，而是与蒙特卡罗算法一样随机产生状态样本进行计算，其价值函数的更新过程为

$$V(s')\leftarrow V(s)-\alpha\left[V(s)-(R+\gamma V(s'))\right] \tag{15-25}$$

同时进入新的状态 s'。

15.5.1 Sarsa 算法

区别于对状态价值函数的估计，Sarsa 算法是对给定策略的动作价值函数进行估计。先初始化所有状态动作对（s,a）的价值函数 Q（s,a），对任意的初始状态 s，可采用 15.4.2 节中蒙特卡罗算法对动作价值函数的三种估计方法，确定一个动作 a，得到奖励回报 R 并进入下一个状态 s'，此时根据动作价值函数 Q（s,a）为状态 s' 确定下一个要执行动作 a'。每次执行一个动作之后即更新状态函数：

$$Q(s',a') \leftarrow Q(s,a) - \alpha\left[Q(s,a) - (R + \gamma Q(s',a'))\right] \tag{15-26}$$

其函数更新的过程涉及 $\{s,a,R,s',a'\}$ 5 个变量，因此得名 Sarsa 算法。状态函数更新后，进而更新状态和动作 (s',a')，并得到最优策略。

15.5.2 Q 学习

在实际问题中，只能得到有限的样本，无法对所有状态和动作的价值函数进行更新，为解决此问题，基于 Sarsa 算法，通过迭代估计动作价值函数的最大值，从而确定最优策略的算法称为 Q 学习。与 Sarsa 算法的区别在于更新状态函数时要找到动作价值函数的极值。

$$Q(s',a') \leftarrow Q(s,a) - \alpha\left[Q(s,a) - (R + \gamma \max_{a'} Q(s',a'))\right] \tag{15-27}$$

选择 Q 值最大的动作执行，更新状态 s'，再从状态 s' 下选择所有动作中价值函数最大的来构造更新项。该算法计算出价值函数估值 $(R + \gamma \max_{a'} Q(s',a')$ 后，没有直接将估值赋给价值函数 $Q(s',a')$，而是计算估值与旧的价值函数 $Q(s,a)$ 的差值，并将差值以梯度更新的方式更新价值函数，可以做到使用有限样本计算梯度并更新 Q 值，最终算法收敛到动作价值函数的最优值，即最优策略。

时序差分算法的基本思想是先通过模拟一段时序中的状态变化方式，估计动作价值函数的取值，再在每次执行状态转移之后根据得到的新状态的价值对估计值进行迭代更新。

15.6 深度强化学习

15.6.1 DQN 算法

传统的强化学习算法只适用于较简单的情形，状态和动作是人工设定、数量较少，且为离散的有限集，用矩阵存储 $Q(s,a)$。但是很多实际的应用场合场景复杂，类似声音、图像等高维输入数据，要列举所有状态情形并迭代计算，计算量巨大，难度很高。例如，汽车的自动驾驶算法，汽车行驶过程中实时采集路面图像数据，根据路面情况决定汽车的控制动作，以原始数据作为状态列举出所有的可能情形，会导致状态数量过多。

对于上述问题，考虑用深度学习的方法建立强化学习的原始输入数据模型。例如，采用深度神经网络直接从声音、图像等复杂的环境数据中抽象出高层特征数据，实现端到端的学习，将状态数据输入神经网络，并用深度神经网络近似 Q 函数，输出当前状态下执行各种动作得到的最大 Q 函数值。

以典型的游戏场景为例，执行每个游戏动作，会生成新的游戏画面，将这些游戏图像画面处理后输入深度卷积神经网络，并用该网络拟合 Q 函数，称为深度 Q 网络（DQN），输出这种状态下执行各种动作的 Q 函数值，由此通过游戏画面特征和动作得分，即可学会这种游戏的玩法。卷积神经网络采用传统的网络模型结构，θ 设为网络参数，用于近似最优 Q 函数：

$$Q(s,a,\theta)\approx Q_{\pi}(s,a) \tag{15-28}$$

对于目标函数的设计，网络的训练目标是逼近最优策略的 Q 函数值，可以采用欧氏距离损失，计算卷积神经网络的输出值与 Q 函数估计值之间的误差，定义损失函数为 Q 学习算法更新项的平方：

$$L(\theta)=E(R+\gamma\max_{a'}Q(s',a';\theta)-Q(s,a;\theta))^2 \tag{15-29}$$

当更新项趋于 0 时，模型收敛到最优解。

使用该模型的训练样本要保持相互独立。神经网络模型得到所有动作的价值函数，并按照策略选择执行动作，得到回报值，进入下一个状态，这个过程是训练样本的生成过程。强化学习得到的连续样本数据具有时间上的高度相关性，有明显概率关系，不是相互独立的。我们将所有样本放在一个集合中，每次随机从中采样选取样本输入神经网络用于训练，而不是输入连续的样本数据，这样可以使两个时间样本之间没有依赖关系，避免训练样本之间的相关性及概率分布不固定问题。最后计算损失函数，用梯度下降法更新神经网络的参数 θ。

深度强化学习采用深度学习方法感知任务，整合了深度学习和强化学习方法，不需要人工提取状态和特征，实现端到端的学习过程，可将大规模状态空间的 Q 值计算问题并通过 DQN 方式实现，可以较好地解决很多复杂环境的决策问题。

15.6.2 策略梯度算法

DQN 算法是基于动作价值函数，用神经网络拟合 Q 函数的最优值，并计算函数值得到最优策略。但在有些情景下，动作集合是连续的或者具有很高维度，对应问题的最优策略是随机的，需要用不同的概率选择不同的动作，DQN 算法则无法表示这种随机策略。例如，算法要控制机器臂在某方向的移动，其移动距离范围内有无穷多个动作集合，动作不是离散的有限状态，无法利用基于价值函数的方法，此时可以采用策略梯度算法。

策略梯度算法同样采用神经网络，根据输入模型的原始状态数据，直接预测输出要执行的动作：

$$a=\pi(s;\theta) \tag{15-30}$$

对于随机性策略，神经网络输出要执行动作的概率值，从而解决连续性动作问题：

$$\pi(a|s;\theta)=p(a|s;\theta) \tag{15-31}$$

这种方法计算出给定状态的条件下执行某个动作的概率，根据概率值选择要执行的动作。如果是连续性动作，网络输出所有动作服从的概率分布；如果是离散性动作，网络输出层神经元数量对应可选择动作数量，输出执行每个动作的概率。这是一种更为端到端的算法。

不同于 DQN 算法的逼近最优策略 Q 函数，策略梯度算法通过最大化回报逼近最优策略构造目标函数。常见的目标函数有如下两种形式。

1. 起始状态形式目标函数

对于有起始状态和结束状态的问题，假设起始状态为 s_0，折扣因子 $\gamma\in[0,1]$，r_t 为 t 时刻回报值，执行策略 π 得到的累计回报值的数学期望为

$$L(\pi)=E[\sum_{t=1}^{+\infty}\gamma^t r_t|s_0,\pi] \tag{15-32}$$

在状态 s 下执行动作 a，这种目标函数对应的价值函数为各个时刻累计回报数学期望的累加值：

$$Q_\pi(s,a)=E[\sum_{t=1}^{+\infty}\gamma^t r_{t+k}|s_t=s,a_t=a,\pi] \tag{15-33}$$

按照策略 π 执行，从初始状态 s_0 开始到结束，状态 s 的平稳分布为

$$p_\pi(s)=\sum_{t=0}^{+\infty}\gamma^t p(s_t=s|s_0,\pi) \tag{15-34}$$

2. 平均奖励目标函数

对于一些没有起始状态和结束状态的问题，执行策略 π 得到时间长度 n 趋于无穷的累计回报为所有时刻回报值的均值：

$$\begin{aligned}L(\pi)&=\lim_{n\to+\infty}\frac{1}{n}E[r_1+r_2+\cdots+r_n|\pi]\\&=\sum_s p_\pi(s)\sum_a \pi(a|s)R(s,a)\end{aligned} \tag{15-35}$$

$R(s,a)$为状态 s 下执行动作 a 得到的立即回报的数学期望：

$$R(s,a)=E[r_{t+1}|s_t=s,a_t=a] \tag{15-36}$$

按照策略 π 执行，当时间 t 趋向无穷时，状态 s 出现的概率分布为

$$p_\pi(s)=\lim_{t\to+\infty}p(s_t=s|s_0,\pi) \tag{15-37}$$

其目标函数对应的价值函数为

$$Q_\pi(s,a)=E[\sum_{t=1}^{+\infty}r_t-L(\pi)|s_0=s,a_0=a,\pi] \tag{15-38}$$

无论是起始状态形式还是平均奖励形式的目标函数，对任意的马尔可夫决策过程，计算对策略参数 θ 的梯度可表示为

$$\nabla_\theta L(\pi) = \sum_s p_\pi(s) \sum_a Q_\pi(s,a) \nabla_\theta \pi(a|s;\theta) \tag{15-39}$$

由式（15-39）可知，根据策略函数对其参数的梯度 $\nabla_\theta \pi(a|s;\theta)$ 可计算目标函数对策略参数 θ 的梯度，不涉及状态概率对策略参数的梯度 $\nabla_\theta p_\pi(s)$，可简化问题计算的难度。

确定了损失函数后，可以采用标准训练算法训练深度神经网络模型。在实际场景中，对于离散有限的执行动作，可看作多分类问题，根据输入网络的状态确定要执行的动作类型，策略函数输出执行每个动作的概率，所有动作的概率之和为 1。对于连续型动作，输出执行动作的概率值，只能得到动作的概率密度函数，网络输出为概率分布的参数，如均值、方差等，动作参数根据概率分布生成随机数作为最后的动作参数。

15.7　代码案例

以游戏 CartPole 为例，是 OpenAI gym 中最简单的一个游戏环境。游戏的目的是在移动的小车上保持杆子的平衡。除了像素信息，杆子的角度和车在滑轨的位置可用作表示状态信息。agent 可以通过施加左（0）或右（1）的动作 action，使小车移动。

gym 使游戏环境的交互非常方便：

```
next_state, reward, done, info = env.step（action）
```

action 要么是 0 要么是 1。将这些数字串入环境中将会得出结果。“action”取值为 0 或者为 1，“env”是游戏环境类。“done”为标记游戏结束与否的布尔量。当前状态为“state”或“action”，“next_state”与“reward”是用于训练 agent 的数据。

基于 Keras 库建立 DQN 中的神经网络模型。“activation”、“loss”与“optimizer”是定义神经网络特征的参数。网络模型输入层包含四个输入神经元，对应四个环境信息、三个隐含层、两个输出神经元的输出层，对应动作 0 与 1。

```
# DQN 网络
# Sequential()建立模型结构
model = Sequential()
#构建神经网络模型
#包含 4 个神经元的输入层
model.add(Dense(64, input_dim=4, activation='tanh'))
#包含 128 个神经元的隐含层
model.add(Dense(128, activation='tanh'))
#包含 128 个神经元的隐含层
model.add(Dense(128, activation='tanh'))
#包含两个神经元的输出层
model.add(Dense(2, activation='linear'))
#在以上信息上建立模型
model.compile(loss='mse',
              optimizer=RMSprop(lr=self.learning_rate))
```

提供环境数据训练模型，“fit()”方法为模型提供“state”和“target_f”信息。

这个训练过程使模型从某个状态“state”预测回报函数值“target_f”。

```
model.fit(state, target_f, nb_epoch=1, verbose=0)
```

在模型调用“predict()”函数时，模型根据之前训练过的数据将预测现在状态的回报函数。

```
prediction = model.predict(state)
```

DQN 算法要运用神经网络区域覆盖掉先前学习的经验，所以需要记录下先前的经验与观察值以便再用这些先前数据训练模型。调用代表经验的数组数据“memory”和“remember()”函数来添加状态、回报和下次状态到“memory”中。

在本例中，“memory”列表中有以下形式的数据：

```
memory = [(state, action, reward, next_State)...]
```

“remember()”只是简单的存储上述这些数据：

```
def remember(self, state, action, reward, next_state, done):
    self.memory.append((state, action, reward, next_state, done))
```

“done”标记是否为最后一个状态的布尔量。

在回放时，首先从“memory”中抽出部分数据，命名“batches”。

```
batches = min(batch_size, len(self.memory))
batches = np.random.choice(len(self.memory), batches)
```

上面的代码将打乱 memory 中的 batches 的索引数。举个例子，如果 batches 为[1,5,2,7]，则每个数据代表在 memory 中的索引数为 1、5、2、7。

“replay()”从存储在“memory”中的数据（经验）训练神经网络。

为了使 agent 在长期运行中表现更好，不仅仅需要考虑即时回报（immediate rewards），还要考虑未来回报（future rewards）。为了实现这一目标，定义“discount rate”（折扣因子）即“gamma”。这样，agent 将学习已有的状态然后设法最大化未来回报。

```
for i in batches:
#从 i 内存索引中得到信息
    state, action, reward, next_state = self.memory[i]
#如果游戏结束，则给予-100 惩罚
    target = reward
    if not done:
#预测未来折扣回报
        target = reward + self.gamma * \
                    np.amax(self.model.predict(next_state)[0])
#使 agent 最大化未来回报
#当前状态到未来的折扣回报值
#目标
    target_f = self.model.predict(state)
    target_f[0][action] = target
#根据状态和目标训练神经网络
    self.model.fit(state, target_f, nb_epoch=1, verbose=0)
```

agent 在刚开始的一段时间内的动作选择随机策略，用“exploration rate”或“epsilon”参数表征。对于 agent 最初的动作选择来说，最好的策略就是在它们掌握模式前尝试一切。当 agent 没有随机选择行为时，它会基于当前状态预测回报值并且选择能够将回报最大化的行为。“np.argmax()”函数可以取出“act_values[0]”中的最大值。

```
    def act(self, state):
        if np.random.rand() <= self.epsilon:
    #agent 随机选择动作
            return env.action_space.sample()
    #在给定状态下预测得分
        act_values = self.model.predict(state)
    #在预测得分基础上选择动作
        return np.argmax(act_values[0])
```

“act_values[0]”中的数据类似“[0.67,0.2]”，每个数字分别代表 0 和 1 的回报，于是“argmax()”会取出更大数值所代表的执行动作。例如，在[0.67,0.2]中，argmax()返回 0，因为 0 索引代表的数据回报最大。

定义一些超参数用于训练强化学习模型：

·episodes，agent 玩游戏的次数；

·gamma discount rate（折扣因子），以便计算未来的折扣回报；

·epsilon exploration rate，表征一个 agent 随机选择行为的程度；

·epsilon_decay，表述参数的衰减率。随着 agent 更擅长游戏的同时减少它探索的次数；

·epsilon_min，希望 agent 采取的最少的探索次数；

·learning_rata，决定神经网络在每次迭代时的学习率。

下面编写整个 DQN 算法代码实现过程：

```
# 1. 导入库和模块，设置 episodes
from keras.models import Sequential
from keras.layers import Dense
from keras.optimizers import RMSprop
import gym
import numpy as np
import copy
episodes = 10000
# DQNAgent
class DQNAgent:
    def __init__(self, env):
        self.env = env
        self.memory = []
        self.gamma = 0.9
#衰减率
        self.epsilon = 1
#探索
        self.epsilon_decay = .995
        self.epsilon_min = 0.1
        self.learning_rate = 0.0001
        self._build_model()
    def _build_model(self):
        model = Sequential()
        model.add(Dense(128, input_dim=4, activation='tanh'))
```

```
        model.add(Dense(128, activation='tanh'))
        model.add(Dense(128, activation='tanh'))
        model.add(Dense(2, activation='linear'))
        model.compile(loss='mse',
                      optimizer=RMSprop(lr=self.learning_rate))
        self.model = model
    def remember(self, state, action, reward, next_state, done):
        self.memory.append((state, action, reward, next_state, done))
    def act(self, state):
        if np.random.rand() <= self.epsilon:
            return env.action_space.sample()
        act_values = self.model.predict(state)
        return np.argmax(act_values[0])  # returns action
    def replay(self, batch_size):
        batches = min(batch_size, len(self.memory))
        batches = np.random.choice(len(self.memory), batches)
        for i in batches:
            state, action, reward, next_state, done = self.memory[i]
            target = reward
            if not done:
              target = reward + self.gamma * \
                       np.amax(self.model.predict(next_state)[0])
            target_f = self.model.predict(state)
            target_f[0][action] = target
            self.model.fit(state, target_f, nb_epoch=1, verbose=0)
        if self.epsilon > self.epsilon_min:
            self.epsilon *= self.epsilon_decay
```

DQN 算法的训练过程：

```
if __name__ == "__main__":
#为 agent 初始化 gym 环境参数
    env = gym.make('CartPole-v0')
    agent = DQNAgent(env)
#游戏的主循环
    for e in range(episodes):
#在每次游戏开始时复位状态参数
        state = env.reset()
        state = np.reshape(state, [1, 4])
#time_t 代表游戏的每一帧
#目标是使得杆子尽可能长地保持竖直朝上
#time_t 越大，分数越高
        for time_t in range(5000):
#提供环境信息
#env.render()
#选择行为
            action = agent.act(state)
#在环境中施加行为推动游戏进行
            next_state, reward, done, _ = env.step(action)
            next_state = np.reshape(next_state, [1, 4])
```

```
    #reward 默认为 1
    #在每一个 agent 完成了目标的帧 agent 都会得到回报
    #并且如果失败得到-100
            reward = -100 if done else reward
    #记忆先前的状态、行为、回报与下一个状态
            agent.remember(state, action, reward, next_state, done)
    #使下一个状态成为下一帧的新状态
            state = copy.deepcopy(next_state)
    #如果游戏结束 done 被置为 ture
    #除非 agent 没有完成目标
            if done:
    #打印分数并且跳出游戏循环
                print("episode: {}/{}, score: {}"
                    .format(e, episodes, time_t))
                break
    #通过之前的经验训练模型
        agent.replay(32)
```

训练结果：训练开始，agent 通过随机行为探索游戏环境，得分较低，如图 15-3 所示。算法会经过多个阶段训练，agent 学会了一些游戏规则：

① 小车通过操作 agent 试图平衡杆子；

② 如果出界，游戏结束；

③ 当它距离边界太近时它不得不移动小车，会导致杆子倒下；

④ agent 最后掌握了平衡并学会控制杆子。

经过一段时间几百个 episodes 的训练后，agent 开始学习如何最大化分数，游戏得分有明显提高，如图 15-4 所示。

```
episode: 1/5000, score: 27
episode: 2/5000, score: 11
episode: 3/5000, score: 34
episode: 4/5000, score: 33
episode: 5/5000, score: 8
episode: 6/5000, score: 22
episode: 7/5000, score: 47
episode: 8/5000, score: 22
episode: 9/5000, score: 54
episode: 10/5000, score: 16
```

图 15-3 初始训练得分

```
episode: 284/5000, score: 1331
episode: 285/5000, score: 124
episode: 286/5000, score: 259
episode: 287/5000, score: 138
episode: 288/5000, score: 170
episode: 289/5000, score: 13
episode: 290/5000, score: 365
episode: 291/5000, score: 1499
episode: 292/5000, score: 274
episode: 293/5000, score: 498
episode: 294/5000, score: 529
episode: 295/5000, score: 284
episode: 296/5000, score: 1355
episode: 297/5000, score: 911
episode: 298/5000, score: 1414
```

图 15-4 训练过程中得分

习 题

1. 简要说明强化学习的基本思想，阐述强化学习与监督学习的差异。

2. 对比 Sarsa 算法和 Q 学习算法的异同，并举例说明现实生活中两者算法应用的实例。

3. 给定一个有 3 个状态 S_1、S_2、S_3 的可观测马尔可夫模型，其初始概率为 $\boldsymbol{\pi}=(0.5,0.2,0.3)^{\mathrm{T}}$，转移概率为 $\boldsymbol{A}=\begin{pmatrix}0.4 & 0.3 & 0.3\\ 0.2 & 0.6 & 0.2\\ 0.1 & 0.1 & 0.8\end{pmatrix}$，试产生 100 个有 1000 个状态的序列。

4. 如图 15-5 所示的方格棋盘，智能体从左下角“开始”位置出发，到达“终点”位置任务结束。智能体到达终点时给予反馈值 100，其他动作给予反馈值为 0，折扣因子为 0.9。若采用下图所示策略选择动作，试求智能体位于“开始”位置时的状态价值函数和动作价值函数取值。

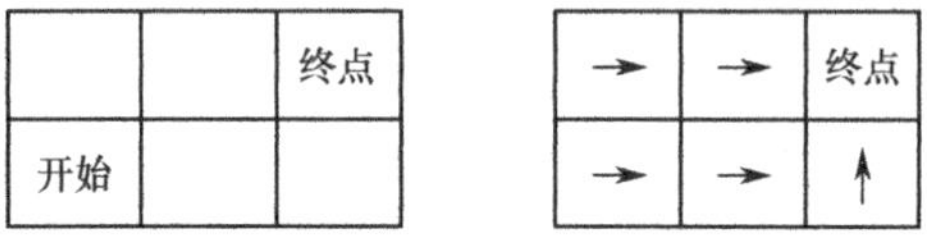

棋盘状态　　路径策略

图 15-5

5. 如图 15-6 所示的 4×4 网格游戏，网格用位置坐标(a,b)定义。智能体从三角形图案起始位置(1,1)出发，到达圆形图案终点位置(3,3)。叉号图案位置(2,3)和(3,2)是陷阱，当智能体目标位置为终点位置时奖励 1，为陷阱位置时奖励-1，为其余位置时奖励 0，试用 Sarsa 算法训练智能体避开陷阱位置并以最快速度到达终点，参数设定为 γ=0.9，ε=0.9，α=0.01。

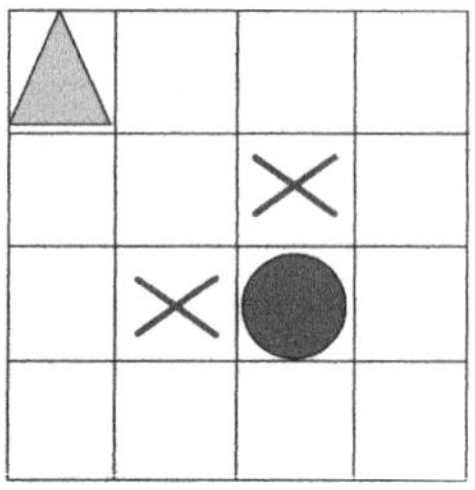

图 15-6

参考文献

[1] 雷明. 机器学习原理、算法与应用[M]. 北京：清华大学出版社，2019.

[2] Kaelbling Leslie P, Littman Michael L, Moore Andrew W. Reinforcement Learning: A Survey[J].Journal of Artificial Intelligence Research, 1996, 4: 237-285.

[3] Richard Sutton. Learning to Predict by the Methods of Temporal Differences[J]. Machine Learning, 1988, 3（1）：9-44.

[4] Richard Sutton, David Mcallester, Satinder Singh, et al. Policy Gradient Methods for Reinforcement Learning with Function Approximation[J]. Neural Information Processing Systems, 2000.

[5] Christopher JCH Watkins, Peter Dayan. Q-Learning[J]. Machine Learning, 1992, 8（3-4）：279-292.